相信阅读，勇于想象

“幻想家”世界科幻译丛

MAPPED SPACE 映射空间

THE RIVEN STARS

分崩离析的星系

[澳] 史蒂芬·伦内贝格 / 著
秦含璞 / 译

北京理工大学出版社
BEIJING INSTITUTE OF TECHNOLOGY PRESS

史蒂芬·伦内贝格（Stephen Renneberg）

澳大利亚著名科幻小说作家，天文学、管理学硕士，柯克斯蓝星荣誉得主。

二十几岁时，史蒂芬背上背包开始环游世界之旅，足迹先后踏及亚、欧、美许多国家，这极大地丰富了他的阅历，为其作品内涵的深度与广度提供了保证。

史蒂芬的创作以明快的节奏、复杂的情节、精妙的架构和有趣的人物而闻名，每部作品中的科学技术细节都经过了仔细调查，为其故事增添了强烈的真实感。这种真实感和书中高层次的科幻概念以及出人意料的故事情节实现了完美的结合。

FANTASY

幻想家

中文序言

上高中的时候，父母为了支持我对天文学的热情，给我买了一个小型的折射望远镜。我在无数个夜晚用它观测恒星和星系，好奇太空中究竟有什么。数年以后的一个晚上，在悉尼北部的一个小镇里，我看到三个明亮的球体划过天际。它们在空中稍作悬浮，然后垂直加速脱离了大气层。这一幕看起来像好莱坞电影里的桥段，但这的确是事实。

从那之后，我就知道至少有一个地外文明正在观察人类。鉴于宇宙的年龄和实际尺度，这些外星人可能已经观察我们很长时间了，而且真正观察我们的外星文明不止一个。

在我看来，人类就像是广阔大洋中一个孤岛上的原始人部落，我们的视野受限于地平线。但是在我们看不到的地方还有另一个世界，那里充满活力，有各种不为我们所知的奇观，我们的一举一动都在那个世界的注视之下。

这就是我写“映射空间”的灵感源头。

《母舰》的时间设定在近未来。1998年，这本书完全是作为一个剧本来完成的。一年后，我将它改成了一本小书。坠落在地球上的巨型外星母船不是入侵地球的侵略军，而是一块在太空中漂浮的残骸。这艘飞船终结了人类的纯真岁月，向还没有做好准备的人类展示了宇宙的奥秘。

《母之海》的时间设定比前一本晚了十年。这一次人类面对的是一群高度进化、非常残暴的外星敌人，这些外星人虽然没有高科技，却依然威胁了人类位于生物链最顶端的地位，他们可谓是人类自从消灭尼安德特人之后最大的威胁。这种设定的初衷就是，宇宙的实际年龄远比地球生物进化的时间要长。

这两本书主要设定在人类的近未来，同时略微提及整个银河系的背景设定。有些读者希望了解更多关于地球以外的情况，而且我一直想写一部太空歌剧，所以我在之后的系列小说中保留了之前的宇宙背景设定，但将时间线推到了更遥远的未来。

考虑到整个宇宙的年龄，人类在几千年之后才能全面普及星际旅行，所以人类可能是银河系中最年轻、科技水平最低的太空文明。如果我们认为人类在几千年之后，就可以达到其他更古老的星际文明的科技水平，那无疑是非常不现实的。所以，在“映射空间三部曲”中，人类是“巨人中的婴儿”，我在书中就是如此描述人类的困境的。

这听起来未免有些悲观，但随着文明不断进步，就会变得越发开明，可能会为类似人类的后来者提供一定的空间。“映射空间”系列丛书就采取了类似的设定，书中大多数文明都加入了银河系议会。这是一个星际文明合作共赢的联合体，而不是帝国或者联邦。

当出现冲突的时候，只有最古老、最强大的文明才能同台竞争，弱小的文明完全无法控制事态的发展。设定为遥远未来的“映射空间三部曲”以《安塔兰法典》为开端。书中主人公西瑞斯·凯德是地球情报局的秘密特工，一直致力于保护人类的未来，他在银河系各大势力间周旋，打击各种犯罪活动，同时还不能让自己的密友和爱人知道自己真正的身份。

按照我的设想，凯德所处的宇宙就是人类掌握了足够的科技、阔步迈向宇宙之后，很有可能会低估在太空中遇到的其他外星文明的历史和实际实力。“映射空间”系列丛书描绘了一个并不美好的现实、一个残酷的宇宙，并提供了一个美好的愿景，人类可能会被邀请加入银河系文明大家庭。距离这一天真正到来还很远，我们现在能做的就是畅想各种可能性。让我们一起畅想未来吧！

史蒂芬·伦内贝格

澳大利亚，悉尼

2020 年 7 月

映射空间时间线

340 万年前至公元前 6000 年

地球石器时代（GCC0）

公元前 6000 年至公元 1750 年

前工业时代（GCC1）

1750—2130 年

行星级工业文明崛起（GCC2）

第一次入侵战争——入侵种族未知

《母舰》

封锁

《母之海》

2130 年

跨行星级文明开始（GCC3）

2615 年

太阳系宪法获得通过，建立地球议会（2615 年 6 月 15 日）

2629 年

火星空间航行研究院（Marineris Institute of Mars， 简称 MIM）建成了第一台稳定的空间时间扭曲力场（超光速泡泡）设备。MIM 的发现为人类打开了星际文明的大门（GCC4）

2643 年

跨行星级文明扩张至全太阳系

2644 年

第一艘人类飞船到达比邻星，与钛塞提观察者接触

2645 年

地球议会与银河系议会签订准入协定

第一次考察期开始

钛塞提人提供以地球为中心 1200 光年内的天文数据（映射空间）和 100 千克新星元素（Nv,147 号元素）作为人类飞船燃料

2646—3020 年

人类文明在映射空间内快速扩张

由于多次违反准入协定，人类被迫延期加入银河系议会

3021 年

安东·科伦霍兹博士发明了空间时间力场调节技术

科伦霍兹博士的成果让人类进入早期星际文明时期（GCC5）

3021—3154 年

大规模移民导致人类殖民地人口激增

3154 年

人类极端宗教分子反对星际扩张，攻击了马塔隆母星

钛塞提观察者阻止了意欲摧毁地球的马塔隆人的巡洋舰队

3155 年

银河系议会终止了人类的跨星际航行权，为期 1000 年（禁航令）

3155—3158 年

钛塞提飞船运走了储存在地球的所有新星元素，并将所有飞船进行无效化处理（在飞船降落到宜居星球之后）

3155—4155 年

人类与其他星际间文明联系中断。太阳系以外人类殖民地崩溃

4126 年

民主联合体建立地球海军开始保卫人类

地球议会接管地球海军

4138 年

地球议会建立地球情报局

4155 年

禁航令全面终止

准入协议重新启动，人类重返星海

第二次观察期启动，为期五百年

4155—4267 年

地球寻回幸存的殖民地

4281年

地球议会颁布旨在保护崩溃的人类殖民地的《受难世界救助法令》

4310年

商人互助会成立，旨在管理星际间贸易

4498年

人类发现量子不稳定中和（远远早于其他银河系势力的预计）

人类进入新兴文明时期（GCC6）

人类星际间贸易进入黄金时代

4605年

文塔里事件

《安塔兰法典》

4606年

特里斯克主星战役

封锁结束

《地球使命》

4607年

南辰之难

希尔声明

《分崩离析的星系》

注：GCC：银河系文明分类系统。

目 录

01
伊甸城

已登记聚居地

平户星系

英仙座外部地区

0.9 个标准地球重力

距离太阳系 898 光年

62000 名永久居民，游客数量不定

“大英雄，你怎么了？怕高了吗？”玛丽说道。扣在她脸上的透明氧气面罩扭曲了她的声音。

我无视她的挑衅，从起跳平台的安全围栏上探出头，看着下面的悬崖和朵朵乌云。寒带高原的寒风让人手脚冰凉，而且空气稀薄，必须借助外力才能正常呼吸，但是这里还是挤满了前来寻求刺激的游客。由于这颗星球的地质变动，寒带高原之下 15000 米就是一片水土丰饶的山谷，你很难想象这两种景象能共存于同一颗星球上。

我忧心忡忡地问：“你确定要这么干吗？”我回头看着她，然后用手抹掉面罩上的白霜。

玛丽穿着一套亮红色的贴身连体服，手腕和脚腕的推进器能够确保她待在滑降航线上。只要她跳下去，从胳膊连接到靴子上的弹性折叠翼就会自动展开，带着她自由滑翔进入可以呼吸的大气中。我的连体服型号和玛丽一样，只不过折叠翼的翼展更大，颜色也换成了蓝色。我们选的这家旅游公司让我们签署了死亡免责协议和支付了可观的装备押金，这笔押金金额巨大，以至于我怀疑旅游公司希望我们都在滑翔过程中意外身亡。

“也许我该把埃曾带来。”玛丽说道，她知道坦芬人都恐高。

我说道：“你就是用枪指着他，他都不会来。”玛丽推开我，走到队伍前面，丝毫不担心其中的风险。

她自信满满地看着下方，但是看到云层遮挡的垂直岩面时又开始犹豫了。

“万幸的是这件滑翔服知道怎么飞。”我这么说完全是给自己壮胆。当初我们决定在这度假的时候，完全没有想到要从人类世界最高的悬崖上往下跳，但是现在已经无法回头了。只要我们四肢平直，那么滑翔服将带着我们安全着陆。最起码我们的教官是这么说的。

在我们前方，一个穿着黑白条纹滑翔服的男人从窄窄的跳台上纵身一跃，跳入了深渊。在起跳的瞬间，他的折叠翼展开了，带着他飞入下方的云雾之中。穿着全套防护服的起跳管控员站在空旷的平台上，对着我和玛丽挥手，示意我们走过去。

我和玛丽手牵着手，紧张地望着彼此，用空出来的手抓着防护栏，一点点向着管控员走去。我们身后有几十个等待起跳的人，周围还有不少游客在增压处理过的酒吧和餐厅里关注着整个起跳区，这些人都在看着我俩的一举一动。当我们默默走上跳板的时候，只能强作镇定，观赏着通向地平线的悬崖。

他们给伊甸谷南端做了个标记，整个伊甸谷 200 千米宽，近乎 7000 千米长。伊甸谷形成于行星内核冷却，地壳撕裂的时候，从太空望去，整个伊甸谷是地表最显眼的地貌。星球上稀薄的空气大多滞留于地势较低的谷地之中，所以厚重的行星大气能够留住恒星照射生成的热量，从而形成温室效应。多亏了山脉的阴影和多云的夜晚，所以人类能活在这片荒凉寒冷的地方。

当我们走到管控员身边的时候，他靠过来大喊道：“不许牵手。你们可以同时起跳，但是不能肢体接触。肢体接触会干扰滑翔服的人工智能。”

我看了眼玛丽，她放开我的手时明显带着一丝害怕。我悄悄对她说：“咱们其实可以不用跳下去。”

“不行，必须跳。”她看了眼我们背后的人群说：“他们可都看着呢。”

管控员研究了一会抬头显示器上的大气读数，安装在悬崖上的几百个传感器收集了这些数据，然后直接传输到他的防护服上。“好了，朋友们，你们可以起跳了。顺着B3航线直接滑下去。待在滑降航线之内，四肢保持平直，千万别做花样动作。享受滑翔的快乐吧。”他退后几步，然后挥手示意让我们出发。

玛丽给我一个飞吻，然后大喊道：“后到的人要为晚饭付账！”她从平台上跳了下去，舒展四肢的同时折叠翼也瞬间打开，整个人的外形看上去就变成了椭圆形。推进器瞬间开始工作，带着她开始加速冲入云层。

“该死。”我嘀咕了一句，就跟在她后面跳了下去。

折叠翼展开的时候，我感到一阵颤抖，手腕和脚腕也感到一阵突如其来的压力，推进器开始调整角度，让我脸朝下进入滑降航线。面罩内的抬头显示器也开始工作，为我指示全长60千米，紧贴着峭壁向着经过环境改造的谷地的滑降航线。

“嘿！还没轮到你呢！”我听到管控员对着我身后的人开始大吼大叫。然后我就穿过雾气，顺着潮湿而又险峻的悬崖开始滑翔。

我隐约可以看到玛丽红色的滑翔服在前方的云层中若隐若现，看起来她完全不担心距离悬崖太近。“哎嘿！”她一边左右移动一边大喊大叫，不停测试滑翔服能给她多少控制权，“这玩意比零重力活动还简单！”

她说的没错。只要我们不和控制滑翔服的人工智能作对的话，这确实比零重力活动还简单。“零重力环境下又没有悬崖。”我说道，而心里则暗暗惊讶于滑降航线居然距离悬崖如此的近。

“想看我做个滚桶动作吗？”

“管控员说不要做花样动作。”我警告道，同时压低手腕，减小翼面角度，试图加速。

玛丽大笑道：“我要是违规飞行，你是不是还想打我的屁股？”

我的胳膊稍稍收回了一点，折叠翼也马上收回一点修正我的动作，然后我和玛丽之间的距离开始渐渐缩短。当我追上她之后，我微微抬头，和她保持同速，然后并肩飞行。她看着我微微一笑，放低肩膀向我平移，一只手向我伸过来，然后我俩的指尖碰在一起。我俩的手指扣在一起，在空中化作一个整体飞行，但是抬头显示器上橙色的靠近警告却毁了飞行的乐趣。

“我的滑翔服认为你是个淘气的姑娘。”

她笑了笑说：“我的滑翔服也是这么想的。”她话音刚落，我们就冲出了云层。

在我们的下方，是连接着地平线的伊甸谷，绿意盎然的谷底两侧是高耸入云的石壁和纤细的瀑布。穿过悬崖边的云层，还能看到山谷中的农田、森林、湖泊和村庄。在我们前方，蜿蜒的滑降航线穿过自悬崖而下的瀑布。

“天哪，真漂亮。”眼前的景色让玛丽赞不绝口。

我俩十指相扣从一个瀑布下面飞了过去，绕过第二个瀑布，再从第三个瀑布钻出来。对于两个大部分时间都在零重力环境和带着喷嘴的增压服里过日子的人来说，这就是一场在天空中的舞蹈。

“我给你说过了，这肯定很好玩。”她说道。然后我俩又绕过了一道瀑布。

“简直太棒了。”

我们从一道瀑布下穿过，朦胧的水雾将我们笼罩。玛丽放开我的手指，开始向着悬崖飞去。但是让我感到惊讶的是，就算我和她之间的距离越来越远，抬头显示器上的接近警告还是响个没完。警告从橙色变成红色，我的屏幕上最终跳出了“碰撞警告”几个大字，但是玛丽已经冲到了前头，势必要在这场比赛中打败我。

我好奇滑翔服的人工智能是不是出故障了，但是我的生物插件却开始工作。我的基因检测器在脑内界面上弹出了一个警告，我身后有人正在快速接近。但是滑翔服的折叠翼已经展开，推进器把我固定在滑降航线上，我没法转头看身后究竟是谁。

我渐渐离开峭壁，放慢速度抬起肩膀，然后回头发现身后一个黑影正在向我冲来。当他发现我已经看到他之后，他放低一边的折叠翼，用手中的武器对准了我，然后我看到他手中放出一道蓝色的枪焰，子弹撕破空气从我脑袋边上擦了过去。

黑影收直身体，然后我透过他透明的氧气面罩看到了他的脸。他面相俊俏，体型匀称，一双绿色的眼睛让人过目难忘。我从没见过他，所以这肯定不是寻私仇，而是职业杀手。

我开始俯冲加速，插件开始在数据库里搜索匹配的身份信息，但是什么都没找到。不论他到底是谁，肯定不是出名的杀手，但是我的基因检测器已经获得足够的信息确定他的身份，然后在我的脑内界面上弹出了一条警告：

检测到反应基因改造。

反应基因改造能赋予他速度、平衡和灵活性，而他健美的体型更说明他不会是政府部门的打手。我自己的超级反应改造被列为机密，但是只要无视其中的风险，完全可以在黑市上找到各种改造服务。折叠翼妨碍了他的瞄准，他第一次开火差点就打到了我。

他能够不按照滑降航线高速俯冲，说明滑翔服上的安全限制装置已经关闭了，这无疑为他提供了一定的战术优势。如果他的改造和我一样出色，那么等他靠近之后肯定能在高速状态下击中我。虽然我不在他的射击范围内，但是我的插件又弹出了一条消息：

发现整容改造痕迹。

整容？那就能解释他英俊的脸和匀称的身材了。但是为什么一个杀手要改造得这么好看呢？我的插件已经为我找到了答案：

目标为黑暗天使。

天使们都是经过基因改造的床上玩物和贴身护卫，虽然他们不是刺客，但是完全能够胜任相关工作。他们个个身怀绝技，而且费用不低，我只知道有一个人可以把这些造价不菲的杀手当作普通步兵使唤：宇宙第一号肥蛆寄生虫，曼宁 · 苏洛 · 兰斯福德三世。他作为银河财团的主席，势力波及所有的人类世界，而且还资助分裂分子，妄图把人类殖民地变成犯罪分子的独立王国。我曾经差点干掉他，兰斯福德深知，为了自己的小命，必须尽快干掉我。

“嘿，西瑞斯，你睡着了吗？”耳机里传来玛丽的声音。她现在看起来不过是天空中一团红色的虚影，距离悬崖越来越近。现在我在她的后方，玛丽应该看不到我或者黑暗天使。

“你才睡着了呢。我早超到你前面去了，这会正在酝酿晚饭吃什么。”我一边和玛丽斗嘴，一边再次翻身，保持对身后刺客的不间断观察。

“别想让我请客。”玛丽说完，又开始俯冲加速。

一道石岬挡住了她的身影，我的推进器开始纠正我的动作，免得我脱离滑降航线。滑翔服内的人工智能确保滑降安全，但让我变成了活靶子，所以我只好向着悬崖飞过去，借此躲开杀手的攻击。我知道，我的滑翔服绝对不会允许我这么干。

我双臂向后一甩，这个动作让人工智能一时间不知如何反应，这个动作得以让我在杀手开火的瞬间开始垂直爬升，刚好躲开了子弹。子弹从我的胸口旁擦过，钻进了我身边的悬崖里，激起了一片碎石。手腕和脚腕上的推进器让我向前飞，和悬崖拉开距离的同时开始加速，而我身后的杀手也恢复滑翔姿态。他从我上方飞过，做了几个优雅的动作准备下次进攻，而我则像一个醉鬼继续向前飞。我只能寄希望于解除滑翔服的安全限制，这样就算我手上没枪，一样可以和他一较高低。

我对着插件下令：启动通用界面，关闭滑翔服人工智能。

覆盖全身的分子植入物在我的身上寻找接入点，但是我现在穿着贴身的连体服。由于皮肤和滑翔服的控制系统没有直接接触，所以我的插件只能显示：

未检测到可用接入点。

由于折叠翼已经展开，而且推进器自始至终都在控制我的行动，所以我无法伸手摸到位于腰带上的控制器。我只能不断压榨人工智能的处理能力，同时希望身后的杀手能快点耗尽弹药。

我向着悬崖飞去，在他开火的瞬间从他身下飞过，然后趁他翻身准备再次开火的时候伸直了身子。根据头盔里的抬头显示器的提示，滑降航线从我的右侧沿着峭壁向下方延伸，但是却刚好处于杀手的射程内。由于无法改变航线，我只能在他开火的时候俯冲。一发子弹穿过了我的左侧折叠翼，子弹从肋骨旁擦过，我的抬头显示器里马上弹出了刺眼的警报。

玛丽飞在我的前方，她已经变成了一道红色的幻影，飞过了前方的山洞。身后的杀手做了半个滚桶动作，然后准备开火。他开火的时候我转了个身，从他的下方飞了过去，刚好躲开了一枪。当我靠近航线的边界时，滑翔服的人工智能带着我飞向山洞，眼前也闪出了高度提示。杀手看到我遇到了麻烦，就恢复脸朝下的姿势，飞到了我的上方。

我跟着他飞进了一个山洞里，我的脸几乎撞到了饱经风霜的岩石，而推进器则掀起了无数的灰尘。我一时间难以呼吸，然后就和杀手一起飞出了山洞。我和他距离太近，以至于干扰到了彼此的气流。玛丽已经飞到了很远的地方，她现在顺着岩壁向左移动，穿过细细的瀑布，然后向着几千米外的山洞飞去。

“你个大骗子。你这不是在我后面吗。”她穿过第二个山洞的时候回头看了我一眼，“和你一块飞的那个人是谁？”

我只能按照为游客提供的航线飞行，而身后的黑暗天使飞向开阔的空域，和滑降航线拉开距离，然后转向准备对我发动截击。他伺机而动，看着我和自己滑翔服上的人工智能斗智斗勇，让自己的工作越发简单。

“这是个自由滑翔客，”我说道，“不是和我们一起的。”

“所以你宁愿和陌生人一起飞，也不想和我飞？”

杀手待在滑降航线之外，在左上方和我保持平行，我对此无能为力。他看了看远处的第二个山洞，选择了一处我的飞行服不会规避的位置，然后开始向我靠拢。他的右翼稍稍倾斜，准备向我发动进攻，但是我选择对着他直接靠上去。杀手以为我要撞他，于是马上拉开距离，然后滑翔服上的人工智能就开始控制着我飞入山洞。

杀手估计了一下距离，然后飞向前方的石岬。我的虚张声势已经让他放弃直接攻击我的打算。他现在只有最后一次机会，按照山洞的方向飞行，然后在山洞的另一头干掉我。他决定在山洞里动手，于是开始俯冲加速，我也做着同样的动作，和他并驾齐驱。当接近山洞的时候，我俩距离很近。我们互相看了彼此一眼，知道这次是最后的机会了。

这次，滑翔服并没有违背我的指令。我根据教练的指导控制身体，让折叠翼保持平直，然后用推进器加速。只要我能保持在航线上，滑翔服的人工智能才不会在意我的速度有多快。现在杀手距离我不过一个身位，脸上带着狰狞的笑容，放低了右翼，准备翻过身拉近距离，对我发动进攻。

他的枪口冒出了蓝色的电火花枪焰，我抬起头开始爬升。子弹带着激波从我胸前划过，然后我就飞到了他的上方。我盯着他的脸，而他距离我不过半个身位。

我的动作让他吃了一惊，但是他很快就恢复了镇定。他想靠滚桶动作拉开距离，然后再次开火，但是我向他冲了下去。我的面罩砸在他的腰带上撞了个粉碎，然后气流就开始冲击我暴露在外的脸。我用手抓住他的折叠翼翼尖，和他牢牢地锁在一起。因为流经折叠翼的气流被扰乱，所以我俩在山洞里失去了控制。

“兰斯福德三世让我带句话，凯德，他总是能找到自己的东西。”杀手大喊的声音透过面罩传出来。

我们两个人在山洞里跌跌撞撞，我的后背撞在山洞的岩壁上，暴露在外的额头撞在他的腰带控制器上，然后脑内界面上弹出了一条信息：

启动通用界面。

我的插件还在执行最后一条指令。我脸上的神经略微感到刺痛，看来它已经和杀手的滑翔服人工智能建立了连接。

我的额头抵在他的腰带上，然后下令道：开始紧急关闭。

我压在他的身上，带着他重重砸在了岩壁上，然后又弹到了空中。他的推进器已经关闭，折叠翼也收了起来，等我们从山洞中飞出去的时候，他的双臂被捆在了一起。我的折叠翼将我俩分开，然后我就看着他无助地摔向 5 千米之下的地面。

“权当我全款付清了吧。”我让滑翔服接管控制权，带着我安安稳稳地飞下去。

鉴于我的面罩上有个大洞，抬头显示器全部失灵，我看不到滑降航线，但是滑翔服的人工智能还是知道该去哪里。我整个人放松下来，让它带着我飞向目的地。

“西瑞斯，这是什么噪声？”玛丽忧心忡忡地问。

我的通信器接收到了狂风吹过脸庞的声音，我说道：“不过是风罢了。”说完，我又经过了一道石岬。

玛丽已经大大领先，现在正掠过一片绿意盎然的半岛飞向露天晚宴区。我和她之间的距离太远，只能看着她赢得胜利。她抬起身子开始减速，然后被减速压力场产生的光芒所包围。整个压力场带着她来到着陆区，而我的滑翔服也开始减速，然后撞进了减速用的压力场里。压力场给我一种轻微刺痛的感觉之余，将我缓缓送到一片精心修剪过的草地上，刚好落在玛丽身边。一名管控员急忙走到我的身边关闭了我的滑翔服，另一名管控员则开始帮着玛丽脱掉滑翔服。

她忧心忡忡地看着我被砸碎的面罩，问道：“你真的没事吗？”

我扯掉面罩，愤怒地对着管控员说道：“你们这些人在这搞什么鬼？看看这东西。”

管控员拿过面罩，好奇地拿在手里反复打量说：“从没见过这种情况。”

“我差点命都没了！”我装作非常愤怒的样子。

“所以你才要签署免责协议呀。”管控员装出一脸无所谓的样子。

“怎么回事？”玛丽问道。

“落石罢了。”我指着折叠翼上的破洞说。

管控员好奇地把手指伸进破洞说：“这个破口对于石头来说，太干净了。”

“我要求退款。”我说道，“把你的执照也给我。”

“绝不退款。”管控员哼哼唧唧地说：“相关的修理费用会从你的押金里扣除。”

“什么？”

玛丽擦了擦我脸上的血说：“你都把自己弄伤了。”

“我好着呢。”我说道。

她发现我不过是受了些皮外伤之后，长舒一口气，然后坏笑着说：“我赢了，你请客哦。”

“但是我的面罩烂了。”

她假装很同情我的样子说道：“啊……但是你签了免责协议。”然后在我的嘴上亲了一下。

＼·＼·＼·＼·＼

我们在跳伞中心吃完午饭，坐空中巴士回到伊甸城。玛丽回到酒店为晚餐做准备，而我告诉她要去找埃曾（银边号的坦芬人工程师）好好聊聊。等我到了太空港之后，并没有去找停在东区的银边号，反而是去南边距离航站楼更远的停机坪，那些不想被人看见的船长通常会选择把船停在那。

我找的是一条叫作丝绸之路号的老旧飞船，它属于第二王权国建造的驿站级货船，而且飞船的涂装还是花哨的紫色。船首是半球形的装甲结构，其中包含船员的居住区和舰桥。船首之后是四个圆形的货舱，每个货舱后面还有一个巨大的发动机。船首下方平滑的位置最近还安装了两个小型炮塔，传感器阵列前方还装了一个重型无人机发射器。

我的出租车停在飞船前方的一个金属台阶前，顺着梯子就可以直接进入舰桥。台阶上铺着紫色和红色丝绸，微风吹过，丝绸也跟着微微摆动。台阶旁边还有一个穿着红色和橙色袍子的壮硕保镖把守，他带着一把精美的短刀作为装饰，袍子下面还有一把自动武器。等我爬下出租车走过去的时候，他黑色的双眸就死死地盯住我，但是没有掏出任何一支武器的打算。

我好奇地打量着丝绸之路号全新的炮塔。两座炮塔都处于关闭状态，武器系统都没有露出来。但是我对于它们的主人知根知底，所以我知道这些不过是刚好符合了地球海军对于无护航飞行的最低要求。说到底，这艘船的主人是一个两面三刀的小偷、骗子和生意人，而不是什么战士。如果他遭到了攻击，肯定会用现金或是自己的一个老婆来换取自己的自由。

我希望眼前的保镖不是什么好斗之辈，于是就把双手放在他能看到的地方。“我叫西瑞斯·凯德，扎蒂姆在等我。”

这位经过了基因改造的保镖一脸严肃地看着我，然后用大手按住自己的耳朵说：“他来了。”他听着通信器那头的人说话，但是眼睛却一直盯着我，然后问道：“你带武器了吗？”

我举起双臂，以示自己什么武器都没带。“这里是伊甸城，有钱人和大恶棍的游乐场。我为什么要带武器？”

保镖哼了一声走到一旁，然后我顺着铺着丝绸的金属台阶，一路叮叮当当地走了上去。当我快到台阶顶端的时候，船体外壁的舱门缓缓打开，我终于进入了宽敞的气闸内部。三面墙上挂着挂毯，上面描绘着四千年前烈日灼烧下的撒哈拉大沙漠。你可以在画面上的远方看到一片长着棕榈树的绿洲，而在远处的地平线上，还可以看到山丘上有一支驼队。

内侧的大门慢慢打开，一个经过改造的保镖带着我穿过一个装饰着摩尔式艺术风格的走廊。这种装饰对于一艘运输飞船来说非常怪异，但是对于喜好炫耀的丝绸之路号船长来说，这一切都恰到好处。

在走廊的尽头，保镖示意我进入一间宽敞的房间，房间里面挂满了挂毯，摆满了五颜六色的垫子，铺着手工纺织的地毯。房间的一个角落里放着多柄的水烟壶，另一个角落里是一个正在冒着热气的咖啡壶。在一旁还有九个漂亮的年轻姑娘，个个穿着透明的丝绸，让人浮想联翩。她们对我有礼貌地笑着，一个黑发的姑娘示意我坐到房间中间的翡翠桌子边。

“主人很快就过来。”她等我就座之后说道，“你要来点喝的吗？”

“谢谢，不用了。”我说道，我努力把自己的视线从她的乳沟上挪开。

她退后几步，和其他姑娘们坐到了一起，然后胖乎乎的阿明 · 扎蒂姆就从一扇门后面冒了出来。他穿着一身金色的丝绸长袍，手指上戴满了珠宝首饰，耳朵上挂着红宝石耳环。他爽朗地笑着，浓郁的黑眉毛弯成两道拱形，然后张开双臂迎接我。

“西瑞斯！在这种时候能看到你真是太好了。”我起身准备和他握手，但是被他一个熊抱困住，然后我的双颊也被他亲了两口。我在他放开我后退的时候，努力遏制住擦脸的冲动。然后他两只大手抓住我的肩膀，整个人上下都洋溢着快活的气氛。“你能把这个重任交给我，实在是让我受宠若惊。”他高兴地说道，“这就是我一直所说的亲情之证，咱俩也算得上是亲兄弟。”

“对，记得你还要给我打折来着。”我认真地盯着他，心想，在这一番寒暄之后，他肯定会把价格翻倍。

他笑了笑，只要有生意做，他的心情就不会差。“那是当然。现在这种环境下，咱俩还是不要为这些事情斗嘴了。”他让我赶紧坐下，然后自己坐在我对面的椅子上。“首先，为了庆祝你的好运，咱们先来点拉克酒。”

“别，千万别。”我赶紧回绝道，“我得保持清醒找到回酒店的路呢。”只要喝上几杯扎蒂姆无色的推进器燃料，我连气闸在哪都找不到了。

“我手下的漂亮姑娘能给你带路。”看来他确实想让我喝两杯拉克酒。

我好奇地打量着这群姑娘说：“她们都是你老婆？还是说你现在开始收小妾了？”

扎蒂姆微微一笑说：“西瑞斯，她们既不是我的老婆，也不是我的小妾，都是我的实习生。”他笑着说道：“这些漂亮姑娘都是地球上顶尖商学院的毕业生。”他凑过来悄悄说道：“她们可都比我聪明，不过你可千万别告诉她们。”

我若有所思地看着这些年轻的姑娘，她们这会儿肯定是在嘲笑我的无知。我说：“我还担心你来不了呢。船队一周前就到了，但是我却没找到你。”

扎蒂姆的脸色直接阴沉了下来：“嗨！分裂分子的舰队轰炸了哈迪斯城的大门。当地的工程师弄开大门之前，三艘地球海军的护卫舰被困了一个月。”

“地表的炮塔为什么没能在他们进入射程之前就干掉他们？”

“分裂分子的特工在进攻前破坏了炮塔。”扎蒂姆摇着头说，“西瑞斯，这场内战让生意格外难做。”

“我发现你给丝绸之路号安装了武器，但是这些炮塔也太小了吧。”

扎蒂姆不耐烦地看了我一眼说：“那些炮塔不算什么，里面全都是空的！”

“空的？”我困惑不解地问道。

“哈迪斯城可没海军武器，”扎蒂姆解释道，“就连我在安克森空间站的表兄也没有货。所有的货都没了，而且地球海军担心分裂分子可能获得重武器，于是禁止任何重武器流出核心星系。”

“那你是怎么获得地球海军的许可，进行无护航飞行的？”

扎蒂姆一脸尴尬，一时间说不出话来。

“你给海军塞钱了？”

“也不是海军，”他尴尬地说道，“不过是给批准新炮塔的工程师塞了点钱。”

“那发射器是怎么回事？”

“我在那里面放的是拉克酒。”他大笑道，“只有海军才能检查我的发射器，而且他们忙得不可开交，根本没空管我。”

“所以你根本没有任何武器？”

“这事我才不给别人说呢。”他狡黠地说道，然后为了打消我的疑虑，就说道：“哎呀，相信我，那群分裂分子的狗崽子看到我的炮塔就……”

“就掉头去找其他没有武装的飞船了。”

“你说对了。”

这就是典型的扎蒂姆式办事，智慧胜于蛮力。从哈迪斯城到这里，一路上没有任何武装或者护卫，无疑是十分危险的。就算扎蒂姆是个唯利是图的家伙，也只有真正的朋友才会为你跑这种危险的航线。

“我十分感谢你为我冒了这么大的危险。”

扎蒂姆整个人立刻放松了下来，说：“我可是个很有爱心的人，西瑞斯……而且我当然也很爱钱。像咱们这种人，可不能因为战争就忽视了自己到底喜欢什么。”

我笑了笑说：“言之有理。”我怀疑他不过是用我作掩护，然后在伊甸城趁着违禁品价格飞涨再大赚一笔。但是，就算我的猜测是真的，我还是非常感激他不惧危险，专程为我送货。

“说到喜欢的东西，”扎蒂姆一边说着一边从袍子下面拿出一个黑色的盒子，里面的钻石闪闪发光。“2.5 克拉，完美无瑕，从瓦塔里路德开采来的。毫无疑问，这是地球珠宝的最高品质。这东西够漂亮吧？”

“确实好看。”我说道，心里盘算着是否买得起它。

瓦塔里路德是一个环境类似地球的世界，地表遍布火山所以无法定居，星球重力是地球的四倍，而且有着整个映射空间内最丰富的宝石储备。一大批采矿机器人全年无休进行采矿、切割和抛光。人类中的富人个个对此趋之若鹜。

他带着近乎崇拜的表情盯着这块钻石，又补充道：“这种钻石通常只会送到地球，然后高价卖出。”他用一副什么都知道的表情看着我说：“但是你真的很走运，我的朋友。因为我，阿明 · 扎蒂姆，有些很了不起的朋友。”

我一脸狐疑地看着他说：“你偷来的？”

“你怎么能这么说话？”他用一副很受伤的表情看着我说：“这可是瓦塔里钻石。你知道偷一个这玩意有多困难吗，你得多聪明才能在不被人发现的前提下拿走这东西？”他狡猾地看了我一眼，炫耀着自己高超的偷窃技巧，但与此同时又拒绝承认这东西是偷来的。

“啊哈。”我狐疑地说道，“我要是拿着这东西被抓了，会被送去监狱吗？”

“兄弟，这事你就别操心了。我这儿有所有权文件和地球银行的转账记录，所有这些全都按照你的要求列在了你的名下，这些都可以证明你是实至名归的所有人。”

“所以我大可以带着它去估价，然后上个保险，而且不用担心被抓？”

他皱着眉头说：“咱们先别把事情想太远了，最好还是别让别人注意到你的……宝贝。”

看来，他依然是个骗子和小偷。“没人会来找这玩意吗？”

“当然不会有啊。”他非常自信地说道，“西瑞斯，我向你保证，我绝对不会让你冒这种险，这种事情连想都不要想。”

我整个人松了口气，然后拿过小盒子，注视着里面的订婚戒指：“她肯定会喜欢它的。”

“是个女人都不会拒绝它的。”扎蒂姆，这个王权国的大众情人向我信誓旦旦地保证道。

“我该给你多少钱？”我关上盒子，然后把它放到口袋里。

“既然你现在已经收到了货物，”扎蒂姆说，“我也该收钱了。当然，我会按照之前的约定给你打折的。”

“我没说戒指的事，我说的是送货费。”我意味深长地说道，暗示我知道这一路上他可是冒了很大的风险，毕竟他的船上只有两个空空如也的炮塔和装着拉克酒的无人机发射器。

“我的朋友，总有一天，你也会为我铤而走险的。”扎蒂姆坏坏地笑道，“可能有朝一日，我也会要求你为我做同样的事情。但是今天不用了，今天留给爱人和美酒。”他拍了拍手，对着一名漂亮的实习生说：“来两人份的拉克酒！”

“糟了。”我心里暗自想到，然后做好了迎接一切的打算。

我从扎蒂姆热情的熊抱中逃出来之后，小心翼翼地走下丝绸之路号的台阶，我的脸因为高度数的酒精而通红发热。我站在金属台阶下面慢慢喘气，试图清醒过来，而那个保镖则在一边面无表情地看着我。

他问道：“拉克酒？”我点了点头，而他用一副知道一切的表情看着我说：“拉克酒可是好东西。”

“开采小行星的时候也许是好东西。”我说完，就爬进了停在丝绸之路号前方的甲壳虫式的出租车，这车还是扎蒂姆手下一个实习生为我预备的。

“大峡谷酒店。”我刚说完，出租车就加速驶离了飞船。出租车开上了通往伊甸城的公路，然后拉克酒的酒力就带我进入了梦乡。我依稀能感觉到车辆的运动，但在出租车拐弯之前都没睁眼观察周围环境。等我睁开眼，让我惊讶的是，我发现自己身处一片葡萄园中间，伊甸城在我的身后依稀可见。我们现在已经驶离了主干道，正在顺着一条土路，向着一座绿意盎然的高山前进，山上还有一栋壮观的白色大房子。

“停车。”我命令道，但是出租车却无视了我的指令。

我身子前倾，打开紧急控制面板，但是出租车并没有停下，反而继续向着山上开去。在靠近山峰的时候，它转向开到了一条鹅卵石铺就的行车道上。路旁种着从地球移植的柳树，路的尽头是一栋三层的大房子。房子正面有四根白色的大柱子，每一层都有巨大的落地窗，但是都设定成反光模式，让人看不到里面有些什么。

一个穿着灰色西装，戴着墨镜的人走了出来，他看上去没带武器，但是他的一举一动显示，只要有必要，随时能找来不少厉害的家伙。我想逃跑，但是拉克酒的后劲还没有退去，再加上到处都是哨兵无人机，我怀疑自己并不能跑多远。

“这边来。”他对着我说道，然后领着我进了屋子，完全没打算做个自我介绍。整栋房子的风格就好像普通的乡间大宅，镶边的墙框上展示着各种经典艺术作品，家具也不乏各种精美装饰，最后还能发现各种运动传感器和热能探头。

“你这地方不错。”我试图和他搭话，但是他完全忽视了我，带着我爬上楼梯，来到了一扇装着基因扫描器的大门前。他摸了一下扫描器的面板，打开了大门，带着我来到一间巨大的房间。房间里有两排控制台，操作员都穿着一套虚拟现实套装。在操作员的身后，有一扇巨大的落地窗，可以透过它看到葡萄园、远处的伊甸城和太空港。

这些操作员正在用一种平静的语调和部署在地面和轨道上的特工小队沟通：

“目标从你的位置向南移动。”

“我什么都没看到，他们干扰了我们的跟踪器。”

“告诉伊甸管制站，你的着陆系统有问题。我需要你在同步轨道再坚持两个小时。”

我的向导带着我经过穿着虚拟现实套装的操作员，来到房间另一头的大门前。他在基因扫描器上摸了一下，示意我进去，但是却没有跟进来。

房间里可以看到一排排的大屏幕，其中一个屏幕上有各种标记，它们在伊甸城内到处移动，另一个则显示着整个谷地的地图，上面还有几个接触标记。一些穿着便装的男男女女看着屏幕窃窃私语，个别人还在给隔壁的操作员发消息。一个高个的黑皮肤女人看到我进了房间，就暂时告别自己的同事，向我走了过来。

“西瑞斯，”她向我伸出了一只手，“欢迎来到伊甸情报站。”

“你好啊，列娜。”我说，“你现在都开始跟踪我了？”

她回答道：“这次没有。”列娜 · 福斯是我在地球情报局的上司，她还是 O060 行动小队的指挥官。她负责地球北极方向核心星系空间以外 900 光年范围内的情报活动。虽然她本人不会承认，但是她是个高级灵能者，所以我怀疑她可以在我不知情的情况下，直接看透我的想法，然后精确提取所有的秘密。她闻了闻，然后皱起眉头说：“就算是你，现在喝这么多酒是不是也不太正常？”

“我这可是在休假。”我非常认真地说道。

她用一副了然的表情看着我说：“哈……看来那个阿明 · 扎蒂姆

确实把你带坏了，西瑞斯。你也知道我们在监视他吧？”

“你在监视所有人。”我看着那些屏幕说，“你这排场可不小啊。”

“这是个非常重要的观测站，很多同情分裂分子的人都会从这里路过。”她抓着我的胳膊经过一扇巨大的落地窗，走向一扇锁住的大门。“我们在这可以很清楚地看到太空港和伊甸城。我们还有一个老式的轨道观测卫星，原本它该去观测其他行星，但是大多数时间我们都用它监视谷地。还有，我们这儿酿的葡萄酒其实也不错。”她在基因扫描器上摸了一下，然后大门打开，房间里黑乎乎的，房子中间只有一个全息投影仪。

“当地政府知道你们在这吗？”我走进屋子的时候问道。

“他们不知道，但是我们在市政府和谷地议会里安插了人手。你肯定会对我们在这儿收集到的情报大吃一惊的，叛徒们总是在床上把小秘密说给自己的小情人听。”她关上门之后又补充了一句，“有时候那些小情人也是我们的人。”

“但这不是你来这里的目的，对吧？”作为为数不多的高级灵能专家，她在这种偏远的旅游星球上监听别人床头聊天无疑是大材小用。

“我来这儿当然不是为了这些。”她走到桌子一样的圆形全息投影仪前，然后启动了声力，确保没人能够偷听到我们的对话。“我有一个任务要给你。”

“送货？”

“不是。”她缓缓地说道，脸上的表情也越发严肃，“我给你的任务级别远在我们的保密权限之上。”

我饶有兴趣地看着她：“这怎么可能？”

“因为我们从没干过这种事情。”

“比如？”

她不耐烦地看着我，心里反复挣扎，琢磨着是否要下达这道命令。

“西瑞斯，启动终极安全锁。”

“什么？”终极安全锁会让我的插件即便是我被人抓住并被拷问的情况下，依然自动记录所有的对话和检测数据。但如果真的发生这种情况，我的插件为了确保我不会泄密，会直接结束我的生命。我为地球情报局工作了这么久，从没接到这样的任务，也不想接到这样的任务。

她冷冷地看着我说：“这是命令。”

“我拒绝这个任务。”

“这个任务你可无法拒绝。”她的眼神几乎要刺穿我的灵魂，而且我也无法在安全锁的问题上对她撒谎。她早就可以看穿我的每一个念头，我完全没有抗命的余地。

我不情愿地说道：“是的，长官。”然后启动了终极安全锁。

列娜打量了我一会，用自己经过强化的灵能确保我已经执行了她的命令。“很抱歉让你这么干，西瑞斯，但是这次任务不是我给你的，是钛塞提人。”

“我们什么时候也开始为他们工作了？”

“只要他们开口，我们就得为他们干活。据我所知，这是地球情报局第一次为他们工作，也是人类第一次为钛塞提人工作。他们也从没有要求人类为他们工作，这可是两千年来第一次出现这种情况。”

我问道：“他们维护银河系之中的律法，然后让我们干这些违规的脏活？”我清楚记得准入协议中严禁他们这样先进的文明操纵像我们这样弱小而年轻的文明。

她点了点头，说：“如果议会发现了这事，那么对我们来说会非常尴尬，但是对他们来说却有直接的不利影响。因为，我们还不是议会成员，而他们是观察者。”

“你可别忘了，”我补充道，“我们也就死定了。”

“事情得一件一件办。”她说着，微微一笑。

我长叹一口气，很庆幸在她超级灵能武装下的大脑里还有那么点黑色幽默。

“为什么选我？”

“司亚尔点名找你。很明显，他非常信任你。”

“我还真是好运不断呢。说说吧，我得去把谁干掉？”

“不需要你去杀人。自从联盟舰队去年吃了败仗之后，钛塞提人和其他议会成员都在努力弥补损失。他们从入侵者的空间内撤回了自己所有的部队，这可是他们2500年来第一次这么干。入侵者封锁已经结束了，西瑞斯，而且谁都不知道接下来会发生什么。”

“我们无力参与银河系中的权力纷争，也不失为好事一件。”我说道。入侵者文明远在6500光年外的曼娜西斯星团，不仅远离银河系旋臂，更是和人类的活动空间相距甚远。

“众海孤子要来了，西瑞斯。”列娜说道，“而且钛塞提人对此非常担心，地球议会也担心，这次我们要通过秘密协议尽可能帮助他们。”

“打击入侵者又不是我们的问题。”我慢慢地说道。银河系中不会有人期待最年轻的种族会为抗击银河系最强大的敌人做出任何贡献。“钛塞提人和其他观察者文明会处理入侵者的，他们不是一直负责这事吗？”

“西瑞斯，我也希望事情是这么简单。”

“他们的任务是把入侵者赶回曼娜西斯星团，而我们的任务是结束内战。”

“你确定吗？”她问道，“你知道银河系中有多少文明正在被内战困扰？”

我耸了耸肩说：“议会怎么会告诉我们这种事情。”

“这样的文明有很多，这可是钛塞提人告诉我们的。”

“所以，银河系里的日子也不好过。大家都有难处。”

她摇了摇头说：“事情没这么简单，西瑞斯。马塔隆人多年以来一直在控制部分人类势力，准备发动内战。这里存在一种模式：根据钛塞提人提供的情报，整个银河系都在爆发内战，独生者正在控制傀儡势力，然后介入发展中文明的内部事务。这是入侵者试图破坏银河系现存秩序和弱化议会团结性的策略。我们已经陷入了一场无法控制的权力斗争了。”

我想起了 8 个月前，入侵者女王在内战开始时说的话。她说这一切不是因为我们人类，而是因为入侵者。我当时并不理解这话的意思，但是现在渐渐明白是怎么回事了。

“外部干预给了钛塞提人和其他观察者文明介入的理由。”我说道。

“但是他们得先证明确实存在外部干预才行，这一点在当前情况下很不现实。而且就算他们能够证明存在外部干预，他们也得选择支持其中一方。除非存在明显的违规或者自我灭绝的可能，不然他们只能选择中立。所以，钛塞提人才需要我们的帮助。我们可以去他们不能去的地方，我们可以问他们不能问的问题。”

“因为没人在意一群低等人类会干出什么事来。”

她点了点头说：“也只有马塔隆人会在乎我们要干什么。”

自从 1500 年前，一群人类极端分子试图和他们开战以来，这群排外的蛇脑袋就想灭绝人类。幸运的是，钛塞提人挫败了他们的复仇计划，但是蛇脑袋们从来没放弃消灭我们的打算。

“那么，这群小鸟想让我干什么？”

“小鸟？”她一脸轻蔑地看着我。

“两足，卵生，超级聪明的鸟人，学名就是 oviparous ratites。”

“西瑞斯，你还是叫他们钛塞提人比较好。”她严肃地说道，“他们可能在窃听我们。”

我环顾四周，寻找着钛塞提人的窃听装置，心里非常明白，如果他们想窃听我们的机密谈话，我们根本无法阻止他们。

“所以我到底要做什么他们做不来的事情？”

“去交朋友。”列娜说着，往全息投影仪里塞进了一个数据芯片。“这艘船从天鹅座的环带世界出发，现在还在猎户座旋臂境内。司亚尔希望你确认它的真实意图。”

“天鹅座边界区？”我惊讶地说道，“那可离这里远着呢。”

“40000 多光年以外。”她说道，投影仪的基因扫描器确认了她的身份后，然后投射出了一颗被白云笼罩的类地行星。列娜放大图像，轨道上出现了两艘飞船。一艘飞船的设计非常眼熟，但是另外一艘却前所未见，它看上去就像一个三角星，中间有个压扁的球体，每条向外伸出的结构上下各有一排凸起。

“他们是希尔人，”她说道，“他们的殖民地散布在银河系周边地区，但是他们的家园世界位于天鹅座外部地区。在第一次入侵者战争时期，他们……”

“第一次？”我惊讶地说道。我从没听过这个说法。一直以来，人们都管它叫入侵者战争，这场战争爆发于 2500 年前，那时候人类还没进入星际航行时代。

“钛塞提人是这么称呼它的。他们相信第二次入侵者战争随时可能发生。特里斯科主星战役可能只是个开始。”

特里斯科主星战役指的是入侵者去年对联合舰队发动的一场突袭，联合舰队损失惨重。特里斯科主星一直以来是银河系议会在曼娜西斯星团的主要基地。整个星团由大量古老的恒星构成，距离太阳系 65000 光年。和其他大多数星团一样，除几个从一个矮星系里捕获的恒星以外，整个星团缺乏矿物资源。其中一个被捕获的恒星系就是入侵者的家园星系，他们管自己叫作“众海孤子”，他们从那里一步步向家园星团扩张。

在第一次入侵者战争结束之后，联合舰队封锁了曼娜西斯星团，直到特里斯科主星战役的惨败之后，他们才撤退到银河系的边缘地带，等待入侵者的下一步行动。让银河系议会感到意外的是，独生者并没有乘胜追击，攻入银河系旋臂。议会认为，入侵者担心直接攻击银河系会导致各个文明再次联合起来反对他们，但是也有不少谣言认为入侵者可能会求和。

“在第一次入侵者战争时期，”列娜继续说道，“希尔人是边界地区唯一一个没有受到入侵者攻击的种族，而其他文明，比如克萨人，则损失惨重。”

“希尔人的技术发展程度如何？入侵者能轻松对付他们吗？”

“根据司亚尔提供的情报，他们算得上是一个主要文明，但不是超级文明。他们和钛塞提人的科技差距还很大，但是已经两次申请成为观察者。”

“看来他们野心不小啊。”

观察者名义上领导着银河系中各大文明，他们可以在紧急情况下进行干预，确保准入协议得到执行，但是大多数时候还是观察事态发展，然后将相关证据提交给银河系议会，银河系议会将会做出集体表决。因为银河系太大，太过多元化，所以在这种政治结构中不存在核心政权和正式的政府。银河系中最接近政府的存在就是各个文明的代表聚在一起讨论当下大事。

“两次申请都被回绝了。”列娜补充道，“看来大家都不喜欢他们，他们有着秘密破坏准入协议的前科，而且从不解释为什么第一次入侵者战争时期他们能够免受入侵者的攻击。”

“现在司亚尔希望我查清楚他们究竟在猎户座旋臂搞些什么名堂？”

她点了点头说："钛塞提人现在从远处保持观测，但是如果靠太近，希尔人就会投诉观察者文明正在干预自己合法的内部事务。更重要的是，钛塞提人不希望希尔人发现自己正在监视他们。"

"希尔人又不会告诉我他们在猎户座旋臂干什么。"

"他们当然不会说，但是和他们接触的人可能会说。"

她重置画面，然后放出第二艘飞船的图像。这艘飞船船身呈黑色，整体形状看上去像一个拉长的水滴，船体表面覆盖了鳞片状的装甲板和贯通全身的一排排凸起。虽然我不知道这种飞船的具体型号，但可以肯定是蛇脑袋们的飞船。

"马塔隆人。"我说道。

她说道："奥利亚级。"这进一步确认了我的预判。"这个星系是他们的租地之一，编号为 P9361。他们为了从附近类地行星采集矿物资源，就在那里部署了一些自动采矿机。整个星系都处于封闭状态，不对外人开放。"

这毫不奇怪，毕竟马塔隆人极端排外。

"除了钛塞提人。"我小心翼翼地说道，因为眼前的图像肯定是用钛塞提科技采集到的。

列娜耸了耸肩说："他们不知道的东西当然不会对他们造成损害。"

我笑了笑，因为马塔隆人要是知道钛塞提人在他们的势力范围内秘密行动的话，这群蛇脑袋可能要气疯了。

她继续说道："钛塞提人跟踪希尔人的飞船来到这个星系，他们的飞船在轨道上等待马塔隆人的资源运输船。根据钛塞提人的情报来看，马塔隆人的这些运输船都是全自动的，没有船员，但是却和希尔人的飞船进行了七个小时的对接，然后就离开了，根本没有和其他采矿机进行对接。很明显，这些飞船肯定不是无人飞船，而且来这里根本不是为了收集矿石。"

“那马塔隆人和希尔人到底有什么好说的？”

“根据钛塞提人掌握的情况，他们之间没有建立正式的官方联系，他们也不应该在这么偏远的星系会面。”

“除非中间有朋友为他们做介绍。”

“钛塞提人也是这么想的。”列娜也同意我的看法。

“所以我的掩护身份呢？我总得找个借口告诉亚斯和埃曾吧。”

“会给你一份递送地球外交信件的合同。有了这东西，你就可以去那些地球使馆和外星世界，以及我们自己的殖民地。为了避免你被希尔人或者马塔隆人扫描，所有这些文件都是真的。而且鉴于地球海军没有多余的飞船处理外交工作，所以这个伪装可信度很高。”

“我希望这活儿报酬不错，我可不希望自己的手下以为我是个地球政府的走卒。”

“你随便开价吧，多少钱都没问题。”她从旁边的桌子里拿出了一个小金属盒，递给我说：“这是给你的。”

“还没到我生日呢。”我说着，接过盒子拿在手里好奇地打量着。盒子上有一个基因扫描器控制的梭子，除此之外没有其他明显特征。“这是什么东西？”

“专门用来对付马塔隆人皮肤护盾的子弹。就算是有钛塞提人帮忙，造它用的时间和成本比我们想象得更久更昂贵，但是完全用的是我们的技术。虽然设计方案是钛塞提人提供的，但是绝对不会追查到他们身上。”我用手掂量着这个盒子，好奇心一下被勾起来了。“每发子弹的造价比轨道飞船都贵，所以可别浪费它们。”

“希尔人有皮肤护盾吗？”

“他们的科技远在马塔隆人之上，所以他们只要想用，肯定能得到这种技术。”她无助地耸了耸肩说，“虽然我们下了大力气造出了这些子弹，但是我们却没法测试，所以我没法保证这些子弹有效。”

“只有通过实战才能知道好不好用了？”

“别主动和希尔人开战，西瑞斯。问点话，套出情报，别惹麻烦。”

“他们算是怎样的种族？”

“反正你从没见过就对了。”她握住了我的手，我俩的生物插件系统建立了链接，然后大量数据从她的手进入了我的插件记忆库。她为我详细讲解了 2500 光年内地球外交任务和相关人员的情况，然后还有一份关于希尔人的详细资料，资料包含希尔人的生物学信息、文化分析和一份非常诡异的心理学档案。

“我猜这些希尔人的资料也是钛塞提人给我们的。”

“是的。任务结束后就全部删除，按道理来说，我们不该掌握这些资料。”

“这倒是。”我慢慢地说道，同时检查她给我的外星人资料。“发音器是什么玩意？”

“我看到这个的时候也大吃一惊，你在昆虫的词条下面查查。”

“我讨厌虫子。”我说着做了个鬼脸，脑内界面弹出一张画面，画面上希尔人从手掌里弹出了一根毒刺。我悠悠说道：“看来我们不用和他们握手了。”

“我是不会和他们握手的。”列娜从口袋里拿出了一个数据卡，“这是你的文件，里面有 2000 份不同的文件，根据你的目的地选择要送的文件。等你完事之后……”

“我知道，把剩下的都销毁。”

“从瓦尔哈拉开始。根据钛塞提人的情报，希尔人的使团正在向那里出发。”

“瓦尔哈拉？”银河系议会为了处罚人类极端分子攻击马塔隆人的事件，所以针对人类颁布了禁航令，瓦尔哈拉是一个在禁航令时期崩溃的人类世界。“瓦尔哈拉什么都没有，根本不值得外星文明为它发动战争。”

“他们正在向那里出发，”列娜耸了耸肩说，“我也不清楚怎么回事。”

“好吧。”我现在急于回到酒店。

“还有件事，”列娜用自己的超级灵能直接刺探了我的内心，“是关于玛丽的。”

“她怎么了？”

“你今晚向她求婚，对吧？”

我还没给列娜说我的求婚计划，而且对于她知道这件事也丝毫不感到奇怪。但是要放在以前，我肯定会被吓一跳。“我是这么打算的。”

她很同情地看着我说：“西瑞斯，她爱你，但是你不能相信她。”

“你确定吗？”

“你要是问我有没有用灵能检测的话，我只能说还没有。事情比那要更严重，她是个分裂分子的支持者。”

“她可不是地球议会的死忠，”我不情愿地说，“但是她向我保证过，绝对不干蠢事。”

“我们几个月前追踪到一条飞船离开了印迪拉克斯，飞船的特征符合幸福号。飞船没有发出应答机信号，但是肯定是她的飞船。从那之后，这条飞船造访了另外五个分裂分子控制下的世界。我不知道她有什么打算，但是我们已经盯上她了。”列娜叹了口气说，“如果真的是她，那么要不了多久地球海军就会击沉她的飞船，当然也有可能她会被送到拉娜六号星去敲冰岩。总而言之……”列娜的话没有说完，但是她的眼神告诉我玛丽时日无多。“西瑞斯，趁着还有机会，赶紧忘了她吧。”

我非常了解列娜，所以我知道她肯定没有撒谎。“你为什么不逮捕她？”

“你自己知道原因。”

我点了点头，心里非常清楚列娜是因为我才保护玛丽。“我会和她说的。”

“你可不能告诉她有关我的事情。咱们的事情更不能告诉她。”

“我知道，我会编个谎的。”

“我很抱歉，”她忧伤地说道，“我知道她对你意义非凡。”

“是吗？”我摸着扎蒂姆从哈迪斯城为我带来的小盒子，盘算着下一步的计划。列娜不可能永远保护玛丽，地球海军早晚有一天会抓住她。

“西瑞斯，我们需要你弄明白希尔人到底在干什么。这事非常重要，玛丽不过是在干扰你罢了。”

“她可不是什么干扰。”我遏制住心中的不满，对着她点点头以示道别，然后就坐上等在外面的出租车回到了伊甸城。

\·\·\·\·\·\

等玛丽和我坐出租车来到伊芙湖的时候，悬崖的影子已经覆盖了谷地，天色也渐渐变暗。这个湖当初设计用来当作伊甸城的蓄水库，同时兼具鱼类养殖的功能，但是随着时间的推移，这里已经变成了水上运动中心和滨水娱乐区。在内战之前，这里的夜生活让人眼花缭乱，但是现在游客数量锐减，湖边的餐厅多了几分空寂的感觉。

我选的这家店不仅手艺不错，而且刚好坐落于港口，能够俯视几千尾色彩斑斓的鱼。这里的水生生物以及整个伊甸谷地的动植物，都是 100 年前从地球移植来的。为了能建立起当地的生物圈，它们按照一定顺序被迁移到这里。由于当地缺乏与之竞争的高级生物，这里的光照和液态水让低端科技条件下的行星环境改造工作异常成功。整个谷地已经变成了一片生机盎然的天堂，但是 15 至 20 千米以上的星球表面却还是一片冰冷的废土，这片废土上唯一的居民就是单细胞生物。除要补充因为高海拔强风带走的水汽以外，这里的生物圈非常稳定，是最为舒适的殖民地之一。正因为如此，伊甸城才变成了一个旅游胜地，为那些居住在增压城市、地底洞穴和勉强宜居的世界居民提供了一种类似地球的感觉。

远处的悬崖叫作西颜石壁，夜空中的云彩将它的顶峰和天空中的群星遮了起来。高海拔的强风让夜晚多了一丝寒意，等到了早上的时候，整个谷地都铺满了一层白霜，但是这里绝对不会下雪。这里的夜晚太短，而且行星的地轴离轴角不过两度，还不足以产生任何季节变化。

“这里的夜晚实在太黑了。”玛丽说道。她先是看着天空微弱的星光，然后看向远处的农舍和村庄亮起的灯光。

“我每次看到这些云彩的时候，”我说道，“都以为是维生系统漏气了。”

她笑了笑说：“我也是这么想的。”

一个服务机器人滑到了桌子边上，按照预先编好的程序问好，然后屏幕上弹出了一个菜单。我们选好了菜，还点了一瓶当地产的葡萄酒，这酒很有可能来自地球情报局监听站的葡萄园。菜单上还有些来自其他世界的酒，但是找不到地球产的酒。伊甸城已经几个月没有收到来自核心星系的奢侈品补给了，只有地球海军的船队为这里送来了必要设备的补给配件。

过了几分钟，一名人类服务生拿来了一个流线型的容器。他为我们展示了瓶身上的印痕，用花哨的手法打开了真空包装，然后把酒倒在两个钛合金的酒杯里。

“我那些波尔多的亲戚要是知道这事，肯定都要疯了。”玛丽说着和我碰了下杯。

“因为我们正在从真空包装、辐射消毒的瓶子里喝酒？”

“除此之外，这还是白葡萄酒呢。”她说话的时候还是带着加斯科尼口音。她品了一口，说：“太好喝了，发酵过程可能是人工智能控制的。”

“最起码，喝酒的得是我们人类。”我说道。我非常喜欢这酒舒爽的口感，能很好中和拉克酒的宿醉。

我俩在接下来的几个小时里聊天开玩笑，看着桌子下面五颜六色的鱼，品尝着在地球上都能广受赞誉的佳肴。我等待着求婚的最佳时机，努力忘记列娜说过的话，我的手偶尔会擦过装着珠宝盒的口袋。但每当我要拿出小盒子的时候，我都会犹豫一下，因为我确信只要她接受了我的求婚，早晚有一天我得告诉她我的真实身份。单单是向亚斯和埃曾隐瞒真相就非常困难了，等我们结婚之后，就更不可能向玛丽隐瞒了。

列娜虽然没有明确地说出来，但是她的灵能一定知道我早晚有一天会向玛丽坦白我为地球情报局工作的事情。正因为如此，她才会将玛丽视作一个无法忽视的安全隐患，列娜绝对不可能让地球情报局受到威胁。我不知道列娜会怎么做，但是她的多愁善感让她永远都不可能进入地球情报局的指挥层。

等甜点端上桌的时候，厚厚的云层已经挡住了天上的群星。突然间，一个蓝色的光点突破云层，看起来像一艘飞船正在飞向太空港。我好奇是不是地球情报局的轨道勘测船返回地表过夜，但是它距离太远，我也看不清细节。

“我得给你说点事。”我说这话的时候语气诡异，心跳加速。

玛丽笑了笑，身子前倾，非常好奇我在打什么主意。她握住我的手，温柔地问道：“怎么了？”

“玛丽……你是不是在暗中帮助分裂分子？”

她的脸上闪过惊讶的表情："我还真没想到你会问这个问题。"

"战争爆发的时候，你承诺过不会干傻事。"

"我还没干什么傻事呢。"她小心翼翼地说道，然后放开了我的手，坐直了身子。

"我在地球海军里有熟人。她告诉我说，幸福号曾经停靠分裂分子的港口。"

她眯起眼睛说："西瑞斯，你是不是在监视我？"

"这倒没有……我只是不希望你卷入任何麻烦。"

"我不是个小姑娘了。我知道自己在干什么。"

"海军在监视跟踪你，调查你的联络人。等他们抓到你的时候，他们一定会摧毁幸福号。如果你没死，下半辈子就只能在监狱里度过了。"

"那他们还得先抓到我才行。"她漫不经心地说道。

起码她没有否认自己为分裂分子做事。我很想告诉她，之所以她还没有被抓，是因为地球情报局的地球指挥官看在我的面子上在保护她，但是我不能告诉她这一点。

"你要是非要选一边的话，"我说道，"那就选胜利者那边。"

"我就是这么计划的。"

"你的家人还在地球上。"

"那些亲戚我见都没见过。我在乎的那些家人，他们都在这里。"

"而且他们都是分裂分子？"

"有些是。"她承认道，"西瑞斯，我可没有选边站，但是一个姑娘总得过日子。那些独立分子支付的钱够我送十次货了。"她叹了口气说："幸福号已经很老了。我爷爷 80 年前买下它的时候，它就是一艘二手船了，我要是再不凑够钱换了它，就会永远被困在地面上。我实在是别无选择。"

"你还是有别的选择的。"我可以为她想办法，但是在这种情况下却不可能。

“我只需要再跑几次就好。”

“然后呢？”

她意识到我的话不限于她的事业问题。她开玩笑道：“那得看我有没有被抓到。”但是说完却发现我根本没有笑。

我的手按在口袋里的珠宝盒上，说：“你知道，我可以去弄一条大点儿的船，我甚至还能带上乌戈。”我和她的导航员水火不容，但是加登 · 乌戈确实是个百里挑一的优秀飞行员。

“两个船长，一条船？”她意味深长地说道。

“一个船长，一个不是很听话的大副。”

她认真地盯着我说：“你就这么想当我的大副？”

“嗯……”看来她知道我说的是什么意思，但就是拒绝承认。

“西瑞斯，”她说道，“唯一可行的办法就是两个船长两条船，一起飞同一条航线。”

这和我的计划完全不一样，但是起码可以让她不惹麻烦。“到时候可少不了要不停换船。”

她饶有兴趣地看着我说：“我的新船肯定得有一个超大的船长室，但是咱们在银边号上的小屋确实需要扩建了。”

“我会敲掉一面舱壁。”我说道，按在珠宝盒上的手也挪到了一边，还是等她不再为分裂分子送货的时候，我再求婚好了。“你得答应我一件事，要是见到地球海军，马上扔掉你的货，然后快速进入超光速。别想着说服他们，只管快点跑就好。”

她靠了上来，手搭在我的手上，说道：“这一点我可以向你保证。我可不想在监狱里度过余生，我还打算享受下超大号的船长室呢。”

我看着她的眼睛，就知道她开始怀念酒店的大床了。我叫来服务生结账，心里暗自期望列娜能为玛丽再提供一段时间的掩护。

\·\·\·\·\·\·\

第二天早上，玛丽趁我还没睡醒的时候亲了我一口。她早就穿好衣服，装好了所有的行李。窗外的天空晴朗无云，云层已经退到了悬崖顶峰附近，但是星系的恒星还是被隆起的星球表面挡住了。

“要吃早饭吗？”我问道。

“吃不了了。”她带着歉意地说道，手里拿着自己的通信器。“乌戈刚刚从当地农业联合体那里接下了一批货。我要是四天之内能送到巴马科空间站，就还能拿一笔奖金。”

巴马科？起码那不是分裂分子的地盘。“为什么这么着急？”

“这批货一个月之前就该送走了，但是上一支船队没有足够的空间带走这批货。”她无奈地耸了耸肩，“农民们都快急死了，所以支付了双倍的报酬，而且……”

“我知道，你需要钱。”我钻出被窝开始穿衣服，“最起码去巴马科不会害死你。”

“这次不会死。”我正准备抓起衬衫的时候，她抓着我来了个离别长吻。“咱们三周之后再会。”她的语调中充满了挑逗的意味。

“千万别叫人抓住。”我说道，我心里非常确信她一定还有什么不可告人的计划。

“才不会呢。”她说完，就匆匆离开了。

我穿好衣服下楼结账，然后出门叫了一辆出租车去太空港。当出租车带着我驶向银边号的时候，我看到几辆多轮货车从幸福号身边开走，向着南面驶去。玛丽的老货船样子非常难看，三个圆形货舱首尾相连，后面还有一个功率不足的引擎。飞船的三个货舱和十二个货钳上装满了车队运来的辐射真空密封货柜，所有的货柜上都带着伊甸农民联合体的标记，让我觉得玛丽至少这次没有铤而走险。幸福号的货舱门已经关闭，当出租车把我放在银边号正前方的时候，我对着她挥了挥手，心里确信玛丽一定能从舰桥看到我。过了一会，幸福号缓缓升空，船首对着天空，然后加速冲向太空。

我忧伤地看着她飞向太空，然后顺着银边号的船腹卸货坡道，走进了空荡荡的货舱。按照预定计划，我们明天才会起飞，但是现在列娜和钛塞提人给了我一个任务，而且玛丽也走了，我希望现在就出发。我只希望现在亚斯已经回到了船上。和其他太空港不同，伊甸城没有合法的妓院，因为当地政府认为妓院和伊甸城整洁干净的度假胜地形象不符，所以，要是我的副驾驶去找姑娘了，根本不会有显眼的招牌为我指路。

幸运的是，我看到他和一个头发染成紫白色的欧亚混血姑娘，赤身裸体地睡在自己的房间里。“嘿，”我轻轻地晃动着他的肩膀说，“我们要出发了。”

亚斯眨着眼睛看着我说：“现在就走吗？”他看着躺在身边的年轻姑娘，就好像头一次看到她。

“我们得去送信了，而且还是外交信函。”

“我们现在还得替地球海军干活了？”他说着，打量着地板上的衣服，努力回想昨晚究竟发生了什么事。

“地球海军没有多余的船去送信，所以今天算我们走运，况且报酬还不错。除非你想带着这个姑娘一起飞，否则现在赶紧把这个姑娘弄走。”

他把姑娘的胳膊从自己的胸口推开，然后说道：“嗨，啊……亲爱的？”看来他完全不记得这个姑娘的名字了，“你得走了。”

“哈？”姑娘说着又往亚斯身上凑了凑。两个人看来昨晚喝了不少。

“九点钟收起起落架。”我说完就离开了。

“九点？”他肯定在琢磨该如何在信中向艾玛·哈利解释为什么船上会多一个欧亚混血姑娘。但是短时间内，他是根本见不到艾玛的，因为重锤星现在处于分裂分子的控制之下，而且距离我们足有几百光年。

我让亚斯自己琢磨如何送走那个姑娘，然后去工程舱通知埃曾我们要提前起航。埃曾·尼瓦拉·卡伦在停船的时候很少下船，一方面是因为他不需要像亚斯和我一样时不时放松一下，另一方面是因为人类比较害怕他们坦芬人。每当他下船的时候，迎接他的都是怀疑的目光和冰冷的沉默。虽然坦芬人从21世纪就开始居住在地球上，但是大多数地球居民对他们还是知之甚少。现在联合舰队在特里斯科主星战役吃了败仗的消息已经传开了，人类越发不信任这些坦芬人，害怕他们在地球上的飞地会迎来入侵者的注意，就连钛塞提人都开始关注这些住在地球上的两栖生物，但是坦芬人什么都没有干呢。

“你提前回来了，船长。”埃曾说道，但是两个眼睛还是盯着六块屏幕，屏幕上显示着维修机器人正在为船体外壁进行抛光处理。“你的交配仪式按计划完成了吗？”

“埃曾，那可不是什么仪式，这是休假。”我说道，但是不打算告诉他情况并没有按照计划发展。“回收你的机器人，我们准备离开这里。”

“不装货吗？”

“我们这次要为DSR送信了。”

埃曾惊讶地转过身，调整了下扣在嘴上的翻译发声器：“星际关系部？”

“对，外交信件。”

“船长，我们也得选边站了吗？”

“我们只是挑有钱赚的那边，埃曾。这就是些数据，没人会为了这些东西对我们开火。”

他意味深长地说道：“只是地球海军不会对我们开火。”然后转回到自己的控制台上，说：“所有机器人七分钟后回收完毕。”

“我会待在舰桥。等亚斯把女朋友赶下船之后，记得告诉我一声。”

“船长，她才不是他的女朋友呢。我们着陆之后，这是他带上船的第四个姑娘。我不得不关闭船内通信系统，才能彻底忽视他对白发姑娘的钟爱。”

我抑制住想笑的冲动，说道：“怪不得他累成那副样子。”但是我记得艾玛 · 哈利是金发啊。

埃曾专心回收自己的机器人。我去舰桥向空管处登记我们的离港请求。20 分钟后，我们驶离伊甸谷，向着克尔达里斯星系前进。

02
瓦尔哈拉

已崩溃民联殖民地

克尔达里斯星系

英仙座外部地区

0.995 个标准地球重力

距离太阳系 916 光年

公元 3155 年后人口数据缺失

银边号在距离瓦尔哈拉星两倍安全距离的地方脱离超光速状态。这颗行星是克尔达里斯星系中第二颗类地行星。五条小行星带将星系内部空间和外部的两颗冰巨星隔开，后者的高重力不仅影响了其他行星的成形，而且限制了超光速泡泡在星系外部空间的使用。

亚斯启动传感器搜索潜在的敌方目标，而我开始计算撤离路线以防万一。现在海军的战舰太少，需要防御的目标太多，分裂分子的袭掠船可以在次要星系随意活动，丝毫不用担心被拦截。如此一来，对克尔达里斯这样的偏僻星系进行盲跳，就变成了一件非常危险的事情。

“这里只有我们了。”亚斯完成第一轮扫描之后说道，“周围没有人工中子源，就连星球表面都没有。”

“根据地球海军星图数据库的资料，这个星球还处于封建时期。”

我开始设定航向飞往瓦尔哈拉。

四个半世纪前，银河系议会恢复了人类的星际航行权，地球海军星图数据库里对于克尔达里斯二号星的数据寥寥无几。三个世纪前，地球海军的测绘船珍妮 · 巴尔号带回了有关这颗行星的第一份报告。根据这份报告显示，除了在一座偏远的南部小岛上有一个类似修道院的小型社区，整个殖民地已经退化到蛮荒时代，成为一个原始的人类世界。

公元 2961 年，缘宗教团建立了瓦尔哈拉殖民地，这个教团的成员都是来自人类各个军事组织的退役人员，他们崇尚通过研习武德从而获得内心平静。他们之所以给这里取名叫瓦尔哈拉，是因为纪念曾经战死的同胞。他们在这里虽不主张禁欲，却也隐居冥想，研究统一教义。但是，他们的信仰却不局限于主流宗教信仰。

缘宗教团隐居在几十个偏远的世界上，大多数殖民地都活过了禁航令时期，支撑他们的是组织纪律而不是宗教信仰。当殖民地之间的联系恢复之后，他们获得了来自外部世界的新鲜血液，并和教团的其他分支恢复了联系。

在教团抵达瓦尔哈拉一个半世纪之后，其他定居者怀着各种各样的目的来到了这里，他们在小岛南部的大陆上建立了殖民地。虽然他们知道彼此的存在，但是彼此之间却保持了一定的距离。当 150 年后禁航令实施之后，位于大陆上的殖民地仅能保证食物自足。

由于和地球失去联系，自己又没有工业基础，殖民地上的各种设备开始逐渐失灵。一开始，大家还可以互通有无，但是随着备件消耗殆尽，居民们陷入了绝望，他们开始抢夺彼此手中的科技设备。当大陆上的居民陷入一场血腥的内战时，岛上的僧侣们只能忧心忡忡地看着事态不断恶化。

当和大陆的联系最终中断之后，僧侣们相信他们是瓦尔哈拉上最后的人类。数个世纪之后，他们发现在大陆河流的两岸还有一些原始部落依然在拾荒维生。僧侣们冒着极大的风险开始指导这些部落种地，帮助他们在河边建立小型聚落。然后崛起的各路军阀都想统治他们，这让僧侣们陷入了绝望。军阀们组建了自己的封建军队，控制自己的领地，将碍事的僧侣驱逐，然后掠夺自己的邻居。这一切不过是重演几千年前他们的祖先在地球上的所作所为。

当珍妮 · 巴尔号出现的时候，当地的封建领主并不希望和这些“天人”发生接触，因为他们惧怕“天人”的力量。由于当地居民不愿接受外来人口，所以地球议会宣布瓦尔哈拉为一个受保护世界，以此来保护这里的原始文化。

建立受保护世界的本意在于，向银河系议会展示人类是一个守法的种族，不会强制要求已经崩溃的人类世界重归星际文明，而是等待他们主动加入。不幸的是，这样的事情鲜有发生。经过了十个世纪的隔离和荒蛮，大多数崩溃的殖民地就算还记得地球，也不过是将它当作一个失落的传说。

只有缘宗教团欢迎珍妮 · 巴尔号的到来，邀请他们在南部小岛上建立外交关系。自此以后，位于瓦尔哈拉的使团会定期提交充满悲观意味的报告，报告中陈述了大陆上各个封建领地糟糕的状况。

“我看不到信标。”亚斯说。

我回答道：“肯定是被关掉了。”我怀疑当地的地球使团不希望分裂分子的战舰发现他们的信号。我关闭了应答机，然后用窄波向行星表面发射了识别码，希望以此能激活信标。“现在如何？”

亚斯等待着回复信号，然后摇了摇头说：“还是没有回复。”

“搜索加工过的金属。”

他开始在两块大陆上搜索加工过的金属痕迹，整个星系在屏幕上显出蓝绿相间的颜色。整个星球看上去很像地球，但是当地的植物却有着剧毒，所以不仅地表清理工作非常危险，而且殖民者的食物也只能限于自己种植的作物和海里的鱼类。

“我在较小的那片大陆上检测到粗加工的铁和深加工过的合金，全部都高度氧化了，”亚斯说，“看起来就像一片垃圾场。”一个巨大的资源标记出现在西南海岸线靠近河口的位置。“看起来是艘船，或者是船的残骸。”

“是科尔托湾号。”我想起了海军星图数据库上的资料，“那是艘远距离货船，钛塞提人关闭我们的反应堆时，它就被困在这里了。”

为了执行禁航令，钛塞提人将人类飞船上所有的新星元素进行了惰性处理。很多艘像科尔托湾号这样的飞船，就被困在当时所在的世界上。船上的船员变成了当地的殖民地居民，再也见不到自己的亲人。

一个导航信标出现在距离南部海岸线 140 千米的地方。我们的信号触发了信标的自动反馈，直接用窄波回应了我们的地球外交识别码。

“发现信标了。”我说完，就锁定信标，开始脱离轨道减速。

我们很快进入大气层，向着一片热带大陆飞去。整个大陆中间有一条东西走向的低海拔山脉，山脉的南部还有三条向南的河流，北部还有一条大河。茂密的雨林覆盖了大片土地，原始的农作区占据了大河和支流形成的冲积平原。木质建筑组成的城镇沿着河流分布，个别几个建有石墙的城市则控制着河流交汇处和海港。内陆虽然缺乏道路，但是密布的河网却催生了大批渔船和货船。

等我们冲出云层，就看到农民正在徒手耕作。在禁航令实施前，这里的农业全部由机器代劳，而从地球带来的动物也是为了解决食物来源。牛和马当时并不在殖民者的随行动物名单上，所以当地的农民缺乏拉动耕犁和货车的动物。对于这样的一个社会，奴隶制是一个潜在的选项，但是古老禁忌在大崩溃之后依然有效。因为不需要考虑抓捕男性的战俘，所以他们的战争格外血腥。当然，女性战俘就是另一回事了。

我们飞过一座拥挤的城市，整个城市尚处于铁器时代，城市周围建有高高的石墙，炊烟和手动鼓风的火炉放出的烟雾将整个城市笼罩。城市边上是一片空地，这里曾经是飞船的着陆区，现在只能看到猪圈、鸡笼和一片棚户区。在着陆区的另一头可以看到科尔托湾号 300 米长的残骸。船体侧面因为常年的腐蚀已经崩塌，只留下圆形的骨架在热带阳光的暴晒下逐渐锈蚀。

“我完全看不出它的信号。”亚斯说道。我们此时已经进入亚声速飞行。

“它是卡尔森工业的三号重型货船，”我对照着地球海军的星图数据库，“这种飞船在 3155 年就停产了。”

“因为禁航令？”

我点了点头说：“这是这一级的最后一艘了。”

“它现在就是一堆废铁，我检测不到任何残留辐射。”

时间已经过了 1500 年，使用新星元素的反应堆堆芯中还有新星元素，应该能够检测到中子信号。亚斯的检测结果进一步证明，是钛塞提人的科技将这艘船困在这里。

“他们来的时候，这船还在地面上，”我说道，“没有伤亡。”

“这些船员真倒霉，被困在这种地方。”

“那时候这里还是个现代社会，不是现在这副样子。”残骸阴影下的养猪农对着我们挥舞着木质的叉子，一举一动中充满了威胁的意味。“我们还是快点跑吧，不然他们就要对我们扔石头了。”我说着，开始为引擎供能，然后朝着平静的蓝色大海飞去。

“我们的东边似乎有东西。”亚斯认真研究着控制台上的扫描数据。

我向着新发现的目标靠了过去，然后看到水平线上出现了一片帆船，每艘帆船上都有一面绘着图案的风帆，还有一根桅杆，船上的水手都在卖力划着桨。

“他们也在向小岛前进，”我说道，“而且绝对不是去参加祷告会的。”

我们贴着桅杆从帆船舰队上方缓缓飞过，发现下方大约有150艘帆船，每艘船都装满了身穿皮甲，带着剑盾和短弓的士兵。他们没有像大陆上的农民一样对我们挥舞武器，但因为恐惧和怀疑而窃窃私语。

“他们知道我们是来干什么的。”我说完就飞向白岩岛，把船队甩在了后面。

缘宗教团所处的小岛全长60千米，上面不乏草地和山岭。小岛西部地势最高，教团的修道院也修建于此。整个修道院采用石头作为建筑材料，周围还有一圈坚固的石墙，朝向大海的一边是险峻的白色悬崖，朝向小岛的一边有一道陡坡和农田相连。在石墙之内是一片石头建筑，修道院唯一的技术设备就是每栋房子屋顶上的老旧太阳能板。在修道院中间的绿茵场上，一群穿着棕色袍子的僧侣正在一名穿着黑袍子的教官指导下，训练剑术和盾法。

“这倒让我想起老家了。”亚斯说道。看来他是想起了欧瑞斯德老家的军事训练，“只不过我们不玩剑罢了。”

“他们是信教的欧瑞斯人。”我说着，就降低引擎输出功率，飞船悬浮在训练场的正上方。

在我们下面，身穿黑袍的僧侣挥手让学生们后退，腾出空地好让我们着陆。等他们腾出位置之后，我展开起落架，让银边号落在草坪上。那群僧侣在一旁全神贯注地看着我们。

“他们应该还算友好，”我说道，“但是做好准备以防万一。”

“然后呢？”

“然后什么都不做。这里是受保护世界，我们不能在这使用自己的武器。”

“他们知道这事吗？”亚斯问道。

“我相信他们知道。”我说完就从自己的抗加速座椅里爬了出来。

我从自己的房间里带走了外交数据卡和一个通信器，然后走向货舱，身上什么武器都没带。亚斯打开船腹的舱门，然后用船内传感器看着我走下训练场。

我对着通信器说：“把舱门关上。”随着舱门渐渐关闭，那个穿着黑袍的高个男人走了过来，他的左脸有一大片伤疤。

“我是卢萨科夫修士。”他带着浓厚的斯拉夫口音说道，“请问有何贵干？”

“我为领事带来了来自地球的信件。”

卢萨科夫扭头看了看靠近海边的高塔，然后摇了摇头说：“欧可可领事现在不在。”

“知道他什么时候回来吗？”

“不知道。”他脸上的表情仿佛在说领事永远都回不来了。

“我能和这里的负责人聊聊吗？”

“不能打扰院长，他正在为了拥光餐会而冥想。”

为银边号腾出空间的三排棕袍僧侣正在全神贯注地注视着眼前的一切，我怀疑只要卢萨科夫一声令下，他们就会一拥而上。鉴于这些人都是退役老兵和尚武的苦修士，我觉得和他们动手我的胜算渺茫。

“我建议你还是去打扰他比较好，”我说，“现在有一支舰队正在向这里前进，而且他们肯定不是来参加餐会的。”

卢萨科夫盯着我，琢磨着我说的话，然后不情愿地说：“好吧。”

他带着我进入一栋石制建筑，门口上方挂着一个带着八条辐边的十字架。建筑内部看上去是一个夹杂着天主教风格和佛教风格的神殿，一排排木椅正对着一个巨大的布道台。墙上挂着几十面来自不同军事组织的旗帜，这里的僧侣都曾在这些组织中服役。其中有些旗帜太过古老，以至于都不存在了。

我们顺着磨损严重的石阶来到一条点着蜡烛的走廊，整个走廊都是从白色的岩石里开凿出来的。这座修道院也是因为这种白色石头而得名。走廊两边是一道道厚重的木门，木门上有老式的钥匙锁，门上的金属合页也是锈迹斑斑。大多数木门都关着，透过个别打开的木门可以看到里面正方形的房间、小窗、一副简单的桌椅和一扇木头窗子。

在走廊的尽头，卢萨科夫修士轻轻地敲了敲门，说："还请原谅，大人，但是你有客人了，而且事态非常紧急。"

"进来吧，修士。"一个轻柔的声音回答道。

卢萨科夫打开门，示意我进去，然后跟在我身后一起走进了房间。这个房间和其他房间尺寸一样，只不过桌子上多了几本书，透过木头窗户还能看到外面的大海。一个亚裔男子盘腿坐在房子正中的红色坐垫上。他穿着一件黑色的袍子，紧闭着眼睛陷入深思。

"这位是图克辛 · 钦那瓦，教团在瓦尔哈拉的神父。"卢萨科夫说道。

"我叫西瑞斯 · 凯德。我为地球领事带来了信件。"

院长缓缓地吐了口气，然后对着我睁开了眼睛："阿德巴约 · 欧可可三天前去大陆了，他还没回来。"

我问道："他为什么要去大陆呢？"

"他看到两艘飞船飞向杜尔瑟艮，所以就过去和他们会面。我警告过他不要去，但是他坚持己见。"

"是哪种飞船？"

"我对飞船了解不多，但是阿德巴约说其中一艘是人类飞船。"

"另外一艘呢？"

"他说从没见过这种飞船。"

"像个三角星？"

“他是这么说的。”图克辛说，“领事用自己的设备拍下了飞船的照片。”

“我能看看照片吗？”

“等他回来了，你可以问他。”

“他要是回不来呢？”

“要是我让你进了他的房间，对你没有好处。”图克辛说，“他的设备只有他能用。”

外交级别的基因安全锁只要检测到有人试图撬锁，就会自动删除储存的数据。

“他什么时候回来？”

“他回不来了。”卢萨科夫阴沉着脸说,“杜尔瑟艮是个危险的地方，对于和我们住在一起的地球领事来说更是如此。”当我一脸好奇地盯着他的时候，他补充道：“我们可不会臣服于杜尔瑟艮的国王。”

“所以才有 150 条帆船载满了士兵向这里前进？”

院长叹了口气，然后站了起来。他看起来很瘦，但是眼睛里却闪烁着智慧之光。“你确定吗？”

我点了点头说：“他们很快就到。”

图克辛和卢萨科夫修士四目相视，然后说：“他们以前也攻击过我们，但是我们的城墙高大坚固。”

“你们有武器吗？”我问道。

“只有我们自制的武器。”

“我是说真正的武器。”

卢萨科夫摇了摇头说：“我们当中确实有人精通现代武器，但是地球不会允许这些武器出现在这颗行星上。我们只有十字弩和剑，一切和那些野蛮人没有区别，但是我们的训练和武器确实要比他们好。”卢萨科夫的声音掷地有声，说明他的战斗意志非常坚决。

“以前当过兵？”

“我以前是民联军卡累利阿突击旅的上将。”他自豪地挺直身子，报出了这支建立于欧亚大陆北部的部队名称。“你的飞船上肯定装备了强大的武器，你完全可以在杜尔瑟艮的舰队靠岸之前就消灭他们。”

银边号船体上部装了一门天体动力公司的质子速射炮，它算得上是这颗星球上最强大的武器。但是使用这门炮将直接违反十几条地球法律，而现在我们正在让银河系议会相信我们人类可以成为银河系的好公民。

“我不能使用它。”

卢萨科夫皱了皱眉头说：“要是杜尔瑟艮人都死了，那就没人知道了。”

他说的没错，但是我要是开始轰炸坐在木船上的原始人类的话，列娜肯定会大发雷霆。“不行。”

卢萨科夫正要生气，图克辛就安慰道：“我们以前打败过杜尔瑟艮人，我的兄弟，现在我们也可以打败他们。”

“你不需要我们的帮助，”我试图说服好战的卢萨科夫，“这里是个天然堡垒。”

“我们的城墙非常坚固。”图克辛说道，“数个世纪以来，我们一直在加固它。”

“每次杜尔瑟艮人进攻的时候，”卢萨科夫说道，“他们都会带来全新的攻城武器。总有一天，他们会成功的。”

“我们的城墙坚持得住。”年迈的院长安慰他道，“开始准备工作吧，将军。”

“如你所愿，大人。”他轻轻地鞠了一躬，然后就匆匆离开了。

我说道：“我还是想看看领事的记录。”

“我们还得击败一支试图掠夺我们圣地的野蛮人大军，”他回答道，

“而且我们只能看到自己眼前的东西。”他微微一笑说，“在欧可可领事回来之前，你们可以待在我们这里，但是你们最好还是现在就走。我们的城墙确实坚固，但是卢萨科夫修士说的没错，城墙不是无敌的，而且野蛮人的数量很多。”

“我不会离开的。”

“随便你吧。你和你的船员可以和我们共进晚餐。按照你们的标准，晚餐可能很简单，但是我们绝对是好客之人。”

“谢谢，我们会去参加晚宴的。”我心里好奇希尔人为什么要来这么原始的世界，而且为什么会有一艘人类飞船来这里和他们会面。

我回到银边号，在工程舱找到了埃曾。他正用自己的六块屏幕观看蜘蛛一样的船体维修机器人在船身爬上爬下，挥舞着胳膊赶走好奇的僧侣。

“有什么问题吗？”我问道。

“20 分钟前，他们在右舷发动机上搭了个梯子，然后想爬上船。我用机器人把他们甩下去了。”

“你把梯子还给他们了吗？”

“拆碎之后还给他们了，现在他们肯定想了别的办法。”借助埃曾的一个屏幕，我看到几个棕袍僧侣正在训练场上方的护墙上，为人行道搭建木制挡板。

“他们正在为壁垒搭建掩体，防御弓箭。”

“我们在海上看到的那些士兵，他们要想攻下城墙，需要的可不光是短弓和弓箭。”

卢萨科夫说过这些野蛮人曾经使用过工程机械。我在木船上没有看到投石机，一吨重的石头不会打坏我们的船体外壁，但是会破坏我们的观测设备。

“等开战的时候，一定要记得收回传感器。”我说道，“用货运机器人负责外部观测，然后让一个飞行机器人升空。我希望知道舰队的位置。”

“我还以为我们不能干预受保护世界呢。”

“我们不能对他们开火，但是可以监视他们。”

“你的标准还真是分得够清楚的。”埃曾困惑地说道。

“你说对了。让另外一个飞行机器人去大陆。地球领事这会儿就在大陆上的什么地方，找到他。他肯定带着什么科技设备，哪怕就是个导航装置也行。”

当埃曾在空中布置观察哨的时候，我去舰桥看到亚斯正关注着大屏幕，屏幕上正显示着训练场上的一举一动。整个训练场上全是来自附近农庄的农民、木制货车和牲畜。

“这地方很快就要挤死了，”亚斯说道，“要不了多久他们就要挤到船身下面了。”

“把起落架升到最高，让他们有地方躲一躲。”

“我们起飞的时候，推进器会把那些货车全部扯碎的。”亚斯一边说着一边执行我的命令，“也许我们该趁着还有空地的时候赶紧离开。”

“我们走不了，领事不在这里。他要是不签收信件，我们也拿不到钱。”

亚斯点了点头，注视着僧侣们把山羊和绵羊赶进简易的牲口棚。“我听说过类似的世界，但从不相信它们真实存在过。”

“等你知道这类世界的真实数目的时候，一定会大吃一惊。和文明世界隔离一千年可是很漫长的一段时间。”

“日子肯定不好过。”

“你该庆幸欧瑞斯德毫发无损地坚持到了禁航令结束。”

等起落架全面展开之后，亚斯把脚搭在控制台上说：“我猜这里的晚上非常无聊吧。”

“我们被邀请参加晚宴。”

“我们不是还得念祷词吧？”他小心翼翼地问。

“我倒希望有呢，有些古老宗教对于你这种欺负小姑娘的混蛋还是有点用的。”

亚斯皱了皱眉头说：“我宁愿用舌头清理废物处理器。”

僧侣们在一间巨大的公共食堂里吃饭，餐厅里有一排排长木桌，木桌两侧还有简易的凳子。这些修道士中除了有来自其他世界的退伍军人，还有年龄各异的瓦尔哈拉当地人，大家一起吃饭喝酒，互相讲着笑话。鉴于一支野蛮大军即将兵临城下，他们反而出奇地放松，所有人都在珍惜眼前的一切，没人讨论近在眼前的战斗。

我、亚斯和埃曾坐在图克辛和卢萨科夫修士的对面。我们的两边是高级的男女僧侣，所有人都穿着黑色的袍子，个别人还脱下兜帽，露出了自己的脸。

“欧可可领事通常坐在你的位置。”僧侣们就座的时候，图克辛说道，“他来自地球的拉各斯，是个很博学的人。我希望他安然无恙。”

“我也希望如此。”亚斯意味深长地嘀咕道。相比于领事的人身安全，他更在乎领事能否签收信件。

埃曾问道：“他既然代表地球，大陆人会不会伤害他呢？”

我们周围的僧侣一言不发，悄悄打量着我这位身材矮小的两栖人工程师。他突出的蓝眼睛盯着院长，而嘴上发声器设定为只有周围人才能听到他说话。对于这些外星球上的僧侣而言，他要么是个引起众人好奇心的生物，要么是个可疑的外星人。

卢萨科夫修士心不在焉地用手指拨弄着自己的餐刀，说："我们叫他们是野蛮人可不是没有原因的。我们上一位去杜尔瑟艮的修士被活剥了皮，他们把他的皮送了回来作为警告，然后用长矛戳着他的脑袋，放在了自己的城门上。"

埃曾琢磨着卢萨科夫的话，然后说："他们用心理战弥补了技术上的不足。"

"几个世纪来，他们一直试图用恐吓战术让我们屈服，"图克辛说，"但是这只会坚定我们反抗的决心。"

"他们到底想要什么？"亚斯看了眼空旷的餐厅问道："我无意冒犯，但是你们这儿确实没什么东西。"

"我们拥有这座岛。"卢萨科夫说，"如果杜尔瑟艮人控制了这里，他们就控制了埃里克山以南所有的海上贸易。格拉维斯国王想要统治南部，但是需要财富作为支持。他需要那些经过海岸线的人缴税支持他的军队，但是很多人从我们岛屿的南部绕过了他的征税关卡。"

"你们不会对他们征税吗？"亚斯问道。

"我们又不需要他们的银子。"图克辛说。

"你们和他们有贸易往来吗？"我问。

"我们和大陆人有些联系，但是我们自给自足。"图克辛说，"我们必须活下去。数个世纪以来，我们是整个瓦尔哈拉上唯一的文明人。"

"现在还是文明人。"一个低沉粗哑的声音喊道。说话的人是一位健壮的僧侣，袍子的兜帽盖住了他的脸。

"大陆人都是食人族，"卢萨科夫说，"所以我们早期的很多修士都有去无回。”

“大陆人吃了他们？”亚斯的脸因为恶心感而扭曲了。

图克辛点了点头说：“那都是很久以前的事了。”

“农田被毁，牲畜被屠宰，农民们被赶出了自己的土地，”卢萨科夫说，“他们当时都快饿死了。”

“而且我们无法帮助他们。”图克辛说，“所以我们带着自己的书，待在这座小岛上。我们这里有个图书馆，是整个星球上唯一一座图书馆，里面有宗教书籍，但是还有不少历史、艺术、哲学、科学和工程书籍。图书馆就建在修道院下面的洞穴里，这是我们最宝贵的宝藏。”

“杜尔瑟艮人知道图书馆的事吗？”埃曾问。

“几个世纪以前，我们教他们如何建造房屋、船只和铁器，有些人甚至来我们的学校上课，他们见过我们的图书馆，他们知道图书馆的事情。”

“我们的慷慨让他们变得贪婪。”卢萨科夫说，“当他们强大之后，对我们发动了好几次进攻。幸运的是，他们的攻城工具都很简陋，但是却能从失败中学习。每次他们进攻时，战斗都会比上一次更加激烈。”

“但是你们拥有技术，”我说道，“屋顶上太阳能板可以为武器充能。”

“我们拥有的能源不多，所以不会浪费在战争上。”图克辛说，“地球为我们替换了太阳能收集器，然后为我们的图书馆换上了新的数据储存装置，我们为他们的外交人员提供保护。”

“但是没有武器。”那个低沉粗哑的声音说道。

“我们不会走私武器，凯德船长。”图克辛说，“但是我们也不会忘记自己的遗产。军事纪律不过是我们获得启迪的途径，而不是自我终结的工具。”

“我们和地球的关系是这样的，”卢萨科夫解释道，“我们通过像你这样的信使和在其他世界上的缘宗教团保持联系，我们当中的年轻一代也可以借此离开，但是大多数人选择留下。”

埃曾建议道：“你们可以用自己的知识制造爆炸物。”

卢萨科夫看了看图克辛，这说明这件事之前也进行过讨论，但是他说道：“岛上没有硫黄或者硝酸钾，所以我们连最基本的火药都造不了。”

“星球上其他地方肯定有。”我说道。

图克辛点了点头说：“确实如此，但是如果我们开采这些矿物，大陆人就会发现我们的计划。他们早晚有一天会研究出如何制造爆炸物，然后再次毁灭自己。”

“然后我们也难逃一死。”卢萨科夫说道。

一阵不祥的寂静笼罩在餐桌上。然后穿着灰袍的新学徒为我们端上了装满食物的盘子，盘子里是热气腾腾的蔬菜和烤羊肉。其他人则在桌上放了几个木制的大水壶。埃曾突然抓住为他上菜的学徒的手腕，然后拉起袍子的袖子，里面露出一只纤细的紫黑色胳膊。在学徒兜帽之下是一张修长精致的脸，突出的紫色眼睛之下是一个纤细的鼻子。

“你们这里还有敏卡兰人？”我惊讶地问道。

“我们这里有些非人类物种。”图克辛指了指敏卡兰学徒说，“修女艾加尔斯在我们这里有三年了，她很快就可以立誓了。”

“埃曾，”我意识到所有人都在看着他，就立即说道：“放开她。”

他放开了敏卡兰学徒，后者微微鞠了一躬，退到了后面。埃曾说道：“亚楠奇离这里很远。”

“而你的家乡距离这里更远。”她说话的时候带着一丝唇音，而且很明显说的并不是地球语。

敏卡兰距离太阳不过 318 光年。爱好和平的敏卡兰人从来不会大规模离开亚楠奇，但是他们的科技非常先进，足以和钛塞提人在第一次入侵者战争中并肩作战。她非常清楚埃曾的真实身份，但是我不知道眼前的学徒是否害怕埃曾。

艾加尔斯修女跑回厨房，我对着图克辛说：“人类宗教殖民地上居然有外星学徒，这让我大吃一惊啊。”

“这可不是简单的学生。”图克辛微微一笑，看着那位健壮的僧侣。他用兜帽盖住了自己的脸，双手放在桌子下面。

他抬起头和图克辛四目相交，露出自己宽大而粗糙的脸庞。他的前额突出，皮肤黝黑，鼻翼外扩，还有一个宽宽的方下巴。他黑色的小眼睛直直盯着我，然后用黝黑而又健壮的胳膊轻轻地拿起酒杯，喝了一口。这个僧侣来自苏玛三号星，距离地球不过69光年，叫作萨罗星，是一颗超级地球行星，当地重力是地球的3.2倍。所以苏玛人比人类强壮5倍，但是脾气却很温和。

我环顾整个餐厅，发现还有若干外星人，他们的手和脸都掩盖在罩袍之下。其中大多数都来自猎户座旋臂，还有几个我见都没见过。

埃曾说道：“按照我的理解，准入协议禁止种族之间的宗教传播。”

“传教行为确实受到了禁止。”图克辛纠正道，“没有人有权将自己的想法强加于他人之上，但是我们并不寻求转化他人，更不会被他人转化。他们都是自己主动来找我们，而且我们也从他们那里学到了很多东西。”

亚斯三心二意地听着图克辛说话，注意力都集中在自己木杯里的黑色液体上。他小心翼翼地闻了闻，感叹自己将度过一个无聊的夜晚，然后就尝了一小口。他惊讶地眨了眨眼睛，喝下一大口，在嘴里转了几圈，然后咽了下去。

“这是什么东西？”他拿着木杯问道。

“这是我们自己酿的，”他身边的黑袍僧侣说，“原料是我们在岛上种的萨查草。早期的殖民者从地球带到瓦尔哈拉来的。”

“这玩意是你们用草酿的？”亚斯简直不敢相信自己听到的话。

亚斯拿下自己的发声器，尝了尝杯中的液体，然后戴上发声器说：“萨查草是基因改造过的甘蔗变种，能够产出大量甜味的短链碳水化合物。第一批殖民地大规模种植了这些作物。”

“太棒了！”亚斯说，“这就是朗姆酒！反正差不多！”他又喝了一口，吧唧着嘴巴说：“我再喝个二十几杯应该就习惯这东西了。”

魁梧的苏玛人拿起一个木头水罐为亚斯倒满了酒杯。他用低沉的声音说道：“喝吧，小兄弟，喝吧。”然后他就一口喝完了自己杯中的酒。

亚斯瞪大了眼睛，看来苏玛人的酒量确实让他印象深刻。旁边的一位僧侣笑着说：“小心点，艾尔基喝起萨查酒就像喝水一样，而且他非常好客。”

身穿黑袍的艾尔基大笑起来，连肩膀都抖了起来。他说道：“这不过是糖水罢了。”

我抑制住哀号的冲动，心里非常确信明天一早要把亚斯拖回飞船，然后转头对着图克辛说：“所以你们在教外星人学习统一教义？”

“我们分享彼此的知识。如此一来，我们发现彼此之间有很多共同点。”

“我还以为各个种族根据自己需求的不同，宗教只限于各个种族内部传播。”

“从心理学和形态学角度来说，这个说法没错。”图克辛说，“从表面上来看，信仰系统从属于各个种族，数量之多犹如天上的繁星。但是，从一个更加深层的角度来看，万物之间只存在一个普遍真理。”

“这么大一个宇宙，只存在一个真理。”我迟疑地说，“这怎么可能呢？”

“如果人类有灵魂，”图克辛说，“那么宇宙中所有的智能生命都该有灵魂。”

“你为什么会这么说呢？”

“这就是存在于万物的真理罢了，和重力或者电磁一样普遍，而且普遍存在于整个宇宙中。如果重力或者电力存在于地球上，那么它们在其他星球上也同样存在，因为自然的法则就是如此。同样的道理也适用于灵魂，只不过这是灵魂的法则罢了。我的好兄弟，你的灵魂就是最好的证据。灵魂不可能独立存在，不然就会和宇宙法则背道而驰。”

“和宇宙统一。”我迟疑地说道。

“你可以这么想，”图克辛说，“有人说我们是按照神的模样而制造的，但是这个神，到底长什么样呢？这到底指的是我们的物理外形，还是说我们的外形不过是内在灵魂的体现？如果神真的存在，那么他就应该存在于全宇宙之中。宇宙中所有的智慧生命都应该是按照他的外形而造的，所有的智慧生命都应该有着他的精神。如果存在一条通向真理的道路，那么宇宙中所有的生命都应该遵循这条道路。”

“连马塔隆人都可以吗？”我半信半疑地问道。

“他们当然可以。”

“那埃曾呢？”亚斯指了指我们的坦芬人工程师，“坦芬人有灵魂吗？埃曾，你觉得自己有灵魂吗？”

埃曾看着亚斯：“我觉得吧……你还是别喝萨查酒了。”

图克辛看了看埃曾，然后说：“我们相信灵魂是普遍存在的，宇宙中所有的智慧生物都有灵魂。是灵魂将我们所有人联系在一起。在这一点上，就连坦芬人都不例外。他们非常聪明，但是缺少内心的精神，所以成为银河系中的麻烦。埃曾的入侵者表亲完全可以成为一个伟大的文明，但是这个文明只会是一个智力上的巨人，缺乏对他人的关爱。所以他们才会被认为是冷酷无情的，所以他们才会失败。”

他的话对埃曾毫无效果，但是让我却感到很不舒服。因为我知道，对坦芬人来说，他说的都没错。我和埃曾是生死之交，但是和其他种族相比，埃曾的内心还是一个铁石心肠的家伙。

“一个没有精神的思想。”卢萨科夫重复着这句话，就好像其中有什么我没有参透的奥秘，“就是邪恶之本。”

图克辛对着在座的僧侣们挥了挥手，说：“我们虽然形态不一，在初始之时遵循不同的道路，但是最终万途归一。”

“那这个所谓的‘一’，又是什么呢？”

“就是所有生命都是一样的。在某种程度上，不存在人类或者非人类的区别，只有生命本体。这就是最终的救赎，这种救赎不限于人类，面向宇宙中所有智慧生命。”

“入侵者除外。”艾尔基轻轻地说道，看来苏玛人并不喜欢入侵者。

“他们也不例外，艾尔基修士。”图克辛安慰道，“但是在未来很长一段时间内都不太可能。”图克辛对我说：“这一切对你来说可能很陌生，但是这些概念本身就是银河系文明的基石。”

“我还以为是准入协议呢。”我小心翼翼地说着，生怕冒犯了他。

“那些建立了银河系文明的种族正在接近自己旅途的终点。他们知道除了外形和心理上的不同，彼此之间并没有什么实质性的区别。所以他们才能聚在一起建立一套大家都能遵守的律法，不论参与种族究竟有多长的历史，技术程度有多高，都能在其中找到自己的位置。”

“这你可说不准。”我很难想象一个住在蛮荒世界上的修行之人，居然可以参透那些建立银河文明的种族在数万年前的想法。

图克辛对着我微微一笑说：“我的兄弟，和宇宙合为一体的好处就是，一切问题都可以找到答案。你需要的就是去问。”

“马塔隆人和入侵者不能理解你的信仰，真是太遗憾了。”我这话可是发自真心。我不可能知道图克辛说的是否正确，但是我知道只要符合自己的利益，那么马塔隆人或者入侵者会毫不犹豫地从轨道把修道院炸成一片白地。宇宙大一统的故事也就到此为止了。

“他们彼此之间更相近。”图克辛若有所思地说，“万幸的是，我们人类和钛塞提人，以及其他创始种族的相似度也很高。”

“银河系议会为什么没说过这些事情？”我问道。

“传教行为是违禁行为，而且更是没有必要的。大家都在进行着同一场修行，不过是完成的时间各有长短罢了。”

“我个人认为，杜尔瑟艮人和那位好剥人皮的国王，”亚斯说道，“应该不相信你这一套吧。”

图克辛喝了一口萨查酒，然后若有所思地说：“泰温 · 格拉维斯只会用暴力解决问题，视野很狭隘。”

“既然如此，”埃曾说道，“我希望你别教他们造投石机。”

“我们才不会教他们造这种东西。”卢萨科夫修士说，“但是在打仗的时候，杜尔瑟艮人好像一群西伯利亚狼一样狡猾。”

他的话让我感到很不安，因为按照在北部海面上空的机器人观察到的情况来看，狼群将在一天之内扣响修道院的大门。

亚斯昨晚和艾尔基进行了一次豪爽的喝酒比赛，并且遭遇了耻辱性的失败。现在已经是第二天早上了，但是亚斯还因为宿醉而不省人事。我带着埃曾，跟着图克辛和卢萨科夫修士爬上了一段盖着模板的护墙。外部城墙上有一排为弓箭手准备的城垛，从城垛到底下长满青草的坡地足有 18 米的落差。在远处还有一个小海湾，一段木制的码头从遍布砾石的海滩一直延伸到海湾里。海湾里停满了帆船，有些已经系在码头上了，还有些用小船将物资和人员送到岸上。远处还有更多的帆船停在海上，等待入港的时机。

穿着皮甲的士兵带着短剑和宽大的木制盾牌，正在从冲上滩头的运兵船上爬下来，然后在穿着铁制胸甲的军官和贵族的监视下排成队列。等帆船卸下所有的士兵，再被推回海里，好留出位置给其他船靠岸。

步兵从海滩向内陆推进，占领了附近的农田，然后在距离海湾几千米的地方建立了一道警戒线。步兵排成四列 60 人方队前进，短剑收在剑鞘里，盾牌放在背上。盾牌的宽度足够拼在一起，形成一堵盾墙，然后躲在盾后用短剑突刺。

卢萨科夫说："再过几个小时，他们就会完全包围我们。"

我问他："你们所有人都撤进修道院了吗？"

"不。"卢萨科夫看着远处的森林说，"我们在森林里留了一些人，准备在晚上攻击他们的营地。"

"他们要是被抓到了会怎样？"

"他们会当着我们的面折磨我们的同胞。"他对着眼前的平原点了点头，"所有的手法用完之前，他们甚至不允许死。"

"这办法虽然残忍，但是有效。"埃曾说道。

"屁用没有。"卢萨科夫突然说道，"这种野蛮的行径只会坚定我们抵抗的决心。"

他严肃的声音让我想起缘宗教团是一个军事化的组织。我看着穿着皮甲的僧侣有的在城垛下摆放装满箭头的箭筒，还有的在下方的训练场训练。城墙上的弩手都是女性，而步兵都是男性，所有人的脸上都没有任何害怕的样子。

卢萨科夫看到我正在打量他手下的僧侣，于是说："凯德船长，我们这里可没有胆小鬼。"

此话确实不假，但是我宁愿用他们的坚韧品质换一台发射器和一堆滑翔炸弹。

“他们没有骑兵。”埃曾专心研究着平原上的野蛮人大军。

“瓦尔哈拉上没有马，”卢萨科夫说道，“而且地球也不愿提供马。”

“这些牲畜有助于我们进一步提升自给率，”图克辛说，“那样的话，大家就更不愿意变成地球的殖民地了。”

在窄窄的海港内，拴在码头的帆船卸下了一辆四轮货车和若干两轮推车，工人搬下沉重的木箱子，再抬到推车上。我用单筒望远镜观察着那些货箱，但是看不到里面的货物。在码头的另一头，几个工人用吊杆式起重机将一个裹着帆布的大型货物放到了货车上，然后一大群人拉着它上了岸。两个穿着抛光金色胸甲，佩戴着镶着珠宝长剑的贵族监视着一切。和他俩站在一起的人，肯定不是瓦尔哈拉当地人。他穿着深蓝色的连体服，领口有两个细细的银色短杠，腰上有一条通用腰带，腰带上还挂着一把枪。

“埃曾，码头上有三个人，”我说道，“你怎么看？”

他用自己自带望远镜效果的眼睛打量了一会儿，然后说：“其中一个肯定是分裂分子军官。”

“为什么分裂分子要帮助杜尔瑟艮人？”图克辛说话的同时眯起眼睛看着海湾。

我递给他望远镜，然后他和卢萨科夫两人轮流看着四轮货车被拉出海滩。

“你们这里有地球的领事，”我说，“但如果这里被攻陷了，瓦尔哈拉上就没有地球的势力存在了。”

“杜尔瑟艮人也就得到了自己想要的东西，”卢萨科夫把望远镜还给了我，“这座岛也就是他们的了。”

我看着越来越多的人把四轮货车拉向草地：“不论分裂分子到底给了他们什么好东西，肯定就在那个货车上。”

“肯定是攻城武器。”埃曾说道，脑子里想象着帆布之下到底是什么东西。

我看着士兵们拉着沉重的货车离开海滩，确信这些东西很快就要飞向修道院的城墙。我放下自己的单筒望远镜，担心这座古老的要塞很快就要面对一场前所未有的攻击。

等到了早上，杜尔瑟艮大军在路上准备了几十辆两轮推车。每辆推车由十个人负责，几百名弓箭手在道路两边排出了散兵线。当太阳升到最高点的时候，埃曾回到银边号控制维修机器人，并确保我们传感器已经全部收回。我跟着卢萨科夫和图克辛爬到了圆形的高塔上，从那里可以俯视修道院大门。

“推车里装的都是铺路的石子和大石头。”我用单筒望远镜仔细观察着推车。

在我们的两侧，几百名穿着棕色皮甲的女性僧侣端着十字弩一言不发，城齿和刚刚装好的挡板保护着她们。在城垛之下，年迈的妇女端着一盒盒装着铁制箭头的弩箭，只等着战斗打响后为弩手补充弹药。

卢萨科夫把身子探出城垛口，看着城墙下方干涸的护城河。吊桥已经升起，刚好能够保护铁制的吊门，同时还阻断了通往修道院的道路。

“他们要在护城河上修一条堤道。”他说道。

“他们又打不下吊门。”图克辛认为从高塔降下去的铁制吊门坚不可摧，敌人的步兵根本打不下来。

和石桥对接的木制吊桥通常悬在空中四米处的高处。而和石桥相接的道路设计巧妙，进攻部队不得不进入修道院弩手的杀伤区。就算敌人穿过了护城河，攻下了吊门，但还要经过一条鹅卵石铺设的小路。

小路两侧都是高墙，弓箭手可以从上面开火。小路尽头是一扇铁条包边的厚重木门，敌人只有砸开它，才能进入修道院内部。僧侣们花费了一千年修建了这套防御设施，通往修道院唯一的一条陆路通道已经变成了一个无情的杀伤区。

“升起铁门需要多少人？”我低声问道。

图克辛猜到了我在想什么，于是惊讶地说：“你担心有人叛变？”

卢萨科夫回答道，“四个人操作绞车的话，几分钟就可以升起吊门。绞车房的厚木门和塔楼的石墙融为一体，所以整个房间就是个天然防御工事。”

“我要是你，就把最可靠的人布置在那。”

“荒唐！”卢萨科夫说道。

图克辛看着卢萨科夫的眼睛，点了点头。卢萨科夫皱着眉头返回塔里，找人看守绞车去了。还没等他回来，远方就响起了一声号角，杜尔瑟艮人的弓箭手开始前进，步兵则拉着推车向护城河桥前进。

在推车后方的小山丘上，敌人用长杆拉起了一道巨大的帆布帷幕，在那之后，就是他们留给我们的“惊喜”。在更远的地方，已经建起了营地，一排排五角圆顶的帐篷拔地而起。

“我没看到投石机，”我用单筒望远镜扫视着平原，“肯定是藏在帷幕后面了。”

“他们这会儿肯定在组装部件呢，装好了就拉上来开火。”图克辛说话的时候，卢萨科夫已经回来了。

“你该回避了，大人。”他说道，“他们的弓箭手马上就进入射程了。”

老院长并不想回避，但看到周围的僧侣都在担心他的生命安全，只好说：“我会离开的，但是他们要是突破了大门，我会站在队伍的第一排。”然后顺着石阶离开了。

我对着通信器说：“亚斯，在吗？”

“在的，船长，我正用埃曾的专用频道看着呢。”

我抬起头，寻找上方 1000 米处的飞行机器人，但是看不清。“传感器阵列都回收完毕了吗？”

“一切正常。”

“能看到帷幕后面有什么吗？”

亚斯慢慢回复道：“看不到，上面也有帆布挡着。”

投石机太高了，帷幕不可能挡得住。肯定是一些小型的攻城机器，可能是弩炮或者射石机。为了确保攻击的有效性，他们肯定会把它推进一点，但是会保持在十字弩的射程之外。

“一切结束之前要保持警惕。”

“别在那待太久了。”亚斯非常担心如果杜尔瑟艮人突破了大门，那我可能无法回到船上了。

“这不过是第一回合而已。”我说着就收起了通信器。领头的推车已经越过了一个作为标记的石头，说明他们已经进入了十字弩的射程。

卢萨科夫让推车们又往前走了几步，然后喊道：“十字弩，开火！”

修女们对着最前面的几辆推车发动了齐射，第一轮就打死了不少步兵。无人看护的推车滚回山下，碾过身后的士兵，有些和其他推车砸在一起，有些翻倒在路边。趁着弓箭手回击开火的工夫，其他推车也开始向前冲。这次，一个杜尔瑟艮瞭望哨会发出警告，士兵们听到警告就会躲到推车下面，十字弩的攻击对他们完全无效。

“装弹！”卢萨科夫怒吼道。

杜尔瑟艮的一名军官大喊着，命令士兵们赶紧从推车下面爬出来。他们趁着修女们装填弹药的间隙，拉着小车冲向石桥。

卢萨科夫看到敌人正在利用齐射的间隙推进，于是大喊道：“交错射击，随意开火。”然后每隔三个修女，就会有一个修女专门在其他人装填弹药的间隙开火。

杜尔瑟艮的观察哨下达了警告，步兵纷纷爬出推车，然后弩箭就落到了他们的脑袋上。城垛上的修女们算好射击的间隙，用弩箭将步兵压制。杜尔瑟艮人也发现修女们改变了战术，于是推着推车冲刺一段距离再躲起来，以此躲避修女们的攻击。有些人头胸中箭当场死亡，还有些人四肢中箭。那些受了重伤的躺在地上哀号，那些还能爬的伤员就躲在推车下面处理伤口。

当领头的推车靠近桥头的时候，只剩下三个人了。他们躲在推车下面躲避箭雨，而后面更多装着石头的推车已经跟了上来，却不急于靠近石桥。在更远的地方，弓箭手也越过了石头标记，但没有进入十字弩的射程。

卢萨科夫不安地皱起了眉头："他们到底在玩什么把戏？"

号角再次吹响，所有步兵都卧倒在地。在他们身后，帆布帷幕已经撤掉，上面的顶棚像一面风帆，也被收到了一旁。展现在我们眼前的是一部尾部对准修道院的四轮货车。我用单筒望远镜仔细观察货车上那门短粗的攻城武器。整个武器掩盖在帆布之下，但是黑色的线缆露了出来，从货车上连到草地上一个类似镜子的东西，这面疑似镜子的东西一直对着太阳。

"哎哟。"我说道。

"怎么了？"卢萨科夫眯着眼睛想看清楚到底是怎么回事。

"有麻烦了。他们有一个太阳能采集器。货车上绝对不是投石机。"

杜尔瑟艮的步兵把帆布拉到后面，露出一个固定在圆形转盘上的长管武器。分裂分子军官爬上货车，坐在大炮后面的座位上，随着他开始瞄准，炮管也抬了起来。

"船长，赶紧离开，他们找来了一门攻城炮。"我口袋里的通信器传来了亚斯的声音。

大炮炮口放出一道电磁加速才会产生的蓝光，然后一道银光以50倍于声速的速度飞了出来。在飞行过程中，炮弹两侧凌空脱离，八发飞镖状的动能弹在空中排出一个圆形，保持平行飞了过来。

弹体砸在升起的吊桥上，将它打成了碎木条，然后把铁制的吊门从石墙上扯了下来。动能弹继续飞过走廊，打碎木门，然后击中了修道院另一头的观察塔。古老的塔楼开始震动，仿佛开始地震了一样。当弹体已经飞到海面上的时候，整个塔楼就塌了。过了一会儿，动能弹带来的声爆也如约而至，震耳欲聋的爆鸣掩盖了塔楼倒塌时的巨响和僧侣们垂死的哀号。这种精确的非爆破攻击非常适合用来攻击修道院，而且还不会伤到地下宝贵的图书馆。

在平原上，分裂分子军官在大炮充能的同时向左调整了两度，然后再次开火。炮口再次亮起蓝色的闪光，第二道银光飞过平原，击中了我们所在的高塔。

我们脚下的高塔开始颤抖，我和卢萨科夫顺着楼梯夺路而逃，我们的身边腾起一股棕色的烟雾。女弩手们因为灰尘遮挡了视野，于是也在困境中开始撤退。

我对着通信器开始大喊："亚斯，用飞行机器人干掉它。"我和卢萨科夫顺着塔楼的楼梯往下走，周围都是呛人的烟气。等我们回到通向城垛的走廊时，弩手们还在对着推车开火，全然不顾周围的混乱。"亚斯，听到了吗？"我转头对着卢萨科夫说："将军，带你的人离开城墙。"

他看了眼远处的大炮，然后喊道："所有人，远离塔楼！"

空中传来一声亚声速飞行的嘶吼，所有人的注意力都被吸引到了天上。一台灰色的多臂维修机器人正俯冲向那门大炮。维修机器人本设计用于真空之中，而不是大气层内的高速飞行，所以在加速的同时不停地打转摇晃。

大炮再次开火,第三波动能弹打进了高塔,撞击点刚好在吊门之上。整个石制建筑因为撞击稍稍抬起,然后塌了下去,掀起的浓烟直冲天际。冲天而起的灰尘将临近的城墙吞没,僧侣们发出惊恐的哀号,倒塌的建筑发出震耳欲聋的响声。

我脚下的走廊也塌了下去,我整个人和城垛一起掉了下去。我抓住走廊的边缘,身边腾起一团棕色的浓烟,我甚至看不清自己的手在哪。我呼吸困难,努力爬上城垛,然后顺着墙向着旁边的观察塔摸了过去。

在门卫室里,被震晕的僧侣还在因为浓烟而咳嗽,但是从石头门廊望过去,已经完全看不到高塔的踪迹了。我竭尽全力关上木门,免得烟尘钻进观察塔,然后搜索着卢萨科夫的踪迹,但是根本看不到他。

我们都在等待着下一波炮击,但是什么都没有发生。我顺着螺旋楼梯爬上观察塔的顶部。这里的僧侣还在向着下面的杜尔瑟艮步兵发射弩箭,全然不顾落在她们周围的弓箭。有些步兵中箭之后,掉进了护城河里,然后被石头和掉下去的推车活埋。那些还没死的步兵,转身帮助后面的推车,相比于缘宗教团的弩箭,还是国王的怒火更让他们感到害怕。

飞扬的尘土慢慢消散,高塔和附近的城墙都掉进了护城河里,部分干涸的河道都被碎石填满了。而在护城河的另一边,推车运来的砾石和石子被倒在了高塔上,一条从护城河桥延伸到修道院大门的堤道正在渐渐成形。

杜尔瑟艮人又吹响了几次号角,他们的弓箭手开始向前移动。当他们靠近之后,就开始齐射,试图将城垛上的弩手和那些穿着链甲爬上高塔废墟的僧侣赶下去。他们发射的弓箭大多数都打在了木制的挡板上,但还是有个别弩手被打中了。每当一名弩手中箭,另一名弩手就会接替她的位置,其他的修女会带着伤员撤退。在城垛之下,缘宗教会的剑手们在城墙后占领战位，准备消灭掉穿过护城河的杜尔瑟艮步兵。

没过多久，持续的十字弩射击就开始显示出效果。停在路上的手推车开始堵住了后面的手推车，清理推车的步兵又被弩箭打翻，让现场越发混乱。

空气中的尘土终于消散殆尽，我又可以用单筒望远镜看清大炮了。它端坐在货车上毫发无损，但是它后面的太阳能收集器被埃曾的飞行机器人撞毁，碎片散落在机器人的残骸周围。它刚好错过了大炮，但是却摧毁了它的能量供应装置。

分裂分子军官绕着残骸走了几圈，然后拿起一根扭曲的机器人胳膊，一眼就认出了它。他脸上露出错愕的表情，从腰带上拿起望远镜观察着城墙，而我同时也在注视着他的脸。

当他发现我正在注视着他的时候，我嘀咕道："对，你个分裂分子杂碎，我在这儿呢。"

我微微一笑，对着他竖起了中指，他愤怒地放下了望远镜。过了一会儿，他带着机器人的胳膊，愤怒地走向营地，然后远处传来一声代表撤退的号角声。杜尔瑟艮的弓箭手和幸存的步兵冒着修女们的弩箭跑下了山丘，而修女们非常清楚，今天多干掉一个敌人，明天就能轻松一分。

第一回合已经结束，但是城门的防御已经被毁，而且连接石桥和大门的堤道也渐渐成形。如果杜尔瑟艮人还有备份供能装置，那么要不了多久我们的城墙就会被摧毁，弩手的优势也就荡然无存。

"亚斯，"我对着通信器说，"用埃曾的另外一台机器人干掉大炮，这次别打歪了。"

"办不到，船长，"亚斯停了很久之后说："另外一台也坏了，大炮开火的时候，它还在船体外壁上呢。"

我感到后背一凉。如果动能弹打到了银边号，就能把飞船撕开。我跑到瞭望塔的另一边，透过空气中的浮尘，观察着训练场上的情况。银边号已经被靠海一边倒塌的观察塔埋了起来，只有左侧的引擎还没有被成山的碎石埋住。

“船体有破损吗？”

“船体情况良好，”亚斯说，“但是我们要先把它挖出来才行。”

我跑下瞭望塔，穿过狭窄的小巷回到训练场。僧侣们已经开始翻动碎石寻找幸存者，完全不在意银边号。死者大多数是大炮开火时在训练场避难的农民。他们的尸体排成一排放在一旁，伤员被放在担架上抬走，而悲痛的哭声不绝于耳。根据动能弹飞行的轨迹来看，大炮差一点就打到了飞船的尾部。当我靠近左舷引擎的时候，我发现银边号的起落架没有受损，藏在飞船下面的人安然无恙。

“我到了。”我对着通信器说道，然后船腹舱门打开，我立刻向着舰桥冲了过去。维修机器人正爬在成山的碎石之上，亚斯和埃曾一脸严肃地看着它传回的图像。“情况如何？”

“飞船没有受损，船长。”埃曾说，“但是推进器无法使用，个别能用的也不能产生足够起飞的升力。”

“那主引擎呢？”我问道。

亚斯摇了摇头说：“我们没法竖起船体。如果我们试图用主引擎强行起飞，那么肯定会弄坏飞船。”

“得靠僧侣把飞船挖出来。”埃曾说道。

“维修机器人能用吗？”我问道。

“船长，它们是设计用来进行精准操作的，可不是拿来挖土的。而且我们还损失了两个飞行机器人，一个被倒下的塔楼砸坏了，”他看了看亚斯说，“另一个被他砸在地上了。”

“嘿！”亚斯指着我大吼道，“是他让我这么干的。”

“他叫你干掉超声速大炮。而且你打歪了。”

亚斯一脸委屈地说：“就差了一点点。”

埃曾不满地说：“我们还损失了两个负责提供传感信号的维修机器人。我有可能从其中一个上面找点有用的东西。”

“所以我们还有四个机器人，而且船体没有受损。”我说道。

“前提是那门大炮不要再开火了。”埃曾说，“只要它打中一发，我们就永远留在这里了。”

“我们能启动护盾吗？”

“船体外壁上有这么多东西，没法启动护盾。”

“万幸的是他们不知道我们在这。”亚斯说。

我打了个寒战说：“我可不敢确定。分裂分子的炮手看到了我们的飞行机器人……还有这个。”我说着，重复了一下我在城垛上做的动作。

“哦。”亚斯慢慢说道。

“电磁加速炮通常都有备份的功能系统，船长。”埃曾说道。

“在军队里确实如此，”我说道，“但是这可不在军队里。”

“最好还是谨慎为妙，我们必须假设他们有第二台收集器，”埃曾坚持道，“以及第三台收集器。”

“对，所以只有一个办法啦。”

“祈祷吗？”亚斯说，“这可是个祈祷的好地方。”

“我有更好的办法，比如说在他们准备好大炮之前就摧毁它。”

“你有什么打算，船长？”埃曾问道，“我们唯一能摧毁它的武器，现在还压在几吨碎石之下呢。”

“我们还有别的武器可以摧毁它。”

他俩一脸困惑地看着我，然后亚斯问：“用你的马塔隆切肉刀吗？”

两年前，我从一个蛇脑袋刺客的手里得到了一把量子刀，而且它绝对不是用来切肉的。“它什么都能切开。”

“你脑子坏了吗？”亚斯吼道，“那边有几千个拿着剑的野蛮人，都迫不及待地等着把你后背的皮剥开呢。”

“身上其他的皮也会给你剥掉。”埃曾又做了点补充。

“我会和图克辛院长商量下，”我说道，“我干掉大炮，他们的人把飞船挖出来。”

亚斯叹了口气说：“要是真打算这么干，我可不想用十字弩和铁剑去打仗。”

“不会的。你和埃曾待在这驾驶飞船。”

“你自己一个人去？”

我点了点头，说：“他们想不到我会去。”而且我的插件和基因改造能够在夜间为我提供额外优势，但是我不能告诉他们这一点。

“我们还有一个问题，船长。”埃曾说道，“在第二个飞行机器人从大陆返回之前，它确定了欧可可领事通信器的位置。”

“在哪？”

“杜尔瑟艮。”

现在分裂分子正在武装杜尔瑟艮的国王，以期望能消灭掉地球在这里存在的外交势力，所以我认为领事活下来的概率渺茫。就算他还活着，也肯定是在杜尔瑟艮人的地牢里奄奄一息。

“我们先把银边号弄出来，然后去见见这位国王大人。”我说道。

我让他俩计划如何挖出银边号，自己回到房间翻出量子刀和P-50。现在不必在乎有关受保护世界的繁文缛节了。我武装好自己后，前往食堂寻找图克辛。这里现在是一个简易的医院，伤员都躺在长桌上。两名医生穿着血迹斑斑的白色抗菌服，在病人中间游走，用诊断扫描仪分类病人。他们的身后跟着一队护士，如果病人确认还有救治的可能，就会开始手术，如果病人已无挽救的可能，就会为他们提供麻醉。

我躲开忙得不可开交的医生，对着一名穿着棕袍的护士悄悄说道："我在找院长。"

"他在进行术前准备。"他指了指旁边的一扇门。

我跟着两名正在抬担架的勤杂工，担架上躺着一名妇女。我跟着他们穿过一条小巷，来到了一座教堂，教堂里摆满了床位，躺满了等待手术的僧侣。图克辛在病床间走动，紧握病人双手以示安慰。

我等他和一名病人说完话，然后凑过去悄悄说："能和你聊聊吗？"

图克辛点了点头，带着我来到外面可以不受打扰的地方。

"那门大炮还在运作。"我悄悄说道。

图克辛大吃一惊："我以为你已经摧毁它了。"

"我们干掉了它的供能系统，但要不了多久他们就能找来备用件。"

他看了看我腰上带着的蛇纹量子刀和挂在腰上的手枪，说："你打算去阻止他们？"

"是的，但不是在这里。我要用这东西干掉它。"我拍了拍量子刀，"只要凑得够近就好。"

图克辛点了点头："你打算什么时候出发？"

"天黑之后。"

"我派人和你一起去。"

我摇了摇头说："我最好还是独自行动。"

"有条路可以躲开他们的哨兵，但是你需要帮手。"

"我希望你能把我的船挖出来。"

"我会安排人去做的，但是我的人会带你绕过杜尔瑟艮人的哨兵。"听他的口气，我似乎别无选择。

"好吧。"我发现伤员之中有个人满脸沧桑，脸上的皮肤很明显是受伤后经过再生处理才长出来的。他是卢萨科夫修士，他现在一条腿血肉模糊，还扎上了止血带。

图克辛看着他说："高塔倒塌的时候，他的腿被压住了。我们的医生只能给他截肢了。"

"真是让人难受啊。"

"起码他还活着，"图克辛如释重负地说道，"但是无法参加之后的战斗了。"

"领事会从地球找来义肢。"然后我突然意识到这里可能需要不止一具假肢，"你想要多少都行。"

"如果你们的敌人开始武装那位国王，那么我们需要的可就不只是假肢了。"

"你说的没错。"仅仅几个小时的工夫，瓦尔哈拉就从一个还处于黑暗纪元的崩溃地球殖民地，变成了人类星际内战的代理人战争的战场。"那么，我要如何悄悄离开这里呢？"

日落之后，图克辛带着我顺着石阶穿过一道道铁栅栏门，来到一个点着火把的海成洞穴。在布满石头的海滩上放着四艘渔船，出海口还有一道铁制的栅栏。

几个僧侣抓着一条绳子站在岩架上，只等一声令下就把栅栏拉起来，艾尔基修士正在做着出海前的准备。他穿着午休的皮甲，背后还有两把交叉放置的战锤。

"这些船可以坐八个人。"图克辛说，"但是现在有伤员，我们没法腾出那么多的人手，艾尔基修士负责划船。"

他比我矮一头，但是肩膀比我宽一倍，四肢的肌肉比我胸肌还发达。他用低沉的声音说道："今晚海况不错。"然后把两扇桨放进桨架，"咱们肯定可以好好相处。"

“我会划船。”

“你只会拖累我们的速度。”他说道。

“艾尔基划船的速度可比八个人还快。”图克辛向我保证道。

“好吧。”我只能相信他宽阔的肩膀不是摆设。

艾尔基指了指小船说：“你坐在船头保持平衡。”

“我们要划多远？”

“我们要到杜尔瑟艮人阵线的南边树林去，那有我们的侦察兵。”

我坐在船头，他推着小船下了水，小心地爬上船尾。小船在他的重压之下，差点沉到海里去。他战战兢兢地挪到船只中央，这样巨大的臀部就碰不到两侧的船舷上沿。让我惊讶的是，他划船的方式和人类截然不同，他面对着我，双脚勾在前面的座位下面。等他坐稳之后，就把双桨放到水里，然后用力一推，小船就冲向了铁栅栏。

站在岩架上的僧侣用力拉动手中的绳子，把栅栏拉出了水面，但是我们经过它的时候还是得低下头。等我们过去之后，栅栏“哗啦”一声落回水中，一根充当锁的铁条也被推回原位，从靠海一侧根本无法触及这根铁条。

我们顺着一个低矮的海成洞穴慢慢漂流，随着海水开始晃动船身。海浪的声音越来越大，艾尔基奋力划桨，带着小船驶向开阔水域。还没等潮水把我们推向岩壁顶，他就划着桨，带我们来到了一片开阔的水域。在我们身后，白色的峭壁和修道院的北侧城墙融为一体，两名僧侣正在注视着一条在距离海岸不远处下锚的杜尔瑟艮帆船。帆船的首尾两端挂起了灯笼，完全不在乎它在黑暗中是多么的显眼。船头的位置有一名哨兵，但是我们的小船太矮，而且距离太远，所以他不可能看到我们。艾尔基完全不在意那条帆船，反而是有节奏地摆动着双桨，顺着海岸线向东出发。

等帆船脱离视线之后，我问道：“瓦尔哈拉上还有其他苏玛人吗？”

“只有我。”

“你和来自其他世界的人类一样，都是退役军人？”

“萨罗星上没有类似你们地球人类的军队。”

地球上有四个联合政府，民主联盟、亚洲人民联邦、印度共和国和第二王权国。每个政府都有自己的军队，不少殖民地也有自己的武装力量。像苏玛人这么强壮的种族居然不会像人类一样痴迷于军事力量，这让我感到很不可思议。

“那你们的海军呢？”

“从入侵者战争之后，我们的飞船就不再携带武器了，而且那些武器也不是我们造的。”

“钛塞提人造的？”

“战争结束后，我们就把武器都还给他们了。”

“没有常备军队，没有海军？你们不觉得有点……暴露吗？”

“对什么暴露？我们不会攻击任何人。就算要攻击别人，那些技术没有我们先进的文明根本不是我们的对手，而那些比我们先进的文明也会迅速击败我们。不管怎样，钛塞提人或者其他观察者都会干预，就连人类都知道这事。”

我们当然知道这事，但是我们很难完全依靠银河系律法保护自己。人类是最年轻的星际文明，谈及自保也是力不从心。距离获得正式成员身份还有四十八年，而且内战也造成了不利影响。如果我们能及时清理了这堆烂摊子，还是能成为银河系议会的正式成员的。

“习惯使然罢了。”我说道。

“军国主义不是习惯，”艾尔基说，“它是一种选择，一种基于恐惧的思想状态。”

“所以，在你眼里，人类尚武而且总是担惊受怕。”

“事实就是如此。你们的武器和战舰无法提供真正的保护，但还是造了不少。它们给你们提供的不是保护，而是安全感。”

我原本打算告诉他，地球海军的主要职责是确保没有人类会违反银河系律法，进而确保我们能够按时获得议会席位，但是这只会进一步巩固他对我们混沌天性的负面印象。

“所以,你到底在这干什么？我还以为这是退伍老兵的休假地呢。”

“这里不过是漫长旅途中的一站罢了。我学习你们的思维，分享我的想法，然后大家就可以到达同一个终点了呀。”

我想起了图克辛的话，如果我们有灵魂的话，那艾尔基也该有灵魂。“那你加入这场战斗又是因为什么？”

“我还没打算离开这里，而且没人能逼我。”他回答道，“不管你怎么想，苏玛人可不是什么和平主义者。”

“你们要是和平主义者，就肯定不会和入侵者开战了。”

“我们是现实主义者。”艾尔基用力划着桨，完全没有疲劳的迹象，“我们的自我保护意识和你们一样。”

前方出现了一艘杜尔瑟艮帆船的轮廓，船头、船尾的灯笼在海角清晰可见。它在靠近海边的位置下锚，但是上面自负的哨兵根本没有关注附近的海面。

“我们能绕过去吗？”我悄悄问道。

“我没法向外海走更远了。”艾尔基说道，眼睛盯着远方黑黝黝的海水。

“海况太差？”

“水太深了。我在这星球上没法游泳，我太重了。”

苏玛人的身体密度比人类大，所以浮力不足。如果船翻了，鉴于我也不会游泳，我俩就会像石头一样沉下去。

“我也不会游泳。”我紧张地盯着远处黑黝黝的水面，现在水肯定有好几米深了。

“我可以屏住呼吸，然后从现在位置的水下走到岸边，但是再远一些就不行了。”

我琢磨着是否可以上岸步行，但是只要看一眼陆地上的情况，就知道我们距离城堡附近的攻城战线太近，哨兵很容易发现我们。哨兵的身后就是杜尔瑟艮人的营地，可以看到几百顶帐篷、营火和几千名士兵。艾尔基没有试着绕开帆船，而是收起船桨，让小船静静漂浮在水面上。一名哨兵看到了我们，于是一边爬上绳梯一边呼唤士兵上甲板。

“准备好使劲划船。”我一边说着一边掏出 P-50，心中非常肯定哨兵会拉响警报。

艾尔基警告道：“他们肯定会发现你用枪杀了他。”

“放心吧。”我装了一发破片弹，估算着小船的摇摆幅度，然后仔细瞄准。当我们到达一个浪头的顶点时，我对着帆船的船身开火，打出的洞在黑暗之中看起来就像是触礁造成的。

海水涌进了船舱，惊恐的叫声开始在船上蔓延，船员们都挤到了甲板上。一名军官拿着灯笼站在船舷上，试图评估受损的情况，水手们争先恐后地去找绳子和帆布，打算堵住洞口。还有些人拉起船锚，打算在船沉没之前抢滩。至于那些以为船要沉了的人，抱着空桶跳下船来。

很快，整个帆船的船头都沉入水中，船员们都跳进海里游向岸边。突然，一只手伸出水面抓住了我们的船舷，他肯定以为我们是救生船了。水手从艾尔基身边冒出水面，而艾尔基靠过去，龇牙咧嘴地发出低吼。水手被吓了一跳，掉回了海里，相比于被淹死，他现在肯定更害怕艾尔基。

这位身体健壮的苏玛人继续划船，带着我悄悄地前进，而海水已经漫上了帆船的甲板。当我们和帆船拉开了一段距离后，帆船倒向一边，桅杆“哗啦”一声拍在了水面上。自带浮力的木制船体并没有下沉，惊恐的船员抓住船身，对着岸边的哨兵大声呼喊。

我们很快就看不到那些水手们惊恐的脸，但是他们的哀号声还在黑暗中久久不能散去。等我们听不到他们的哀号声，艾尔基就开始加速划船，顺着海岸线继续前进，远离那些正在救人的哨兵。

我们和敌人的营地擦肩而过的时候，距离海岸线非常近。过了营地，就出现了一小片森林，刚好挡住了哨兵的视线。这些树木都来自地球，和当地的树木相比，不仅更容易切割，而且没有毒副作用。缘宗教团当初选择这片岛屿，就是因为这里和大陆隔离，一旦完成清理工作，当地的植物不会轻易卷土重来。从那以后，这里的僧侣只要精心呵护这里的森林，不仅能保证自己的木材供应，而且还提供了一个冥想的好去处。

当我们来到一片海角环拥的砾石沙滩时，艾尔基就朝着海滩前进，悄悄地说："我们的侦察兵如果还没被抓住，就一定会监视这片海滩。"

我问道："你知道路吗？"如果侦察兵已经被抓，那么我们就只能自己去找大炮了。

他不安地说："我晚上在森林里看不清路。"

我们的小船冲上滩头，我俩跳下船，小心地打量着森林。周围一个人都没有，艾尔基一只手拉着小船上了岸，然后我俩冲向森林，倾听着杜尔瑟艮士兵们的一举一动。

"南边有一条伐木用的小路，"艾尔基在黑暗中悄悄说道，"杜尔瑟艮人肯定会在那巡逻，但是我们可以顺着它穿过森林。"

我觉得这是个糟糕的主意，就向前走了一步，然后发现一把短剑指着我的脸。我们周围的森林里突然跳出了一群人，男人们带着短剑，女人们端着十字弩。艾尔基朝前走了一步，好让其他人能看到他。没过多久，黑夜中响起了一声低语："艾尔基！这黑漆漆一片，你看起来就像一头杜尔瑟艮肥猪。"

艾尔基转头看着一位从森林里走出来的僧侣，他身材瘦长结实，脑袋上却没几根头发。“那你就是个秃头没肉的异教徒。”艾尔基说完，就面带微笑地和来者抱在一起。

“我们差点朝你的朋友开火了。”他说话的时候带着浓厚的苏格兰盖尔口音。

“凯德，这是马尔科姆修士。”艾尔基说，“他不仅修行不高，而且很没礼貌。”

马尔科姆笑了笑，我可以看到他嘴巴里少了几颗牙。他的脖子上有道伤疤，看来有人曾试图切开他的喉咙，右眼上方还有做过手术的痕迹，说明他的部分颅骨也经过了替换。

他伸出手说：“马尔科姆 · 麦金尼，民联军，冷溪卫队，退役军士长。”

“西瑞斯 · 凯德。”我和他握了握手。他看起来有四五十岁，多年的辛劳生活让他看起来格外顽强。

“那么，”他猜测着我们此行的目的，“我们怎么处理这门该死的大炮？”

“把它切片。”我说着拿起自己的量子刀，“用这个就行。”

他眯着眼睛打量着黑蜥部队的标志性武器，说：“很久没看见这玩意了，而且从没见人类能拿着它。”

“这……算是个纪念品。”

“蛇脑袋不会轻易放弃这东西。”

“死了就另当别论了。”

马尔科姆修士饶有兴趣地看着我，然后转头对艾尔基说：“我们今晚会突袭他们的补给队，就在营地的另一边，这样刚好会吸引他们的注意。”

艾尔基说道：“我们会做好准备的。”然后其他人就融入了阴影之中。

马尔科姆让凯拉修女带着我们穿过森林，前往大炮存放的地方。她是瓦尔哈拉本地人，身材苗条地像个精灵，但是十字弩似乎完全不会影响她的行动，更别说背后还有两个装满弩箭的箭筒。

等我们来到森林边缘的时候，她指了指两千米外一处地势较高的地方，那里的营火刚好照亮了装着大炮的货车。“他们不知道我们在这里准备了伏兵，”她说，“防线这边哨兵很少。”

我转头看着艾尔基，注意到他在黑暗中不得不眯着自己黑色的小眼睛，于是我问他：“你夜视能力如何？”

“不怎么样。苏玛比地球亮八倍，而且萨罗和它之间的距离比地球到太阳要近得多。”他指了指自己的黑眼睛说：“我只能在光照条件好的时候才能看清东西，夜晚根本看不到任何东西。”他拿下放在背后的战锤，紧紧捏在手里说道：“但我还是能看清攻击范围内的东西。”

凯拉说道：“放心，我晚上眼神好着呢。”

我说：“我看得比你还清楚。”

“我对此表示怀疑，外乡人。”

我对插件下令：启动红外模式。如此一来，眼睛内部的插件就能大幅提高对红外线的敏感度。山丘上的营火、士兵马上变成了红色幻影。我指着左边的一小团红色虚影说：“那边有只小动物正在看我们。”

凯拉打量着眼前的一切，但是什么都没看到。“你当我是傻子吗？”

我拿起一块石头扔向灌木丛，一只从地球转移来的兔子逃进了森林里。

她惊讶地看着我，然后我说：“我来当排头兵，你等我信号。”

她先是迟疑一下，但是点了点头，然后我们从森林爬出来，匍匐穿过一片石墙包围的草场。瓦尔哈拉的三个月亮发出微弱的光亮，我们借着月光顺利穿过田野，前方的杜尔瑟艮人根本没有发现我们。我们越过好几堵齐腰高的矮墙，等我们靠近山丘的时候，前方出现两名哨兵，刚好挡住了我们的去路。我让其他人都趴下，然后抬起两根手指，指了指前方的士兵。

“我看不到他们。”凯拉努力在黑暗中搜索士兵的踪影。

我掏出 P-50，准备去干掉两名士兵。“在这等我。”

凯拉抓住我的胳膊说：“你开枪会有闪光。”然后举起自己的十字弩：“但是这玩意没有闪光。”

她说的没错。在黑暗之中，P-50 的电磁加速器发出的闪光会暴露我的位置，但是她的十字弩非常适合一击消灭目标。

我说道：“我不需要再装填弹药。”

“但是我有的是时间。”我还没来得及抗议，她就冲了出去。

我和艾尔基在原地等待，等凯拉的红外信号越来越弱，然后我俩保持距离跟在她身后。她翻过山丘前最后一道石墙，然后匍匐前行，慢慢接近她的猎物。当艾尔基和我到达石墙之后，我用 P-50 瞄准哨兵，以防凯拉需要火力掩护，艾尔基则做好了翻过石墙冲锋的准备。凯拉和哨兵还有一段距离的时候，就单膝跪在空地上，端起十字弩开始瞄准。

我对插件下令：增强声频灵敏度。我希望用监听器定位哨兵。

时间已经过了好几分钟，但是什么事都没有发生。凯拉修女还是待在原位一动不动，聚精会神地打量着两名哨兵。

“她在等什么？”艾尔基不耐烦地问道。

“角度。”就在我说话的时候，一名哨兵停下了脚步，另外一名继续慢慢上山。

十字弩开火的时候发出轻微的响动，哨兵应声倒在了地上。第二名哨兵又走了几步，凯拉用双脚固定住十字弩的弩臂，气定神闲地往箭槽里装了一发弩箭，然后把弩弦扳回钩齿。而我，则用手枪瞄准了第二名哨兵。

哨兵停下脚步寻找自己的同伴，当他回头看到地上的尸体，马上跑下了山。等他回到战友的身边时，凯拉的十字弩再次发射，弩箭击中哨兵的胸口，命中瞬间带来的冲击将他整个人打飞起来。凯拉起身狂奔，一手抓着十字弩，另一只手拿着一把短刀。第二名哨兵并没有死，躺在地上哀号，草地挡住了他的部分红外信号。

“她干掉哨兵了吗？”艾尔基问道。他眯着眼睛看着前方，夜间环境对他来说就是一片无法看透的黑暗。

凯拉跳到哨兵身上切开了他的喉咙，我听到了喉咙发出的咕噜声，然后就什么都听不到了。

“她干掉哨兵了。”我松了一口气。

艾尔基和我爬过石墙跑向凯拉，而她则在哨兵的皮甲上擦干净了自己的匕首。我对她赞许地点了点头。等她装好了弩箭，我们就继续爬山。等我们到了半山腰的时候，就听到了看守大炮的士兵说话的声音。

我用监听器记录分析了他们的声频特征，然后悄悄地说：“最少有六个人，其中一个是分裂分子军官，我要活捉他。”

凯拉警告道：“他的装备肯定比其他人好。”她紧张地看着我的手枪，预感那名军官肯定也会有类似的武器。

“她说的没错。”艾尔基说，“我们得先把他干掉。”

如果换作其他情况，我肯定会同意他们的想法，但是我希望得到情报。“我来对付他，你们对付其他人。”我弹出弹夹，然后把前两发换成胶头弹。这种非致命弹药可以在近距离打断骨头，但是百米之外精度糟糕，坦克龙那么大的目标都打不到。

“艾尔基，你从中间上。”我说，“我从右边走。凯拉，左边。注意隐蔽，等待马尔科姆的信号。他们动手之后，我们再上。”

凯拉和我移动到艾尔基两侧，然后匍匐上山。当我们可以看到装着大炮的货车时，我们趴在高高的草丛里等待时机，倾听着货车另一边的士兵们围坐在篝火旁聊天。

大概一个小时后，十个人拉着一辆两轮货车出现在营地里。一名穿着金色胸甲的贵族对着四轮货车边上的士兵大喊大叫，让他们帮忙过来卸货。还没等他们开始卸货，营地的另一边就燃起了熊熊大火，所有的灯油罐都在同一时间被点燃了。大火在推车和帐篷间蔓延，点燃了所有与之接触的东西，然后几百人开始跑去灭火。

在山丘上，所有人都注视着营地的大火，每个人都非常紧张。虽然他们说的是东欧某种语言演变来的当地方言，但是我能感觉到他们的恐惧。

为了在战斗开始后不被火光破坏夜视能力或者暂时失聪，我将生物体插件调回默认设置。

艾尔基的两柄战锤举过头顶，一对肌肉发达的小短腿带着他蹦蹦跳跳向前冲去。在他的左边，凯拉端着十字弩冲了上去，她的速度远比健壮的苏玛人要快。而我则从另外一边冲向了四轮货车。

等我们冲到山顶的时候，那些士兵还沉浸在火光之中。分裂分子的军官和身边的贵族轮流用望远镜打量着火势，而士兵们则在小声嘀咕。推车上还有一台备用的太阳能收集器，而山下的推车里装满了给大炮使用的超声速集束弹。

我绕过四轮货车，想找到一个能打到分裂分子军官的角度，而凯拉的弩箭击中了一名士兵双肩之间的位置。弩箭带来的冲击带着他摔在地上，就在其他人转头查看是谁发射的弩箭时，艾尔基挥舞着两柄战锤冲了上去，那些士兵还没反应过来是怎么回事，就被他打飞了。

一名士兵突然从我旁边冒了出来，打算用短剑砍下我的脑袋。我抓住他的胳膊，往下一拉再用力一拧，就打断了他的关节。他扔下了手中的短剑，然后我反身用手肘打在他的额头上，于是他整个人摔在了四轮货车上。等士兵瘫在地上之后，穿着金色胸甲的贵族对着士兵们愤怒地大喊，而士兵们已经掏出短剑冲向艾尔基。粗壮的苏玛人挥舞着双锤转起了圈，让其他士兵不得近身，而凯拉的弩箭则命中了一名士兵的胸口。

分裂分子军官已经看到了我，正准备掏枪，但是我抢先开了火。胶头弹变成一团足有艾尔基拳头大小的明胶，径直打在他的肚子上。胶头弹的冲击把军官打飞起来，然后摔到地上。我向前冲去，躲开另一名士兵的攻击，踢飞军官手中的枪，然后发现他瘫在地上呼吸困难。我转头看到士兵们掏出了短剑包围了艾尔基。士兵们虽然冲了上去，但是被艾尔基飞舞的战锤赶了回去，而一旁的贵族只能对着士兵们愤怒地大喊大叫。

士兵们向后退了两步，然后掏出了短弓。就在他们忙着张弓搭箭的时候，凯拉打翻了一名士兵，然而另一名士兵打中了艾尔基的肩膀。我用剩下的一发胶头弹打中了这名士兵的脑袋，在如此近距离下，冲击力打断了他的脖子，他向前摔了出去。艾尔基继续追击那些士兵，完全不在意戳在肩膀上的弓箭。

我又开了一枪，用常规弹药打中了一名士兵，然后我的检测器发现身后有人。我就地一滚闪到一边，躲开了手枪射出的子弹，然后站起身看到那名贵族正在用分裂分子军官的手枪向我瞄准。他又开了一枪，子弹从我脸边擦过，然后我对着他的脑袋开了一枪。

士兵们一脸震惊地看着贵族的尸体，然后就撒腿跑向主营地。凯拉的弩箭打中了一名士兵的腿部，但是他却捂着伤口一瘸一拐地跑开了，艾尔基已经停止了转圈，收起了自己的战锤。

我跑到艾尔基身边，发现他的胳膊上正在流血，弓箭已经刺入肌肉到达他的骨头。

“这不算什么。”他说着就拔出箭杆扔到一边，但是箭头还埋在肩膀里。

凯拉抽出一块布片，塞进艾尔基的皮甲下面止血，“你得好好包扎一下。”

“在这可没法包扎。”艾尔基说着指了指大炮，“快毁了它。”

我拔出量子刀跳上四轮货车。这门大炮和民联军使用的一模一样，但是却没有民联生产厂商的铭牌。分裂分子要么抄袭了大炮的设计，要么就是从黑市商人那里买来的。杜尔瑟良人很快就会带着增援回来，我触碰了下量子刀的启动界面，当量子刀达到最大功率的时候，刀刃和上面蛇形铭文都开始发光。

艾尔基说：“马塔隆人要是知道你有这种武器，肯定会干掉你。”

我回答道：“他们试过了。”然后把量子刀插进了大炮的炮身，彻底破坏了大炮的原子结构。插了几刀之后，整个大炮已经变成一堆废铁，再也无法对缘宗教团的石制要塞造成威胁了。

为了彻底破坏整套武器系统，艾尔基用战锤一下敲碎了太阳能收集器，然后把分裂分子军官扛在自己肩膀上，凯拉则收起了军官的手枪。她看到我在注视着她，以为我会出于地球的受保护世界相关条令而命令她交出手枪。

“这是我的了。”她轻蔑地说道。

她看到我跳下货车的时候紧张了一下，但是我却解下军官的腰带递给了她：“你会用上这些子弹的。”

她如释重负地看着我，然后把腰带像子弹带一样斜挎在肩上。

“把我放下来。”这名军官太过虚弱，无法反抗。

我抓着他的脑袋抬起了他的脸，说：“我朋友的力气比得上十个人类，你最好别惹他生气。”

他看了看正扛着他的艾尔基，发现艾尔基黑色的小眼睛正在盯着他，于是就不说话了。

在平原的另一头，整个主营地火光大作。几百名士兵拿着毯子和水桶忙于灭火，根本没人向我们这里来。鉴于我们刚干掉了一名贵族，所以过不了多久，就会有人来找我们。

“我希望马尔科姆修士逃了出去。”凯拉一脸陶醉地看着马尔科姆制造的骚动，然后我们快速下山，希望快点回到安全的森林里。

﹨·﹨·﹨·﹨·﹨·﹨

凯拉带着我们来到一片远离伐木小径的空地，在这里等待马尔科姆修士回来。她用十字弩瞄着我们的俘虏，而我则在检查艾尔基的伤口。

“我船上的医疗机器人可以把箭头弄出来。”他对我点了点头，然后我对着刚刚恢复神志的分裂分子军官说：“你到底是谁？”

他倔强地看了我一眼，但是什么都没说。

我还在山上的时候，就已经开始分析他的口音并确定了他的家乡。“你是来自印德拉提吧？”我说道，“你在一个受保护世界上干什么？”

他冷笑道：“为了帮助受压迫的人民摆脱地球的暴政。”

“地球在这里只有一名外交人员，天天在一个小岛上冥想过日子。他可不值得你们用集束弹。”

“那已经是过去时了。”

“欧可可领事已经死了？”

“等格拉维斯知道你干掉了他儿子，你们的领事就死定了。”

“你到底在说些什么？”

“你干掉的那个穿金甲的贵族，就是格拉维斯国王的继承人，你要是没把他的脑子打出来，他就是下一任杜尔瑟艮的国王。等过几天国王知道自己的儿子死了，你们领事的脑袋就会被挂在城堡的大门上。”

这下留给我的时间可不多了。

“领事被关在哪儿了？”我问道。

“就在杜尔瑟艮，只不过有 5000 名士兵看守着他。”

看他的态度我就知道他没撒谎，所以这意味着救出领事可不是一件容易的事情。“为什么希尔人会在这儿？”

军官一脸困惑地看着我：“他们又是谁？”

“就是和你们会合的外星人。”

他脸上浮现出恍然大悟的表情：“啊，是那艘星形的飞船。”

“你看到它了？”

他点了点头：“完全不知道怎么回事。”

“你没上去？”

“我甚至都不知道他们的名字。我来这里是教当地人使用大炮的，我和那些外星人没有任何瓜葛。”他非常清楚地球会严肃处理那些和外星人发生不法交易的人。对于这些活动的处罚要比向受保护世界走私武器更严重，但是他的冷漠说明一切都是实话。

“你坐什么飞船来的？谁负责指挥？”

他低下了眼睛，决定不告诉我任何有关分裂分子军事实力的情报。

艾尔基把他的倔强都看在眼里，然后发出恶狠狠的低吼。“要是他不肯说，那也没必要留他活口了。”他掀开嘴唇，露出自己的牙齿，“而且我还很饿。”

军官一下子被吓破了胆，终于明白艾尔基想吃了他。

我努力不显露出自己的惊讶，在数据库里检索了一下苏玛人的资料。他们和人类一样都是杂食动物，但没有记录显示他们会吃人类。

“我们可不能生火烤肉。”我开始玩起好人坏人的游戏。

“我喜欢生肉。”艾尔基郑重其事地说道。

军官缩成了一团说道：“嗨！我根本什么都不知道。我以前还在教农场的小伙子们如何攻击亚声速轨道载入飞行器，然后就被装进了一艘游轮，身边只有一个阿德尼教官和一个没见过几次的军官。他们只跟我说要教一群野蛮人使用大炮。刚着陆两天，他们就把我塞进一艘大木船，带我来到这里。我全程都在晕船，根本没来得及教他们任何东西。”

“你是印度共和国军的吧？”他的脸庞消瘦，皮肤黝黑，看起来确实像印度共和国军的人。

“我以前是，但是印德拉提宣布脱离地球控制，我就坐着第一班船回家了。”

印度共和国军肯定会因为开小差和投敌而缺席判决他死刑，但是，他的问题又不是我的问题。我的问题是，为什么人类分裂分子要和希尔人见面？

“两艘飞船还在杜尔瑟艮吗？”

“不在了，他们在我们起锚之前就离开了。按照计划，他们会在三个月后来接我。”

“那个阿德尼教官也在这儿吗？”

“不在，他在杜尔瑟艮教当地人使用熔炉式步枪。”

“熔炉？”我惊讶地说道。只要使用得当，几支民联军的突击步枪完全可以打败整个铁器时代的军队。“有多少？”

“20支。”

这些武器足以征服整个星球，让格拉维斯当整个星球的国王。

“这些武器现在在哪里？”

他耸了耸肩说：“不知道。”

凯拉认真听着每一句话，凑上来用十字弩瞄准我们的俘虏说：“你的意思是，格拉维斯那头猪已经有了外乡人的武器？”

分裂分子军官努力向后倒过去，眼睛盯着瞄准自己脑袋的十字弩，非常不愿回答这个问题。

她转身问我：“那些武器足以征服瓦尔哈拉吗？”

“绰绰有余。”我问道：“你们的指挥官不会为了消灭一个领事而如此大费周章吧？他们到底有什么计划？”

他耸了耸肩，试图回避话题。艾尔基拿出一把小刀和磨刀石，然后开始磨刀。分裂分子军官看着这一切，心中的恐惧好似潮水一般有增无减，然后看着我寻求保护。

“我可是战俘，”他紧张地说道，“你得保护我。”

“我可挡不住艾尔基。”我看着他三倍于地球重力打造的肌肉，“但是，你要是回答了我的问题，说不定他会放你一马。”

“人类的腿啊，”艾尔基舔了舔嘴唇，“很好吃呢。”

分裂分子军官惊恐地看着我说：“吃的！他们想要食物！”

“为什么？”

“地球海军的封锁正在绞杀我们的补给线。我们有农业船，但是产出不足以供养我们的军队。如果我们帮格拉维斯拿下整个星球，给他干掉剧毒森林的脱叶剂，他就会给我们需要的补给。所以我们才要你们的领事，这样他就不会向地球汇报我们的存在了。”

如果分裂分子依靠农业船上的食物，那么饥饿就是他们对瓦尔哈拉采取行动的原因，但这还是不能解释为什么希尔人也会在这里。我对着艾尔基点了点头，他收起了小刀和磨刀石，军官的脸上露出了如释重负的表情，然后我开始假装检查艾尔基的伤口。

“你不会真的吃了他吧？”我悄悄问道。

“那得看我有多饿了。”他笑了起来。

“苏玛式的幽默。”我拍了拍艾尔基那边完好的肩膀。

我找了个地方，不仅能看住我们的战俘，还能好好琢磨下分裂分子的武器会如何帮助杜尔瑟艮人征服整个瓦尔哈拉。我怀疑分裂分子是否和希尔人达成了类似的协议，希望利用他们的科技打败地球海军。

如果计划就是如此，他们又能为希尔人提供什么，足以让希尔人违反准入协议呢?

究竟是什么让他们冒如此大的风险呢?

\·\·\·\·\·\

马尔科姆修士和他的小队在黎明前几个小时回来了，浑身上下都是烟灰。他们筋疲力尽地瘫在地上处理伤口，而马尔科姆小声和凯拉、艾尔基交谈着。

“纳迪力和萨林克夫死了。”他说道，回头看着森林，“杜尔瑟艮人离我们不远。”

“我们可以用小船送走伤员。”我说道。

马尔科姆看着分裂分子军官说：“他在这里干什么？”

“为了情报。”

“找到你想要的了？”

“找到了点。”

马尔科姆走到军官身边举起了短剑，我赶紧抓住了他的手腕。

“他是我的战俘。”我怒吼道。

“我们要不是因为他，才不会这么倒霉。”

“大炮已经被毁了，他也不会造成更多麻烦。”

“他已经惹了够多的麻烦了。”马尔科姆甩开我的手，然后放下了短剑。

“我们得回到船上去。”艾尔基受伤的胳膊现在无力地垂在一旁，“天快亮了。”

马尔科姆集合起疲惫的队友，凯拉带着我们穿过森林向海边前进。我们带着伤员尽可能快地前进，偶尔还能听到身后杜尔瑟艮士兵的叫声，但是他们离得太远，所以看不清他们。

破晓近在眼前，我们终于听到了海浪拍打沙滩的声音。马尔科姆让队友休息，然后跟着我和凯拉去侦查沙滩的情况。一艘杜尔瑟艮人的帆船停在沙滩上，带着武器的步兵正在检查我们的船。在海面不远处还有一艘帆船，船上装满了弓箭手。

“他们人太多了。”我说道。

马尔科姆很不情愿地同意了我的看法，然后爬回了森林里。

等我们回到其他人身边，我启动通信器说：“亚斯，你在吗？”

“船长，请讲。”

“我们需要接送。”

“办不到。我们现在 100 人挖了一个晚上，还看不到右舷引擎。”

按照这个情况来看，银边号还得花好几个小时才能起飞。要不是我们毁掉了大炮，等它下次开火的时候，银边号还是个停在地上的活靶子。

“我们不可能坐船回去了。”我说，“现在有一群愤怒的家伙正挡在咱们中间呢。”

“我们会挖快点儿的。”他许诺道。

我收起通信器，问马尔科姆：“我们能绕过杜尔瑟艮人吗？”

“不行，他们太多了。”

“我们可以去索拉斯海角，”凯拉说，“但是如果他们来找我们……”

我们这下麻烦大了。

“我们不能待在这里。”我们现在必须和身后愤怒的杜尔瑟艮士兵拉开距离。

马尔科姆点了点头，然后我们就集合向南方前进。

快到中午的时候，我们才到达森林的南部边界，身后还可以听到追踪者的叫喊。我们没有休息，继续穿过矮墙包围的废弃农田和农户的房屋。这里的居民带着自己的牲畜逃进了修道院，没给入侵者留下什么有价值的东西。有些房子已经被杜尔瑟艮人的粮草收集小队洗劫一空，然后被烧成一片废墟，但是有些房子却没受影响。

中午的时候，我们在一间房子的废墟里休息，让伤员用井水清洗伤口更换绷带。等我们继续上路的时候，马尔科姆的队友和我们分享了肉干和干面包，这些不过勉强维持我们继续走下去而已。

我试图让分裂分子军官再说点什么，但是他连自己的名字都不想说，而且时不时望着后面，寻找逃跑的可能。当马尔科姆提醒我的时候，我不得不走到囚犯身边给他提个醒。

“马尔科姆盯着你呢，”我说道，“你可别给他动手的借口。”

分裂分子军官不安地看着那位来自冷溪卫队的老兵，然后嘀咕道：“我累了。”

“这就累了。”我说道。他不情愿地回到了队伍的中间。

到了下午晚些时候，杜尔瑟艮士兵的散兵线已经在我们身后依稀可见。士兵们在军官的催促下保持急行军，这些军官想必是打算消灭杀害王子的凶手，进而获得国王的恩典。我们保持行军速度，勉强保持领先地位。我心里默默感谢历史的巧合让他们无法组建骑兵，不然他们早就碾碎我们了。

整个下午我们都在急行军，岛屿南端终于近在眼前，这意味着这场追逐战即将结束。在我们身后，追兵的数目越来越多，因为那些在废弃的农房里搜集粮草的小队也加入了追捕我们的行列。

我们跨过一道土质十字路口的时候，马尔科姆打量着后面说道：“这至少得有 300 人。五把十字弩和两把外乡人的手枪可对付不了这么多人。”

“我们可不能被他们在开阔地上抓到。”我说道。

“我知道一个地方。”凯拉说着就带我们前往一栋白色的房子，它的位置刚好俯视大海。

当我们上山的时候，我再次呼叫亚斯，希望奇迹的发生，“我们真的需要你来接我们了。”

“抱歉了，船长。今天不行。”

我收起通信器，两艘满载士兵的杜尔瑟艮帆船从距离海岸很近的地方开了过去。他们绕过海角，然后驶入小岛最南端的一个峡湾。当船头冲上沙滩的时候，士兵们也蜂拥上岸，排成队列，掏出短剑和盾牌开始行军。

“跑！”我大喊一声，然后我们向着山顶上的两层石制农舍冲了过去。

虽然房屋的屋顶都是茅草，但是有厚重的木门和窗户，所以这里还算适合防御。房子前面是一片小蔬菜园和一片草坪，二者之间还有一堵石墙。房子的前门打开，这说明房屋的主人在听到野蛮人入侵的时候急于逃难，根本来不及关上大门。

房屋内是一个巨大的公共房间，里面有个壁炉和一张厚重的木桌，木桌两边各有条凳，旁边有扇小门通向厨房，后门则通向空荡荡的鸡棚和猪圈。

当我们都进去之后，艾尔基用门闩锁死了大门。他用胳膊没受伤的那只手拿下一柄战锤，准备好好问候一下那些破门而入的倒霉蛋。在房间的另一头，马尔科姆的伤员靠在后墙休息，其他人则在窗口看着敌人距离我们越来越近。凯拉把军官的手枪和弹药交给马尔科姆，心里非常清楚这东西在他手里作用更明显，然后就带着弩手们顺着楼梯上了二楼。

“该死！”马尔科姆打量着四周，“你的战俘跑了。”

我透过窗户看了一眼，发现分裂分子的军官已经翻过了农舍前方的石墙，他挥舞着双手，跑向前来的士兵。马尔科姆举枪瞄准，但是我示意他不要开火。

“节约弹药，我们会用得着的。”

他不耐烦地咕哝了一声然后放下了枪，“我当初该干掉他的，现在他会告诉那群野蛮人我们有多么虚弱。”

分裂分子的军官跑过田地，但是迎面而来的士兵完全忽视了他，继续向着小山前进。他们在农田另一头的石墙停了下来，然后在十字弩的射程外散开包围了农舍。很快，一名穿着银色胸甲的贵族在 12 名穿着红色战袍的护卫的簇拥下走到了前排。分裂分子的军官和他简短说了几句，两名护卫就站到了军官身边。

“他们见到他可不怎么高兴啊。”我怀疑他们已经逮捕了那名军官。

马尔科姆说：“老格拉维斯可不是什么大气度的人，别被他们活捉了。”

等到了下午晚些时候，那些一直南下追击我们的人也加入了包围，另外三艘帆船带来了更多的士兵，这让我以为他们现在的要务是干掉我们，而不是攻占修道院。等他们的所有部队就位之后，分裂分子军官带着一名穿着战袍的护卫穿过了田地。

他在农舍前的石墙边站住，然后大喊道：“我这里有一条给白石修道院首领的消息。”

马尔科姆瞟了我一眼，然后探出窗子大喊道：“我在这儿呢。”

“大元帅向你们保证，交出杀死巴拉特大人的外乡人，就饶其他人不死。”

马尔科姆笑了笑，悄悄说道：“他们想用你的脑袋救自己的命。”

“他们会信守诺言吗？”

“何必这么问？你自愿去送死？”

“我打算试试运气。”

不论杜尔瑟艮人多么残暴，他们都不会料到我有超级反应能力，所以我在近距离徒手制敌要比十个带着剑的步兵更强大。我肯定可以从这里前往杜尔瑟艮的路上找机会逃跑。

马尔科姆反复打量着我，思考着我的计划可行性，然后那名军官又喊道：“你们如果不把他交出来，那么大元帅就会处死你们所有人。”

“小伙子，我跟你说，”马尔科姆修士说道，“我用你那把花哨的马塔隆刀做赌注，我从这里可以击中他的眉心，只开一枪，打中了你把刀给我。你觉得如何？”马尔科姆拒绝了我的计划和大元帅的提议。“我用左手开枪。”他把手枪换到了左手。

“我还挺喜欢这把刀的。”我也拒绝了他的提议。

马尔科姆一脸失望地看着我，然后听到军官看着他的护卫说：“我告诉过你了，他们肯定不会同意的。”

护卫用短剑指了指我们所在的农舍，就在军官看向农舍的时候，护卫用短剑刺进了他的后背。军官一脸惊讶地看着肚子里冒出的短剑，然后护卫拔出短剑，军官整个人摔在了矮墙上。

马尔科姆一脸厌恶地向着护卫开了一枪，护卫脑袋向后一甩倒在了地上。“正中眉心。”

“你打错目标了。”

“姑且认为我是多愁善感吧，但是从背后下手和我的信仰有违。”

“但是你也会毫不留情地干掉战俘啊。”我想起了森林里的事情。

“起码他知道怎么回事，”马尔科姆对着军官的尸体点了点头，“而不是那副鬼样子。”

野蛮人们吹响了号角，一排弓箭手开始穿过田地，他们的身后跟着步兵，步兵的手里都拿着点燃的火把。他们在距离农舍前石墙很远的地方占领位置，然后弓箭手用火把点燃了自己的箭头。在军官的命令下，他们开始对着农舍齐射着火的箭，箭点燃了茅草屋顶，然后又响起了号角声。

弓箭手开始撤退，三百名步兵翻过了远处的矮墙，然后一边用短剑有节奏地敲打着盾牌，一边穿过农田向农舍推进。这种敲击声自带着一种原始，但是充满进攻性的节奏。随着步兵越来越近，他们也开始显出一种不可控的野蛮。等他们走了一半路程的时候，我们的弩手开始射击，集中攻击队列前排的步兵。我们在一楼待命，公共房间内可以听到稻草燃烧的声音，稻草烧着的气味也开始钻进我们的鼻子。

“别忘了你们接受过的训练。”马尔科姆镇定地说道：“别在他们的盾牌上浪费时间。等他们刺击的时候，先格挡再攻击。格挡，攻击。”他放肆大笑起来，“小伙子们，这是个挺吓人的活，但是我们会让他们付出代价。”

艾尔基看了眼马尔科姆，不理解这种乐观从何而来。“你难道不怕死吗，修士？”

“艾尔基，当死神来敲门的时候，”他带着一副宿命主义者的表情说道，“你还不如请他进门呢，因为他还要去别人家忙呢。”

他的话让年轻的僧侣们备受鼓舞，他们可不想在这名老兵面前显露出胆怯。然后，杜尔瑟艮的步兵就翻过了农舍前的石墙。我们的弩手，完全不受头顶上燃烧着的稻草的影响，用弩箭继续射穿杜尔瑟艮人的木盾，击杀躲在后面的步兵。随着步兵数量减少，他们冲进了水沟，然后队形中间爆发出一声狂野的战吼，进一步激发了步兵们的斗志。

“攻击军官。”我开始寻找步兵中发号施令的人。铁器时代的士兵在失去军官指挥的情况下，就会崩溃。但是在前排的步兵中却没有人佩戴胸甲。

马尔科姆打开了一扇窗户，探出身子开始射击，他每一次开火都能打倒一名步兵。我和他一起开始对着向我们冲锋的步兵射击，那些步兵的战吼听起来就像一群妖怪在乱叫。还没等他们冲到房子前，我们就打空了弹夹，于是用窗户上的百叶窗扇在士兵的脸上，然后锁死了窗户。我退后几步，收起 P-50，拔出马塔隆人的量子刀，坚信木盾和铁剑根本不是它的对手。马尔科姆一脸厌恶地扔掉了分裂分子军官的手枪，然后掏出一个晕眩指虎套在手上，右手拔出一把民联军的战斗刀。

“我还以为你们不会允许来自其他世界的武器。”我对着能够产生震晕力场的指虎点了点头。

他放低身子，摆出一副受过训练的战士的样子，“小伙子，这可不是武器，是个纪念品。”

步兵们开始用短剑敲打窗户，用大锤敲打房门。艾尔基用自己完好的肩膀顶住了房门，而我们在等待步兵从窗子冲进来。在我们身后，伤员掀翻了桌子，充当房子中间的临时掩体。

马尔科姆面前的百叶窗铁制合页掉了下来，一个穿着皮甲的佩剑步兵开始爬上窗户，但是马尔科姆用自己的晕眩指虎打了下去。当指虎击中步兵的时候放出了一阵电流闪光，步兵全身瘫痪，马尔科姆用自己的刀戳进步兵的喉咙，然后还扭了一下。这名步兵直接趴在了窗框上，但是其他步兵用短剑把他的尸体推到了一旁。另一名步兵冲了上来，马尔科姆冲上去用指虎和战斗刀的组合干掉了他。这次，后面的步兵把尸体向前推，用它当作掩体冲进屋里。

杜尔瑟艮步兵一边砸开一扇扇百叶窗，一边挥舞着短剑将我们逼退。在屋外，还有不计其数的步兵在愤怒地呼喊，争先恐后地往屋子里挤。

我面前的百叶窗也掉了下来，一名挥舞着短剑的步兵大喊大叫着冲了进来。我冲上去，躲开了他的攻击，用量子刀刺进了他的皮甲，而他甚至来不及用盾牌格挡。他尖叫着摔了下去，另外两名步兵把盾牌拼在一起，跨过步兵的尸体冲了上来。我依靠基因改造提供的反应力躲过了他们的攻击，在切开一名步兵盾牌的同时切掉了他的小臂，然后用刀刺进另一名步兵的盾牌，量子刀深深插进了他的胸口。两名步兵倒了下去，一名健壮的步兵跨过他俩的尸体，用盾牌撞翻了我。他举起短剑准备挥下来的时候，一发弩箭击中了他的喉咙，他捂着自己的脖子倒了下去，然后我回头看到凯拉在楼梯上重新装填十字弩。

我从窗子旁滚到一边，一名步兵用圆盾攻击马尔科姆，但是马尔科姆并没有躲避，反而用指虎的反应力场打碎了木盾。步兵一脸惊讶地看着碎裂的木盾，然后马尔科姆用战斗刀把他开膛破肚了。

步兵们从窗户冲进房间，挥舞着短剑向我们冲来。我用量子刀反击，地上的尸体越来越多，但是后面的步兵还是冲了上来。房子里的敌人比我们多，他们在用数量将我们逼退。

房子的大门已经被砸碎，步兵肩并肩冲了进来，如野兽般发出嘶吼。艾尔基挥舞着战锤把他们逼退，但是更多的步兵跨过被打晕的同伴，继续冲向艾尔基。他把战锤当作长矛，不停刺向杜尔瑟艮步兵，敲碎他们的盾牌，让他们无法靠近用短剑攻击。步兵们把盾牌拼在一起继续前进，试图用盾墙压倒艾尔基。而在屋外，还有一大群大呼小叫的步兵冲了过来。马尔科姆的一名队友被打倒了，而在我们被逼向掀翻的桌子时又损失了一名队友。现在我们正在忙于应对步兵们的攻击。

在我们被逼向桌子的时候，屋外响起了一声尖叫。一时间尖叫声四起，一条血迹斑斑的胳膊飞过窗户，落在了地板上。胳膊上的伤口看上去不像刀伤，反而像被扯下来的。

还没等步兵们反应过来，一个深灰色的蜘蛛机器人从窗子爬了进来，它纤细的机械腿上沾满了鲜血。这些铁器时代的步兵们一脸疑惑地看着它，蜘蛛机器人开始前进的时候，他们惊恐地向后退去。它用机械腿抓住一名步兵，然后把他撕成了两半，喷出来的鲜血溅到了其他步兵的身上。

他们被吓得愣在原地。一名勇敢的步兵冲了上去，用自己的铁剑砍向他眼中的超自然恶魔。铁剑打在这个维修机器人的金属躯干上时发出了一声空洞的响声，维修机器人击中了他的胸口，瞬间的冲击力使他飞到了墙上。机器人继续向步兵们爬去，而后者则举着盾用剑砍向机器人。机器人用机械臂向他们挥去，盾牌像柴火一样被敲碎，步兵们像布娃娃一样飞上了天。

木制的后门在重击之下被敲碎，第二个维修机器人爬了进来，把两名步兵的头盔连带着脑袋一起捏碎。它直接从艾尔基身边走过，然后把靠在前面的步兵撕碎。那些位置靠后的步兵在惊恐中扔下手中的武器转身逃跑了。维修机器人干掉了几个没来得及逃跑的步兵，然后追着其他步兵跑到屋外，继续撕碎那些逃跑的步兵。

我们跨过屋子里的尸体走到窗户边上，看着杜尔瑟艮人的大军在银边号四个维修机器人的攻击下溃不成军。蜘蛛形的维修机器人像怪物一样穿行在步兵队列中间，肆意屠杀着逃跑的步兵。因为他们的武器无法伤及这些金属怪物分毫，所以步兵们内心已经被一种迷信的恐惧击败。杜尔瑟艮人的大军已经变成了一群吓破了胆的乌合之众，有的争先恐后逃向停在海湾的帆船，有的跑过田野逃回主营地。

在通向入海口的地方，大元帅为了逃命扔掉了自己的银色胸甲，全速跑向帆船。等他爬上帆船之后，命令船员马上起航，而船上不过刚刚坐满三分之一。维修机器人在距离农舍 500 米的地方停了下来，用自己的光学传感器左右扫视，好让埃曾评估当前情况。

现在战斗已经结束，维修机器人返回我们临时的堡垒，爬上屋顶扔掉已经烧着的稻草。尽管杜尔瑟艮人的部队已经撤退，但是它们等农舍安全之后，还是建立了一道防线。

马尔科姆小队中的瓦尔哈拉当地人痴迷地看着这些维修机器人，

很高兴有它们救命，而艾尔基收起了自己的大锤，庆幸自己还活着。

马尔科姆一边在裤子上擦干净自己的刀，一边说："我以后再也无法直视这些维修机器人了。"

"这些动物都是你的？"凯拉问道。

"机器，不是动物。"我说道，"全都是我的。"

她带着一脸的敬畏和反胃的表情看着农舍前的残尸，说道："那些从大陆上来的人确实有理由害怕你。"

我的通信器响了一下，然后埃曾说："船长，你受伤了吗？"

"我没事。这些维修机器人来得刚刚好。"我看了看几名马尔科姆的队员，他们的尸体躺在地板上，"大家基本上没事。"

"它们在标准地球重力下跑得很快。它们现在会保护你们，我们明天就到。"

"等你把它们回收之后，一定要把保险都打开，我可不想被它们扯掉胳膊。"

"没问题，船长。"埃曾说道。

第二天早上，银边号停在了农舍前方。飞船表面有不少刮痕，而且上面随处可见各种灰尘和垃圾，但是整体上没有受损。我们把死者装进货舱，把杜尔瑟良人的尸体留在原地，然后看着血迹斑斑的维修机器人爬回仓库。

埃曾在货舱迎接我们。他看着疲惫的修道士们瘫在甲板上，然后说："船长，我们现在一切运转正常，只不过船体表面需要补焊。"

"它看起来一团糟。"我说着启动了通信器，"亚斯，我们上船了。我们在修道院卸下乘客，然后去大陆。"

“杜尔瑟良？”亚斯问道。

“领事在那里。”

随着船腹舱门缓缓关闭，埃曾问道：“船长，我们要采取惩戒行动吗？”

“要好好惩罚下他们。”我恶狠狠地说道。

“我们的城墙被他们打了个大洞，”他说道，“现在我们门户大开，你们的飞船可以确保他们不会乘虚而入。”

埃曾说道：“他们的部队正在撤退。”

“那还得多亏了你那群机器人。”

“不，他们昨天就开始装船撤退了，那时候我还没派出维修机器人去帮你们。”

马尔科姆若有所思地说：“那肯定是因为巴拉特·格拉维斯死了。没了他的权威，部队就是群散兵游勇。”

“我们得在消息传到杜尔瑟良之前救出领事。”我非常确信国王在听到自己儿子死的消息后，一定会杀了来自地球的外交人员。

“他们肯定第一时间就派了船回去送信，”马尔科姆说，“现在肯定已经走到半道了。”

“那我们得赶快行动了。”

“船长，你打算怎么救出欧可可领事？”埃曾问道，“他们可不会就这么把他送到你手上。”

“他们害怕‘天人’。我打算看看他们有多害怕我们。”

医疗机器人取出了艾尔基肩膀里的箭头，处理了伤口，然后我们才把他们送回修道院慢慢休养。当马尔科姆修士在监督人员交接的时候，我在卸货坡道上方和艾尔基道别。

“你的肩膀如何了？”

他用手按住伤口上的白色抗菌纱布说：“你这合成人类皮肤弄得我好痒。”

埃曾解释道：“我们只带了为人类和两栖类准备的糖蛋白，但是这种不兼容性应该不会影响你的恢复。”

艾尔基点了点头，挠了挠肩膀上的纱布。

“你该去其他的人类世界，”我说，“可不是所有的人类都是这样。”

“图克辛还在这里，而且我俩有很多可以聊的。”他抬起胳膊，测试下灵活性，“你现在要去大陆？”

我点了点头：“欧可可在那里。”

“嗯……小心点格拉维斯。”他说完就走下了坡道。

等他们都下船之后，我回到舰桥看到亚斯在用全角屏幕观察着周围的石制建筑。

“准备好出发了吗？”他不耐烦地问道，“这些古老的城墙看起来随时都可能会塌，我可不想再被埋在下面。”

“起飞吧。”我坐进了自己的抗加速座椅。

亚斯松了口气，开始为推进器供能。银边号缓缓升到修道院上空，然后转向对准大陆。我们飞过一片向北航行的帆船，甲板上的人一言不发地看着我们。

“我们完全可以干掉他们，”亚斯说，“这样那个老东西绝对不知道自己的儿子发生了什么。”

“我们要是漏掉一个人呢？”银边号的质子速射炮完全可以干掉这些脆弱的木制帆船，但是现在已经太迟了。一艘快船全速前进的话，现在已经到达岸边了。“再说了，一旦杜尔瑟艮人发现我们干掉了船队，他们就永远不会相信地球了。他们可能会感谢我们干掉了巴拉特 · 格拉维斯，但是他们绝对不可能原谅我们屠杀了他们的儿子。”

我们飞过海岸线的时候，看到两艘帆船停在海边，还有一艘船沿河逆流而上。如果这艘船就是负责将巴拉特的死讯带回去，那么过不了多久老国王就会知道这件事。

整个河口有 4 千米宽，一座石制的要塞俯视着肮脏邋遢的镇子，木制的码头上停满了船。在河面上有大小不一的各种船，有些依靠划桨驱动，有些依靠风帆作为动力，它们在河面上来来往往，一片繁忙景象。在这些船中，还有些拖网渔船，它们选择随波逐流。在西岸还有一条前禁航令时期的高速路，它连接着海关堡垒和上游的杜尔瑟艮市。

在小镇的另一头是一片种着果树和小麦的冲积平原。这些来自地球的作物向内陆延伸，最后和一片深紫色的树林连在一起。在禁航令引发的大崩溃之前，机器人清理了大片本地原生森林。等到缘宗教团开始帮助大陆居民恢复农业的时候，这些森林已经夺回了大片失地。这些木质坚硬的森林不仅能够抵抗铁斧的攻击，而且对人类有剧毒，所以幸存者只能蜷缩在靠近河流残存的空地上。

当地球人和瓦尔哈拉的植物相遇的时候，农民们要全身包裹具有保护性的布料，然后焚烧那些长出来的本土植物。他们在 500 米宽的焚烧带上和这些植物展开了一场永无止境的战争。

“这儿活看起来真危险。”亚斯说。

“所以才没人会殖民这颗星球。”我说道，“这里有些植物是我们见过毒性最强的植物。”

“缘宗教团看起来没什么事啊。”

“他们清理了整个小岛，然后用辐射照射了所有的土地，杀死了所有的孢子。但是没人会用同样的办法来处理整个星球。”

我们沿着繁忙的瑟艮尼河来到一片海拔不高的山脉，山脉顶端绿意盎然，周围还有高地环绕。杜尔瑟艮城依山而建，是整个河滨规模最大的城市。每隔几百米就可以看到一座哨塔，在中间则是一座俯视外城墙的正方形城堡。

在杜尔瑟艮城下方是一条殖民地时期的高速路，一条鹅卵石铺就的小路连接着高速路和城堡铁门。这条高速路上满是裂痕，虽然当初这条路是设计供高速车辆使用的，但现在路上只有手拉车和扛着大包的搬运工。

在城墙之内是一座拥挤的城市，可以看到各种工坊、熔炉、商店和酒馆。国王的都城除了是一座军事重镇，还是商业枢纽。在城市南部，工人们正在拆除靠近城墙的猪圈和棚户区，用棍棒和皮鞭驱赶里面的住客。

“他们正在恢复着陆区。”我说话的工夫，我们已经飞过了科尔托湾号的残骸，减速进入了悬停模式。

“咱们下一步是什么计划？”亚斯问道。

我站起来，把枪套和 P-50 放在加速座椅上。“我打算从大门直接走进去，然后和蔼礼貌地要求格拉维斯国王释放领事。”

亚斯不安地看着我说：“你一个人去，什么武器都不带吗？”

“那可有 5000 名士兵，我可不能对着所有人开枪。”

“你打算让我怎么办？”

“在正门悬停。摆出一副吓人的样子。”

“我们要是炸掉东侧城墙，他们就知道我们不是开玩笑的。”

我摇了摇头，说：“这地方还是个受保护世界。”就算格拉维斯正在和分裂分子串通一气，我还是不想摧毁城市的防御系统。“我会开着通信器。”

“等他们把你脑袋切掉的时候，我就知道该炸掉整个城市了。”

“这里是他们的文化中心，不论发生什么，都不要摧毁它。”

亚斯皱着眉头降落在杜尔瑟艮前方的鹅卵石路上。城墙上插着歪歪扭扭的长矛，上面最少戳着二十个人类脑袋，有些看起来已经很长时间了。

“船长，我要是看你的脑袋也出现在那上面，我可就不管这地方是不是受保护世界了。”

“你要是看到我的脑袋戳在上面，就去最近的互助会办公室通报我的死讯。”

“互助会才不管你是死是活呢。”

商业互助会负责星际航行中的各种合同业务，当然服务的对象包括像我这种独立商人和为数众多的走私犯。他们顽固地维护着自己的自主权，要是知道地球情报局一直在自己身边埋伏了眼线，肯定会暴跳如雷。只要把我的死讯通知互助会，那就等于通知了列娜我的任务已经失败。

“他们可能确实不在乎，但是会把银边号的所有权平分给你和埃曾。”

他表情扭曲地说道：“我和埃曾合作？船长，你可千万别死。”

“而且他们会通知玛丽。”

“哦。”他一下明白了情况，“好吧，看在她的份上。”

“务必要让他们能看到你。”我说完就跑向货舱。

舱门打开后，我直接跳到鹅卵石路上，然后跑出推进器的喷射区。我对着亚斯挥了挥手，然后银边号上升到屋顶的高度，一动不动停在那里。我希望即便银边号停在那里不使用任何武力，也足以让我和欧可可领事安全离开。

我走向大门，看着农民和士兵们一脸惊呆地看着银边号。他们最近才看到两艘飞船停在这里，其中一艘还是来自天鹅座外部地区，所以银边号对他们的影响比我想象的要小。

我打开通信器，这时门房里传出了沉重的脚步声，一堆穿着红色战袍的护卫走了出来。他们朝我走来的时候，我举起双手，示意自己没带武器。

“早上好啊。”我摆出一副友好的笑容，“我来觐见格拉维斯国王。”

一名护卫质问道：“你从哪里来？”

“地球。”我期望我的回答能让他印象深刻。

“我想也是。”他用杜尔瑟艮口音不客气地说道，然后用带着皮手套的大拳头砸在我的脸上。我完全可以躲开这一下，但是我知道只有挨下这一拳才能见到国王。所以，我当场倒下了。其他护卫围住了我，用厚重的靴子踹我，完全超过了例行性暴力展示的程度。等他们打够了，就拖着我进了城，而我现在满身淤青，站都站不稳了。我完全是运气好，所以还能保持意识清醒，亚斯也不至于把杜尔瑟艮人炸回原始时代。

我装出一副无力的样子，护卫们拖着我穿过拥挤的街道。街道两旁是忙于制造武器、盔甲的工坊。混杂着粪便和腐烂垃圾的棕色污水，在鹅卵石路中间浅浅的水渠里流淌，一个个烟囱里冒出淡淡的烟。进入城堡后，我就被带进了一间石制的门房，守卫把我从上到下搜了一遍，我的通信器也被他们没收了。

“这是武器吗？”护卫队长问道。

“不是。”

他一拳砸在我的脸上：“到底是什么东西？”

“我见了格拉维斯，自然会告诉他。”

他一拳打在我的肚子上，充分展示了他对无脑暴力的热爱，然后大喊道：“你在这里没有提要求的份儿，天人。”他转身带走了我的通信器，让我坐在一张木头板凳上，身边还有两个护卫在监视我。

他们并没有掏出短剑，完全不知道让我这么一个拥有超级反应能力的人双手自由活动是多么危险。我并没有急于逃跑，等护卫队长回来之后，他们带着我穿过阴暗的石头走廊，来到一间带着穹顶的过道。过道两侧全是镶着钻石的宝剑、装饰精美的盾牌和光亮的盔甲。

两名穿着红色长袍的侍从打开了一扇厚重的木门，穿过木门就是一间铺着华美地毯的大厅。大厅里挤满了穿着鲜艳长袍的贵族和穿着裙子的女性，她们的裙子从脖子覆盖到脚踝，说明杜尔瑟艮贵族们不认为女性的第一要素是要具备吸引力。

墙边还站着更多的护卫，他们手里拿着光亮的镀银长戟，看一眼就知道这些武器可以投入实战。大厅的天花板上还有三个巨大的蜡烛吊灯。在挂毯之间还有长长的垂直窗户，上面的百叶窗已经打开，好让外面的光线和新鲜空气进入室内。

贵族们一脸恐惧地看着我被带进大厅，而国王却站在两个台阶之上的讲台上面，毫无表情地打量着我。他身材魁梧，留着一脸的灰胡子，黑色的长发中夹杂着几缕银丝，鼻子又高又大，棕色的眼睛中透露出些许疯狂。他穿了一件镶了金边的红袍子，黄金打造的刀鞘里还插着一把镶着珠宝的短剑。讲台上只有他一个人，但是周围却有一圈侍从随时等候他的命令。

讲台上没有王座，他身后只有一张老旧的地图，地图上描绘着三条发源自埃里克山脉的大河谷，它们绵延 1400 千米然后流入大海。他是中央河谷的统治者，但是他的野心绝对不限于此。

在讲台左边是一名消瘦的中年男子，他穿着分裂分子深蓝色的制服，领口还有一个金色的钻石型标记。他汗流浃背，靴子上全是泥巴，说明他是从城外某地被召唤过来的。我只能假设他是在监督老着陆区的恢复工作，所以他肯定是个工程师，而不是战斗人员。当我们四目相视的时候，我发现他的眼中竟然带有一丝怜悯，想必他知道国王心里在想什么。

押送我的护卫在讲台前停下了脚步，护卫队长强迫我下跪。他对着国王鞠了一躬，然后格拉维斯走到讲台边冷冷地俯视着我。

“你叫什么？”他问道。

“西瑞斯 · 凯德。”我盯着他的眼睛说道。

“来自地球？”

我点了点头说：“我来这里是为了欧可可领事。”

“是吗？”看来他认为我的口气冒犯了他。他抬起一只手，向我展示着我的通信器，“你用这个联系你的飞船？”

“是的。”我看了眼分裂分子的工程师，猜测是他告诉国王通信器的用途的。

格拉维斯走下讲台，递给我通信器。我看了一下，发现通信器并没有关闭，但是他并不知道这一点。很明显，工程师并没有告诉他这一点，想必是不喜欢这位年边的暴君吧。

“让他们着陆。”格拉维斯命令道。

“不。”我确信亚斯和埃曾可以听到我说的每一句话。

“你现在必须立即交出你的飞船，”格拉维斯怒吼道，“不然我就拿你的脑袋装饰我的城堡大门。”

“我可不这么想。”我慢慢站了起来，护卫队长冲过来想再让我跪下。我躲开他的手，对着他的喉咙揍了一拳，然后在他的腿上踹了一脚。他根本没有预料到我会有这么一招，只能捂着喉咙摔在地上，努力保持呼吸，而其他护卫只能目瞪口呆地看着这一切。

我说道：“你们这里还真是热情好客。”

我周围的护卫们掏出了短剑，而格拉维斯却制止了他们。

“我要把你的皮扒了。”

“不，那可不行。你必须马上把欧可可领事交给我，不然我的船就把你和你的小城堡炸成废墟。”

格拉维斯因为愤怒而眯起了眼睛，任何一个敢和他这么说话的贵族都会被立即处死，但是他控制住了怒火，一脸好奇地盯着工程师。

“他不敢这么干，”工程师说道，“这是个受保护世界。不论你干什么，地球外交人员都不会对你开火。”

格拉维斯带着让人不寒而栗的笑容看着我说：“看来你在撒谎，来自地球的西瑞斯 · 凯德。”

“地球外交人员确实不会攻击你，”我说道，“但我可不是什么外交人员。我是个雇佣兵，我要是拿不到自己想要的东西，就会毫不犹豫地把你炸回石器时代。”

“地球才不会用雇佣兵。”分裂分子的工程师说道。

“好好看看我的船，”我对着他说，“你觉得它是海军的小艇吗？我看起来像地球海军的军官吗？”他一下拿不定主意了。我又补充说道：“地球海军正在忙着封锁你们的世界和护航船队，他们可没有多余的船来这种地方，所以他们雇了我这种人，专门对付他这种人。”我说完对着格拉维斯点了点头。

国王看到工程师脸上的疑惑之后，也没了刚才的趾高气扬。他明白眼前的外乡人和之前的那些人完全不一样，他从没和我这种人打过交道。他看了看自己手下的贵族，害怕在他们眼前露出胆怯的痕迹。他心里非常清楚，现在这些贵族都在认真听我讲话，非常想知道地球，这个群星中的传奇帝国，是否会平等对待他们的国王。

他大方地说道：“如果我释放了领事，地球又会给我什么？”此时他竭尽全力在贵族面前摆出一副一切尽在掌握的样子。

我朝他靠了过去，示意有些事情只能悄悄告诉他。他迟疑了一下，然后走过来把耳朵凑了过来。

“你的小命。”我悄悄说道。

格拉维斯挺直了身子，脸涨得通红。然后一道白光照亮了大厅，银边号开火了。我以为亚斯违背我的命令攻击了城市，但是城堡并没有倒塌，只听到远处岩石滑坡的隆隆巨响。滚石的轰鸣声越来越响，城堡也开始跟着晃动，城内居民的尖叫声不绝于耳。

一名贵族跑去打开了一扇窗户，然后看到城市后面的灰色峭壁。石头和岩浆流向河谷，山上留下了一道巨大的缺口。银边号的第二次攻击再一次点亮了大厅，击中了摇摇欲坠的山峰，让后面的平原一览无余。

国王的脸上瞬间没了血色，一座大山在他眼前消失不见，头一次明白头顶上的飞船居然有如此强大的破坏力。贵族们一脸惊恐地注视着眼前的一切，有些人低声咒骂着，还有些人张大嘴巴说不出话。

当岩石和岩浆流入河谷，我又低声说道："等到日落的时候，如果我不能带着欧可可领事回到船上，我的船会摧毁你们的城市。"

格拉维斯因为愤怒瞪大了眼睛看着我，因为他无法对抗领先他 50 个世纪的科技，于是认为我这次不是虚张声势。

"你最好快点，"我对着外面的天空点了点头，"太阳快要落山了。"

阿德巴约 · 欧可可是个身材高大的西非人，即便现在狼狈不堪却依然很有风度。他的衣服破破烂烂、肮脏不堪，脸上的伤痕说明肯定被揍了一顿。两名卫兵把他扔在国王讲台前的地板上，然后我帮着这位年迈的领事站了起来。他看了看我的衣服，就知道我既不是杜尔瑟艮人，也不是分裂分子的人。

"还能行动吗？"我说。

"我想应该没问题。"他虚弱地说道。

"我的船就在外面。"我把他的肩膀靠在我身上，然后看着格拉维斯国王，他这会儿正因为自己的失败而闷闷不乐。"我们现在要走了，"

我伸出手说道，“把通信器还给我。”

格拉维斯把通信器扔给了我，然后我扶着领事走到了门口。已经恢复呼吸的护卫队长带着我们穿过城堡，然后一言不发地顺着鹅卵石大道走向城门。市民们听说我们就是摧毁大山的外乡人，于是聚集在街道两边，一脸狐疑地打量着我们。他们太过害怕和惊讶，以至于不敢咒骂或者攻击我们，只能静静地注视着我们，怀疑我们是否会用这种强大的力量对付他们。

护卫队长命令卫兵放我们过去。当我们走出城墙的时候，通信器里响起了亚斯的声音：“我看到你了。”

护卫队长一脸恐惧地看着银边号飞过他们的头顶，然后慢慢降落。飞船全面展开起落架，船腹舱门打开的同时还能看到埃曾拿着狙击枪站在货舱里。在我们身后，市民们爬上城墙打量着这一切。有些鼓起了勇气向我们叫骂、投掷蔬菜和水果。

在鹅卵石路和老高速路交接的地方，一个瘦高的年轻人汗流浃背光着上身，踉踉跄跄地向我们走来。他穿着齐膝的马裤和鹿皮靴，手上还拿着一个木制的传令筒。当这名信使从我们身边走过的时候，他几乎不敢相信自己的眼睛，然后冲向门房的守卫。

“快点。”我拉着领事跑了起来。

当信使来到护卫队长身边的时候，他跪在地上有气无力地喘着气，“我有一封信……是给国王大人的。巴拉特大人……死了！”

护卫队长夺过信使手中的传令筒，但是不敢打开只能由国王过目的信件，“你在说什么胡话？”

“一个外乡人……杀了他。”他筋疲力尽地跪在地上喘气，而银边号的推进器在我们身边掀起了漫天的尘土。

“哪个外乡人？”队长质问道。

信使转身指着我说：“就是他！”

护卫队长死死地盯着我，心中的困惑已被愤怒所取代。他大喊道："别让他们跑了。"卫兵们掏出短剑冲了过来，护卫队长从大门跑了进去，呼唤弓箭手赶紧上城墙，"干掉他们！"

高速飞行的子弹穿过护卫队长的胸口时，他先是晃了一下，然后就倒在了石子路上。埃曾调整了一下瞄准继续开火，重型狙击步枪的子弹打穿了领头的卫兵，然后打在他身后的士兵身上。其他人看着自己的战友倒在面前，迟疑地看着他们的队长，却惊讶地发现队长早就死了。

一名年长的卫兵举起短剑大呼小叫，但是还没等他带头发动冲锋，埃曾的子弹就打得他原地转圈，喷出的鲜血溅到了他战友身上。对于从没见过这种武器的士兵来说，这就是黑魔法，他们瞬间士气崩溃逃回城里。城墙上的弓箭手开始对我们发动齐射，弓箭在空中划出一道道弧线，然后落在船体外壁上，而我则帮着领事爬上卸货坡道。

"我们上来了。"

船腹舱门渐渐关闭，推进器开始偏转，带着我们一点点爬升。银边号开始转向的时候，又一波弓箭齐射，从外壁上弹开了，然后我们就飞向海边。

领事瘫在甲板上，迟疑地盯着埃曾，"这还有个坦芬人？"

"他是我的工程师。"

埃曾把 SN6 狙击步枪的枪托抵在甲板上，手抓着枪管说："欢迎登上银边号，领事。"

"我猜是你炸掉大山的？"我说。

"不，"埃曾回答道，"那是亚斯的主意。我打算直接摧毁城市。"

"我真庆幸他选择炸山。"我暗自感谢亚斯控制了埃曾残忍的天性。

欧可可领事一脸困惑地看着我问道："这和山有什么关系？"

\·\·\·\·\·\·\

趁着阿德巴约 · 欧可可回自己房间清洗的时候，我去看望了卢萨科夫修士，他现在已经恢复了意识，但是一条腿已经被截肢了。他告诉我说，缘宗教团从地球送来假肢并暗示他们要对杜尔瑟艮手上的分裂分子的武器额外小心。他虽然没有详细说明，但是我认为他们不会再依靠地球的制裁来对抗外乡人的武器。我虽然没有告诉他，但是我已经打算让列娜想办法绕开制裁帮助他们。为了防止瓦尔哈拉和其他类似的世界变成分裂分子的补给基地，帮助缘宗教团是我们最好的选择。

我还打算拜访一下图克辛，但是他已经开始闭门冥想，所以我就和艾尔基一块儿吃完饭。这位健壮的苏玛人安慰我说伤口恢复地很顺利，而且还让我给亚斯带一罐萨查酒。等到了午夜的时候，我就爬上楼梯，准备去欧可可领事的房间和他好好聊聊。

他的房门用的是基因扫描器和区域抑制力场，而不是常规的门锁和钥匙，屋内照明用的不是蜡烛，而是发光球。他的每一个房间都能看到大海，作为办公室的那个房间里还有一个阳台。

我坐在他对面，向他提交了文件，然后看着他用全息阅读器仔细阅读其中文件。看完之后，他用地球银行密匙向我的账户里转了一笔钱。

等忙完了这些例行工作，他忧心忡忡地靠在自己的皮椅上说："为了报丧子之仇，格拉维斯可能还会进攻。"

"他不是还有三个儿子吗？"这还是马尔科姆修士告诉我的。

"没错，但是巴拉特是他最喜欢的儿子。"

格拉维斯是个有仇必报的人，但是肯定会在动手前权衡利弊。"以后他要打算进攻这之前，肯定得先看看杜尔瑟艮背后的那座山，然后老老实实待在家里。"

“我希望你说得没错。”

“格拉维斯还需要估计自己的帝国，他可不会把自己的领地也赔进去。”

“他手上还有二十支民联军的熔炉突击步枪呢。”

“他的仇敌可比他手上的子弹多得多。”我确信地球海军看过我的报告之后就会开始在这里巡逻，切断国王的补给线。

“那么，船长先生，我有什么可以帮你的？”他指了指自己的全息阅读器，“我被命令为你提供一切可能的援助，所以你肯定不是雇佣兵，而且我怀疑一名正式的军官不会和银边号上的那两位混在一起。”

我不打算满足他的好奇心，于是直接说道：“一周前你看到了两艘飞船，我想知道关于它们的所有情报。”

“当然没问题。”欧可可启动了全息阅读器，然后显示出远处的两艘编队飞行的飞船。

一艘飞船是希尔人的星形飞船，一边飞一边旋转。另一艘看上去则像一个扁平的鹅卵石，船身水平中线装满了光学传感器，这么设计的目的是为乘客提供周围环境的全景模拟。这艘船的大小和地球海军巡洋舰类似，制造这种大型船体和可伸缩传感器的成本一定高得离谱。在传感器之上是三个关闭的武器舱口，和一排充当防御武器的小型炮塔。我估计飞船的另一边也是一样的设计。

“那艘人类的飞船是迈达斯级星级游艇，”我说道，“而且明显经过了高度改装。”这种飞船通常会在穆迪耶星云巡航，让游客一览星云的梦幻光影，而不是来瓦尔哈拉这种蛮荒之地游荡。那个分裂分子的军官说它是一艘星际游轮，想必是把它当成了一艘公共游轮。但是，事情绝对没有这么简单。

“那艘外星人飞船是怎么回事？”欧可可问道。

“那是机密。”

欧可可脸上闪过惊讶的表情，然后点了点头。“那是当然。”他现在应该明白我是为谁工作了。

“你知道那艘游艇的名字、所有人或者从哪来的吗？”

领事摇了摇头说：“我看到两艘船停在靠近杜尔瑟艮的地方，但是还没等我靠近，格拉维斯就把我扔进了地牢。我确实听到看守们说人类飞船卸下了武器，装上了食物。”

我点点头，回想起分裂分子的军官的话，地球海军的封锁正在饿死分裂分子的军队。

欧可可一脸困惑地看着我说：“那些食物可不是给人类飞船的，它们全都装到了外星人的船上。”

希尔人要水果干什么？“你确定？”

他点了点头，说道：“那些守卫说卖水果的人看到外星人的时候都非常害怕，都不想上他们的船。”

根据我记忆库里的钛塞提生物资料，希尔人不吃水果，他们是完全的肉食动物。“没肉？”

“所有水果全部来自当地的果园，瓦尔哈拉上就这东西最多，河流两岸全是果园。”

我一脸不解地看着他说：“那些外星人才不吃水果呢。”

“我赶到的时候确实看到从那艘游艇上下来了几个人，他们登上了外星人的飞船。也许那些水果是给他们的？”

“知道他们为什么要见面吗？”

“不知道，但是这些外星人肯定需要一些人类手上的东西，不然根本没有见面的必要。”

“为什么这么说？”

“外星人完全可以武力夺取这些水果，但是他们没有这么干。这是一场商业贸易活动。从外交的角度来看，我认为他们是在建立互信。”

我好奇为什么希尔人要大老远从天鹅座外部地区跑到这里，和一群人类分裂分子建立互信关系，这看起来完全不像某种合作关系。分裂分子也许已经绝望到要寻找一个不熟悉的外星种族寻求帮助，但是他们又能给希尔人什么呢?

“你听到他们要去哪了吗？”我问道。

“我在牢房里听不到他们说话。你说那些外星人不吃水果？”他陷入了沉思，“也许水果不是给他们吃的。”

“那会给谁呢？”

“当我见到一个新领导人的时候，都会给他们一个小礼物，这样就能正常展开对话了。”

我想到了一句地球的老话，当心来历不明的礼物。“你觉得会是什么，装着瓦尔哈拉水果的特洛伊木马？”

欧可可笑了笑说：“我倒是没想那么多，但是我们距离阿尔法莫萨利很近。”

我确实去过英仙座外部地区送过几次货,但是从没去过这个星系。“那有什么？”

“兰尼特诺尔。那是瑞格尔人的大型殖民地世界。我们在那还有大使馆。”

瑞格尔人是一个人形文明种族，比人类先进一些，但不过是个猎户座旋臂的中等文明，不会对银河系事务产生决定性影响。我哥哥用瑞格尔语中代表复仇的单词作为自己的新名字，但是他却从来都不解释如何学会了他们的语言。他是海盗兄弟会的领导人之一，而且是一名通缉逃犯，所以我们之间很少交流。我怀疑列娜是否知道臭名昭著的伽努普斯 · 瑞克斯是我的哥哥，又或者她早就知道了，但是没告诉别人罢了。

“瑞格尔人是非常有趣的种族。”欧可可继续说道：“他们高度重视家庭成员之间的关系，而且他们是食果类生物。”

“他们这么朴素的？”

他笑了笑说：“不，他们只吃水果。如果希尔人要和他们做交易，杜尔瑟艮人的水果是个很有用的礼物。你觉得呢？”

“有可能还真是这样。兰尼特诺尔离这里有多远？”

“6 光年。”

我起身说道：“这确实值得一试。请再给我一份全息视频的副本，然后把要递交给地球的文件都给我。”

欧可可睁大了眼睛说道：“你现在就出发吗？”

“他们已经领先我们一周了，而且飞船速度也比我们的快得多。”

“好吧。”他把有关两条船的视频和其他需要送走的文书装进一张数据卡里，“我猜以后也不会再见到你了，所以谢谢你救了我一命。”

“别客气，现在请把原始记录都销毁。”欧可可按照我的要求完成操作之后，我说道：“你可能过段时间才能看到地球海军的船。我可以把你放在兰尼特诺尔，那里比这里安全多了。”

他摇了摇头说：“我的职责在此。我打算和缘宗教团一起试试运气。”

我点了点头，然后说道：“还有件事，千万别在你的报告里提到这事。不要提到外星人、星际游艇或是我的事情，我从没有来过这个地方。”

“明白了，船长。我不过是无所事事，在这里看了一个星期的海景罢了。”

我俩握手道别后，我就急匆匆返回银边号。飞船的边上堆满了刚刚清理出来的碎石。如果我们现在出发，那么只需要两天就可以赶到兰尼特诺尔，希望等我们赶到的时候，希尔人还在那里。

03
兰尼特诺尔

瑞格尔殖民地世界

阿尔法莫萨利星系

英仙座外部地区

1.16 个标准地球重力

距离太阳系 922 光年

1.82 亿常住人口

阿尔法莫萨利是一个即将脱离主序星序列的黄白色恒星，星系内有五颗类地行星，但是只有第二颗行星具有形成生命的三个必要条件：一个形成液态水的轨道、一个足以帮助星球表面不受辐射影响的磁场和合适的重力。正是因为火星缺乏这些必要条件，所以才无法进行行星改造，迫使人类在太阳系外面寻找更多适合改造的世界。

瑞格尔人和人类类似，也是刚刚进入星际航行时代，比人类领先了不过 14 万年。他们面临的问题和我们类似，必须寻找还没有被更古老的种族所占领的宜居世界。所以他们才花了 1000 年将阿尔法莫萨利二号星变成了兰尼特诺尔，一个适合他们生活的世界。

宜居世界的缺乏让所有试图扩张的新生星际文明变成了星球改造的行家，能够处理各种生物学和化学难题。所以地球议会投入大量资源推动人类星球改造技术的发展，但是重塑一个星球的生物圈需要几代人的共同努力，其中的技术风险非常惊人。目前已经发现了几千个符合三大必要条件的星球，但是星球改造困难重重，而在天空中生命却不是随处可见。虽然每一个宜居的星球上都有某种原始的生命体，但是其中一些却不可能进化出智能生物。地球和外星基因组的混合，经常会造成难以预料的生物变异，并导致行星级别的灾难，将整个星球变成对人类有害的毒气室。这种失败的可能性让投资者们都小心翼翼，也拖延了人类行星改造的进程，但是人类对新世界的渴望却与日俱增。

兰尼特诺尔就是行星改造成果最好的证明。它绿色的植被和富有活力的蓝色海洋，就是瑞格尔人生物改造技术的最好证明。主屏幕上这颗翠绿的星球，它的表面温度比地球要高，两极地区没有冰盖，热带地区覆盖了星球三分之二的面积。星球表面共有四块大陆，但只有最北的区域有人居住，所有的人口都聚集在由三个相互连接的巨型都市构成的城市带。星球的其他地区都是粮食种植区。之所以瑞格尔人要下大力气改造阿尔法莫萨利二号星，是因为这里是一个主要产粮世界。产粮世界出产的粮食供养着瑞格尔二号星上庞大的人口，因为某些复杂的社会原因，瑞格尔人倾向于待在家园世界，而不是像人类一样在银河系闯荡。

亚斯问道：“他们全都住在一个城市里？”我们现在还在等待瑞格尔星系管理局通过我们的着陆请求。

“是啊，他们喜欢有人陪。”

三艘飞船从行星表面起飞，向我们飞了过来。三艘飞船的设计迥然不同，它们保持几百米的间距，等距分布在我们周围。第一艘飞船看上去好像一个巨大的指环，中间是四个辐条固定的引擎；第二艘飞船又长又细，在距离船腹三分之一处的圆柱上装有三个小型引擎；第三艘飞船的外形近似三角形,尾部的发动机舱里还有两台巨大的引擎。

“来自地球的银边号，”我们的通信器里响起说话声，“关闭你们的推进系统，反应堆功率降至百分之零点一，不要为武器充能。”

“埃曾，听到了吗？”

“明白了，船长。”埃曾在船内通话系统里说道，“需要服从他们的命令吗？这么低的输出功率，我们无法机动，也不能启动护盾。”

“想过去的话，只有这一个办法了。”我对亚斯点了点头，让他关掉推进器。失去了让我们保持在原地的动力，我们开始漂浮，然后瑞格尔人的飞船用磁场抓住了银边号。

“这些飞船看起来不像来自同一个文明。”亚斯被不同的飞船外形弄得晕头转向。

“他们当然是来自同一个文明。瑞格尔人的政治体系和我们不一样，他们没有类似民联的中央政府，一切都围绕着以家族为单位组建的氏族运行，瑞格尔二号星上有超过一万个氏族，但是兰尼特诺尔上只有三个氏族。”自从离开瓦尔哈拉之后，我这两天都在阅读有关瑞格尔人的资料。“这些氏族之间依靠婚姻建立联系，但是只住在属于自己氏族的超级都市里。”

“所以就没法躲开自己的亲戚喽。”亚斯一脸厌恶地说道，“我肯定当不了一个称职的瑞格尔人。”

“我也当不了瑞格尔人。”等我们的能量输出几乎降到了零，然后我启动通信器说，“瑞格尔管理局，这里是银边号，我们已经执行了你们的命令。”

他们回答道：“准备降落。”然后我们就开始靠近兰尼特诺尔。没过多久，我们就进入了大气层，向着城市群飞去。从高空看下去，三个风格迥异的水晶塔紧紧地挨在一起，和周围的绿色植被形成了极大的反差。每一个氏族的高塔都高耸入云,而周围的矮塔不过一千米高。

“我们的起落架已经伸出来了。”亚斯惊讶地说道。

我打趣道：“他们大可以先客套问一句嘛。”瑞格尔人不打招呼就控制我们的系统，让我感到非常不舒服。

我们和灯火通明的高塔擦肩而过，然后落在一个从旁边塔楼上伸出的圆形停机坪上。在我们周围是高耸入云的针塔，塔身上布满了同样的停机坪。停机坪上有不少带窗户的飞车，而其他各种飞船在针塔间穿行，每一艘都严格按照精心设计的航线在不同高度飞行。

等我们安全着陆之后，三艘氏族飞船就关闭了磁场，然后下达了最后的指令：“在兰尼特诺尔期间，不要修改能量输出功率或给武器充能。已允许你们在奥鑫和伊拉两个巢塔里自由行动。吉丽迪巢塔拒绝向你们开放。一名向导正在待命，它会带你们去位于本塔内的地球大使馆。”

我正准备感谢他们，三艘飞船就飞向不同的方向，回到了自己氏族的太空港。

“他们效率还真高啊。”亚斯说道，“但是他们在接管我们的着陆系统之前，还是该先问下我们的意见。”

“这是他们的星球，规矩他们定。”我说完，就离开了自己的抗加速座椅。

“这附近有没有娱乐区啊？”亚斯一脸期待地问道。

我回答道：“我对这事不抱期望。”然后就回到自己的房间去取外交信件。

瑞格尔人的向导是一个指头大小的银色金属物体，它全身散发出一种柔和的蓝光。我正走向高塔大门的时候，它就飞到我的肩头，然后向我的大脑内发出一条信息："说明你的目的地。"

这不是心灵感应，而是和我插件类似的模拟电脉冲，二者唯一不同的就是这个向导无须进行肢体接触。能够和我们通过这种方式进行交流，说明瑞格尔人曾经对人类进行过深入的研究。

"地球大使馆。"我说完就跟着向导来到一堵玻璃墙前。墙面分向两边，露出后面的走廊。在高塔内部，所有的墙面和地板都是透明的，可以看到上上下下几万层楼里的瑞格尔人和他们的家具设备。

向导带着我来到一个竖井前，竖井以慢到令人发指的速度爬上了二十楼。当我们进入一道宽敞的走廊时，周围房间里的瑞格尔人带着毫不掩饰的好奇，瞪着眼睛打量着我们。这是一个没有隐私的社会，所有成员之间哪怕彼此互不认识，也会需要一种彼此依赖的感觉。

一个比我矮几厘米的雄性瑞格尔人走出房间，注视着手里的一个薄薄的长方形数据设备。他抬起头，用大大的橙色眼睛打量着我。他黑色的脸和双手看上去非常粗糙，而身体其他部位的黑色皮肤上还有一层薄薄的白色毛发。他有一个又扁又小的鼻子，细细的嘴巴和窄窄的下巴，双肩的肩线倾斜，但是长胳膊和短腿却又给人一种比例失调的诡异感觉。他穿了一件无袖的宽松条纹绿衬衫，齐膝的裤子，脖子上戴着一条银色项链，但是脚上却没有穿鞋。我知道瑞格尔人听力超群，但看不到他的耳朵，想必是被他光亮的脑袋后面的一截浓密的白色头发挡住了。

如果我在森林里和他相遇，而他又没穿任何衣服或携带任何科技产品的话，我以为他不过是一只寻常动物，而不是一个拥有一定智力和远比人类科技先进的类人文明。我对他点头问好，但是这个对人类有用的动作对他却毫无意义，他从我身边快速走过，把注意力转回到自己设备上大段瑞格尔文字上。

向导带着我穿过一个大厅，来到一个六十岁左右的白发男子面前，他正忙于操作一个明显属于人类科技的控制台。这里没有其他大使馆常见的警卫或安全设施，墙上也没有可以挡住他的装饰品，但是所有的家具是人类风格的。

我进门的时候，他起身向我问候，身后跟着他自己的向导。“华莱士 · 威尔森，协议专员。”然后我俩握了握手。

“西瑞斯 · 凯德。”我说话的时候，我的向导鬼鬼祟祟地藏在我的背后。

“你手上是要交给大使的文书吗？”

“是的。”

威尔森盯着我，握住我的手不放开，一副话里有话的样子。“船长，我希望你能明白，向导将会一直跟着你，并记录你的一言一行。这是个高度公开化的社会，这里没有秘密可言。我们高度尊重瑞格尔人的风俗习惯。”

“那是当然。”我放慢语速以显示出自己完全明白其中风险，并开始以全新的视角看待这个跟着我走来走去的向导。

所有地球大使馆都配有协议专员，他们是外星文化的专家，他们的存在就是确保不会因为文化差异而造成误会。他们的工作重点在于外交事宜，但是他们完全清楚对科技高度发达的文明展开情报收集工作的风险。他虽然不知道我为地球情报局工作，但是他的警告非常明确：绝对不要向大使提及任何机密信息。

“这边请。”他指了指通向内部办公室的大门说道，“大使，西瑞斯 · 凯德船长要向你递交外交文书。”

一位娇小的女人从自己的显示屏前抬起了眼睛，她黑发黑眼，大概三十多岁。“谢谢你，华莱士。”她说完就起身向我问好。协议专员转身返回自己的桌子，然后她伸出了自己的手。“安东尼娅 · 米兰妮。”她说话的同时意味深长地瞟了眼我们身后的向导，“我相信华莱士已经解释了瑞格尔社会的开放性。”

“是的，大使。”我和她握了握手，不确定是否应该在瑞格尔人的监视之下向她递交外交文书。我握住她的手不放，好让插件能够找到一个接入点。但是她体内并没有生物插件，这说明眼前的大使是一个货真价实的外交人员，而不是地球情报局的特工。

她看到我没有放开她的手，就一脸困惑地看着我，但是什么都没说，她大概以为我在寻找什么东西吧。当我放手之后，她示意我可以坐在桌子前的靠垫椅上。

她就座后说：“你是我四个月来见到的第一个信使。我还以为地球把我忘了。”

“你多虑了，大使，”我向她保证道，“只不过是最近没有可用的船罢了。”

“啊，那是当然。”她点了点头表示理解，完全不提及内战的事情。

“这些文书里都是些日常信息。”我说话的时候措辞非常谨慎，这样她就不必担心瑞格尔人会在其中发现敏感内容，因为他们肯定会偷看文书内容。

“很好。”她说着就从我手中接过了数据卡。

“我被授权可以帮你递送所有送往地球的文书。”

“那可太谢谢你了，我有四个月的报告要送。”

我看了眼自己身后的向导，然后看了看大使身后的向导。她看着我的眼睛，明白我有重要事情要说，然后又轻轻摇了摇头，示意我不要公开讨论敏感信息。

“这是你第一次来兰尼特诺尔吗？”她用正常聊天的语气问道。

“这还是我头一次涉足瑞格尔人的世界。”

“他们爱好和平，知识渊博，拥有复杂的社会结构和人类难以接受的开放性。”

我好奇地打量着周围的透明墙壁、地板和天花板。“我注意到了，这可没什么隐私可言。”

“这里也不需要隐私。”她小心翼翼地说道，“这座巢塔里所有人都是亲戚关系。大多数人在巢塔区的其他地方也有亲戚。但是决定氏族忠诚的第一原则是血缘，其次才是所在的具体位置。船长，你必须明白他们的家庭关系要比人类的家庭关系复杂得多。瑞格尔人的婚姻只会维持一个繁殖期，也就是 10 年到 12 年，之后就会更换伴侣。这可以弥补较低的生育率，但是瑞格尔人寿命很长，所以导致家庭关系高度复杂。他们可以隔着好几个世代精确追踪自己的血脉关系。你完全可以认为他们是银河系中最出色的谱系学家。”

“所以他们才没有那么多殖民世界吗？”

“他们不喜欢和其他家庭成员分离，而且我所说的家庭指的是一个广义上的家庭。先锋探索是一项孤独的事业，殖民者通常再也见不到自己的亲人。人类可以忍受这种事情，但是对于瑞格尔人来说非常困难。所以，三个氏族才会全体从瑞格尔二号星搬到这里。他们并没有采用人类分批迁移的殖民形式，而是全体迁移。当然，他们和自己的家园世界还有联系，但是氏族的核心已经在这里了。”

“但那时候兰尼特诺尔还不适宜居住啊。”我说道，“整个改造工程可是耗费了几个世纪才完成的。”

“几千年。”她的话语之中不乏敬佩之情，“在全面改造完成之前，三个氏族在轨道等了两千年。这是一个非常了不起的成就。”

“他们每一个殖民世界都是遵循了同样的流程吗？”

“是的。正因如此，瑞格尔人的殖民地数量才稀少。他们的精神需求限制了星际扩张的能力，这一点对我们来说也同样适用。他们非常重视保护和经营已有的资源，但千万不要把他们这种举家迁移式的殖民方式认为是脆弱的表现，事实恰恰相反，他们会严肃对待侮辱他们个人和氏族的家伙。”

我这才意识到她给我说的并不是单纯的外星文化课，她是在警告我，不要在这里侮辱任何人，不然后果非常严重。我说道：“我明白了。”我现在完全明白哥哥选用“瑞克斯”这个代表复仇的瑞格尔语单词作为自己假名的真正原因了。

“瑞格尔人拥有的世界不多，但他们也不是内向或者孤立主义分子。”她继续说道：“他们不过是喜欢待在家里而已，而且他们对银河系其他地区也有很深的了解。他们知道的远比我们要多。他们作为银河系议会成员的历史几乎和人类进化的历史一样长，但是想要的东西却不是很多。”

“这和我们恰恰相反。”我说完才发现大使的表情依然严肃。

“对于瑞格尔人而言，人类什么都想要，但是他们认为人类是一个捕食者种族。从天性上来说，我们是猎人。我们总是想要更多的东西。而瑞格尔人是食草类种族，远没有我们好斗。但是，我们和他们也有很多共同点。大多数人类音乐都很受瑞格尔人的喜欢，而且他们也确实为之着迷。”她拍了拍自己的耳朵说：“虽然他们没有和我们一样的耳朵，但是听觉比人类灵敏七倍，他们脑后的白发对声音非常敏感。”

“啊，所以他们什么都能听到，”我若有所思地环顾四周，“而且什么都能看到。我想他们肯定不缺八卦。”

“瑞格尔人的世界里没有八卦，船长先生，只有秘密才能成为八卦。”她指了指桌子上地球生产的显示器说：“他们连我个人系统都一览无余。唯有如此，我们才能在这里建立地球大使馆。”

“他们控制我的飞船时，可连问都没问。”我想起他们轻而易举地就控制了我的飞船。

“他们没必要问。”她说道，“我们已经允许他们控制所有来访的人类飞船，因为我们在他们面前不必躲躲藏藏的，他们的技术完全可以直接读取数据核心中的一切。但是你不会在此久留，对于他们来说你没有什么价值，所以他们才没有在你的船上布置向导。”

她盯着我看了很久，暗示银边号是整个星球上唯一不被窃听的地方。

“我明白了。”我慢慢说道。

“我的报告大体准备完毕了。华莱士还要为地球外星文化研讨会准备一份报告。也许我可以趁这段时间，带你在这里转转。”

“那太好了。作为回报，我只能向你介绍下我的船员了。”

她如释重负地点了点头，示意这正合她意。“谢谢你，船长。我正好还有几个小时的空闲时间。”

我越发厌恶地看着飘在我肩膀后面的向导说：“我们会回来吃午饭的。”

我们的向导一直跟到银边号所在的停机坪，但到了边缘却止步不前。我俩如释重负，爬上卸货坡道进入货舱。

等船腹舱门关闭之后，大使说：“他们可能还会扫描我们，但是现在你还没给他们这么做的理由。”

“他们对我们存在敌视心理吗？”

“完全没有，但是他们真的很想知道自己周围都在发生什么事。这可不仅仅是因为好奇心，更是因为他们的天性如此。”

我向她介绍了埃曾和亚斯，然后带着她去厨房喝咖啡。“大使，我的房间里有个抑制力场。”

“请叫我安东尼娅就好。”她说完，摇了摇头，“干扰会让他们起疑心，而且他们正打算扫描我们的话，一个抑制力场也不可能阻止他们。”

我拍了拍厨房的桌子说："那我们就在这说？"

我俩面对面坐下，然后她一脸狐疑地看着我："凯德船长，现在只有你和我，你到底想要什么？你很明显不是一个单纯的信使。"她凑上来悄悄说道："你在办公室里握手的方式就已经暴露了自己的身份。"

"哦。"我好奇她到底有多了解生物插件，"我在找一艘外星人的船，飞船外形看上去像一个三角星和……"

"是，我知道那条船。那是希尔人的船。"她说道，"一周前，它降在了吉丽迪巢塔。"

"你听说过他们？"

"这还是头一次见。"

"知道他们来这干什么吗？"

"不知道，这里没人提起过它，最起码是没人跟我提起它。"

"你已经打听过消息了？"

"不过是好奇罢了。我拜访了巢塔区所有的大使馆。这里有几千个大使馆，大多数来自猎户座旋臂，但也有个别例外。我们其中五分之一有正式外交关系。至于其他人，他们每隔几年才会想见我一次。"她的笑容中透露出一丝疲倦。看来作为银河系中最年轻的文明，与其他历史更为悠久的文明建交是非常困难的。"显而易见的是，希尔人来自天鹅座那边的银河边界地区。"

"是的，天鹅座环带。别问我为什么知道，但是我必须弄明白他们在这里干什么。"

"我能告诉你的就是，希尔人在兰尼特诺尔上没有大使馆，但是大家似乎都知道他们。没人会讨论他们在这里干什么，只有我的朋友，来自伊拉巢塔的梅纳西，告诉我那天船上有个叫尼迪斯的外交人员。"

"尼迪斯？"我若有所思地问道："他是大使？"

她点了点头："梅纳西是伊拉氏族的高层人员，是伊拉氏族的领导人。他说希尔人的大使正在造访整个巢塔区的大使馆，和各个文明的代表举行峰会。我试图弄张邀请函，但是没人回应我。”

“这个尼迪斯，从降落到现在，他到底见了多少位大使？”

她耸了耸肩，含糊说道：“大多数的猎户座旋臂文明在这里都有大使馆，而且还有来自其他文明的大使馆。”

“你为什么会认为自己被排除在外？”

她苦笑道：“这太简单了，我们还不是银河系议会的正式成员。一个观察期的成员能有什么用呢。”她说完就一脸愁容地盯着自己的咖啡。

“还有什么想说的？”

她抬起头说道：“我个人感觉很难看懂这些外星人。他们的表情和动作与我们有很大差异，但是好像还有一丝共同点，很多基本感情还是相近的。”

我想起图克辛 · 钦那瓦的话，他曾经说过：“如果人有灵魂，那么宇宙中的其他智慧生命也应该有灵魂。”安东尼娅是否也感受到了这一点呢？

“那这种感觉让你有什么发现吗？”

“他们感到……很惭愧。”

“因为什么而惭愧？”

“我也不知道。他们在隐瞒什么东西，就连那些我以为是朋友的种族也是如此。他们在疏远我和整个人类。” 安东尼娅的脸因为忧虑而显得苍白，“而且不止这些。这其中有种宿命论的味道，似乎他们对于即将发生的事情无能为力。大家都对此束手无策。”她放下了手中的咖啡，然后说道：“这就好像他们因为希尔人的到来而放弃了希望。”

“你有试过联系这位大使吗？”

“我通过梅纳西发出了正式的会见请求，他把请求转交给吉丽迪氏族的领导人卡迈特。卡迈特说尼迪斯行程繁忙，不可能单独为我安排时间会面。也许这是实话。”

“冬帕。”我嘀咕道。

她抬起头问道：“什么？”

“是个克萨人的词，现在的情况和那玩意闻起来一样糟糕。”我说道，“你得写份报告了，这份报告绝对不能让瑞格尔人看到。你下船之前完成这份报告。不论一切多不寻常，一定要把所有的想法和忧虑都写进去。想到什么就写什么。”

“如果我按照我的感受写报告，而没有实实在在的证据，那么地球外交部就会把这份报告压下去，然后把我调到某颗小行星的采矿殖民地。”

地球外交部不仅负责人类殖民地之间的关系，还负责和外星文明的关系。整个部门直接隶属于地球议会，它的整体规模仅次于地球海军。对于一个在兰尼特诺尔这样偏远的地方工作的外交官来说，这一切看起来是个无法克服的障碍，但还是有办法能够克服。

“你才是在现场的人，地球议会可不在这。把情况如实告诉他们，我会确保他们能看到这份报告。”

她不置可否地看着我说：“真的吗？你确定可以绕过一层层官僚架子，然后让议会看到这份报告？”

只要列娜 · 福斯说句话，这份报告就会直接端到议会面前，这一切不过是需要我说一句话就好。“没问题。”

“要是瑞格尔人扫描你的飞船，他们肯定会检查你的数据核心。最起码我不能在这写这种东西。”

“我能确保他们绝对看不到这份报告。”

“那是不可能的，”她半信半疑地说道，“他们拥有技术优势。”

“他们看不到的东西自然就读不到了。”我含糊地说道。我会用生物插件记忆库记录她的报告，这样一来，报告就和我的细胞合为一体了，然后我再销毁原始报告就好。瑞格尔人只有扫描我的身体分子，才能知道到底要找什么。“报告会送到地球议会手上，而你那些好奇的朋友们绝对不会知道是怎么回事。”也许钛塞提人也会知道这份报告，但是这还取决于列娜的决定。

她的脸上瞬间写满了期望：“好的，我现在就开始写。”

“我在哪能找到希尔人的船？”

“它就停在吉丽迪巢塔里，你现在可无权进去。”

“但是你怎么可以？”

她迟疑了下说道：“我有外交通行证，可以进入位于吉丽迪的大使馆，但是按照事态的发展来看，我可能连通行证都会丢掉。不论如何，吉丽迪氏族肯定有什么计划。我今晚会进一步打探情况。”

“今晚有什么特别的呢？”

“今晚会举行一个国宴，专门迎接从瑞格尔二号星来的代表团。如此高级别的代表团千里迢迢从他们的家园世界赶到这里，对当地人来说可是一件大事。氏族的领导人和很多大使都会参加国宴，希尔人的大使也在其中。原本我不在受邀人员名单上，但是梅纳西帮我弄到了入场资格，他把我放到了自己家族的邀请名单里。每一个氏族高层领导人都会得到一些邀请名额，这是为家庭中声名显赫的成员所预留的。我就可以借此和尼迪斯见面了。”

“希尔人造访这里的同时，瑞格尔二号星也派来了代表团，我觉得这绝对不可能是巧合。”我说道，“这只能证明，这经过了长时间的准备。”

“我也是这么想的。”

“钛塞提人也会来吗？”

她摇了摇头说：“这里没有钛塞提人。他们关心的是整个银河系范围内的事情，只会在瑞格尔二号星和地球这种首都世界上设置大使馆，而不是在兰尼特诺尔这样的殖民地。”

“所以希尔人才会来这里，而不是瑞格尔二号星。”我若有所思地说，“他们不想让钛塞提人知道自己的计划，这也解释了为什么没人想和你说话。”

她惊讶地看着我说：“我和钛塞提人一点关系都没有。”

“地球是距离他们最近的邻居，我们刚好在他们的势力影响范围内。这里的大使担心任何和你说过的话，都会传到钛塞提人的耳朵里去。”这话不假，地球情报局会确保所有的情报都能转达到钛塞提人手中。“那宴会几点开始？”

“天黑之后就开始。我手上的票是给我和我丈夫准备的。埃德瓦多代表的是我们的商业代表团。”

“不幸的是，你丈夫得了重感冒，所以你邀请我，一位来自地球的客人，代替他的位置。”

她饶有趣味地看着我说：“我希望你喜欢水果。还有，这船上哪里可以让我写报告？”

\·\·\·\·\·\·\

血脉公园整体呈圆形，位置刚好在整个巢塔区的中央。公园四周是高大的树墙，树枝水平延伸然后互相扭结在一起。树上的叶子足有船桨大小，每片叶子下面都有一个深蓝色的卵形果实。宽阔的人行道穿过弯曲的树枝，和内部的花园相连，中心区则是一个灯火通明的广场，整个公园四周就是巢塔区的高塔。晚霞中灯火通明的巢塔，和树枝间的灯光相映成趣，让整个花园变成一片梦幻之地。

安东尼娅说：“这叫菲拉树。”我俩漫步在伊拉大道，向着公园外侧的树墙慢慢走去，向导就飘在我们的肩头，记录着我们说过的每一句话。她穿着高领上衣，深蓝裤子，而我则从她丈夫那里借来了一套黑色的西装。大道上还有很多其他种族的大使，全都穿着不同的礼服，背后都跟着向导。“瑞格尔人就是在这种树上进化的。”她继续说道，“他们在树上养育后代，在叶子后面躲避危险。他们都是攀爬高手，所以胳膊才会那么粗长有力。菲拉树在他们的文化中有非常重要的地位。看到那些编在一起的树枝了吗？那代表着他们的家庭结构。”

“所以他们和我们一样是灵长类吗？”我一边说话，一边用手指调整让人难受的硬领子。

“也不完全是。”我俩穿过了树枝形成的拱门，来到了一片种满黄色和橙色花朵的楔形花园。“地球上的灵长类动物是杂食类哺乳动物，瑞格尔人与之完全不同。他们的雌性不会给后代喂奶，而是直接嘴对嘴喂食嚼碎的水果。”

“听起来有点恶心。”我做了个鬼脸。

安东尼娅严肃地看了我一眼，然后对着身后的向导点了点头，暗示我注意自己的一言一行。我们穿过第二道拱门之后，来到了内部灯火通明的广场。一个穿着绿衣服的瑞格尔服务员走了过来，用一种尖锐刺耳的声音向我们问好，向导马上把它翻译成了语调平淡的通用语。

“晚上好，大使。”他举起一个薄薄的黑色长方形面板，安东尼娅用食指在上面点了一下，然后示意我也照做。等我按完手指，服务员却犹豫起来，倾听着只有他才能听到的消息，然后说：“大使，你的同伴不在名单上。”

“凯德船长来自地球。我的丈夫身体不适，他同意陪我参加宴会。”

服务员用一根粗壮的手指在面板上按了一下，然后向导翻译道：“敢问船长尊姓大名？”

我一脸疑惑地看着安东尼娅，她说道：“西瑞斯。”

瑞格尔人把手指从面板上挪开，说道：“欢迎亚历山大的凯德和艾琳的西瑞斯大驾光临。”他说完就退到了一边。

“你现在被正式记录在瑞格尔家谱数据库里了。”她解释道。

当服务员走远之后，我悄悄问道：“他从哪弄来了这些名字？艾琳是我母亲的名字，亚历山大 · 巴尔盖尔 · 凯德是我父亲的名字，他可是个厉害的水手。他们怎么知道的？”

“他们肯定是在你降落的时候扫描了你的数据核心。”就连亚斯和埃曾都不知道这些名字。“瑞格尔人对于家谱非常执着，他们肯定是研究了你家的家谱。”

“这不可能。”我不安地说道。

这和单纯搜索我的家谱没有太大关系。我的个人档案储存在900光年外的地球。在我到达这里之前，他们不可能知道我的存在。这说明我的伪装身份出现了安全漏洞，我不得不怀疑他们还知道些什么。

“那这套奇怪的称呼是怎么回事？”

“翻译器明确的是起名者和受名人。他们在公元前900年对人类进行了详细的研究，所以用的语言系统是古体。”

“所以他们识别一个人是按照家庭、父母名字和给孩子的名字？”

安东尼娅笑了笑，说：“这不过是个简化版。整个全称包含之前几千代人的名字，还要带上家谱上每个人的基因代码。你千万别问他们的全名，不然他们会非常乐意花费整个晚上给你慢慢道来，那我只能把你扔在这里，我还需要睡觉呢。”

我们走向巨大的中央花园，黄铜色的水果托盘漂浮在客人中间。瑞格尔的官员和外星大使们混在一起，每个人都假装飘在肩膀后面的向导不存在。客人们互相窃窃私语，整个花园里混杂着几百种语言，而向导却能有条不紊地进行翻译。

我看着我的向导，好奇是否能在瑞格尔人不知情的情况下让向导失效。它一直跟在身边让我感到非常恼火，这说明瑞格尔人的彬彬有礼不过是在伪装我所见过的最高压的科技罢了。

我看着从身边飘过的果盘说道：“这里没桌子或者凳子吗？”我一直以为会有装饰精美的长桌和光亮的餐具，而不是一场浮在空中的水果自助餐。

“他们是收集者。”安东尼娅说道，“他们喜欢采摘感兴趣的水果。这场自助餐和在菲拉树上摘水果的唯一区别，就是水果会到他们眼前来，他们不用去找水果。当然，这里可选的种类这么多，让人感觉还是可以做出自己的选择的。”她看着我们身边的一个托盘说：“我喜欢绿色那个。”她用手指拿起一片绿色的水果，放进了嘴里。“绿色的确实很好吃，但是千万别吃紫色的。”

“会毒死我吗？”

“不会，但是味道非常奇怪。”她笑了笑，从托盘另一头拿起一张餐巾纸擦了擦自己的手指。

“我还是不吃了。”我觉得还是回银边号去吃那些冷冻保存、辐射消毒的配餐套装吧。

她扔下餐巾纸，托盘就把它吸了进去。“你还可以吐掉果核，托盘也会回收它们。”她吐出果核，还没等果核落地，托盘就把它吸了进去。“瑞格尔人非常喜欢干净。”

“我要是把向导推到盘子下面，盘子也会把它吸走吗？”

“你为什么不试试呢？”她坏坏地笑道。

我伸手去抓向导，但是它却闪到了一边。“看来它不想被我抓到呢。”

“这是为了你好。它依靠一个带电力场才能飞在空中，你要是去碰它，虽然不会被电死，也会非常难受。”

在接下来的一个小时里，安东尼娅和不同种族的外交人员聊天，而我除了模仿她做出的问候动作——点头、鞠躬、奇怪的手势以外，只能闭嘴。

“这里有观察者文明吗？”我在宴会中心位置的地方问道。

“这里可没有观察者文明，参加宴会的都是些中小型文明，那些强大的文明都在瑞格尔二号星。当然了，我们的好朋友，马塔隆人也在这里。”她对着马塔隆大使点了点头说道：“千万别盯着看他，他会以为你在挑战他。”

我顺着她看的方向望过去，看到一个三米高，身材纤细的爬行类生物。他必须低下三角形的脑袋才能看到其他宾客，而他空荡荡的周围也说明他是多么不受欢迎。

“蛇脑袋，没朋友。”我悄悄说道，然后安东尼娅狠狠瞪了我一眼。

马塔隆大使无视水果托盘，慢慢晃着脑袋，打量着周围的人。他注意到我在看着他，然后用黑色的眼睛死死盯住我。我没有立刻看向别处，而是鞠了一躬，装出一副很有礼貌的样子。马塔隆人并没有回礼，而是用后脑勺对着我，显示出对人类的不屑。

“外交第一课，”安东尼娅小声说道，“别招惹马塔隆人。”

“他知道我是谁吗？”

“我肯定他知道，所有大使馆都会监视出入巢塔区的飞船。鉴于马塔隆人的排外性，他们肯定从你着陆开始就在监视你。”

“他看起来挺寂寞的，”我说，“也许我该去陪陪他。”

“他的朋友可比我们多。”

“我对此表示怀疑。”

“虽然没人喜欢马塔隆人，但是从整个银河系的层面上来说，他们是一个实力不小的中等文明，而且手上还有一支训练有素的军事部队。所以，猎户座旋臂上那些小型文明都在试图和他们保持良好的关系。”

“我祝他们好运。”

“吉丽迪氏族已经和马塔隆人达成了共识，但是伊拉和奥鑫两个氏族还没有。”

“具体指的是哪种共识？”

“根据梅纳西给我的情报，只不过是情报共享和小规模的贸易，但是……”她狐疑地看了我一眼。

“你以为事情不止如此？”

“吉丽迪氏族非常重视安全工作，而马塔隆人远比瑞格尔人强大，这一点让吉丽迪氏族印象深刻。如果非要他们在我们和马塔隆人之间做出选择，他们绝对不会选我们。”

“那就希望他们永远不必做出这样的选择吧。”我好奇钛塞提人和其他超级文明已经确保了星际间的和平，瑞格尔人为什么还要在乎马塔隆人的想法呢。

东侧拱门传来一阵骚动，所有人都朝着吉丽迪大道看了过去。三名年迈的瑞格尔人和一个比人类还高一头的两足外星人走了进来。这个外星人肩膀非常方正，胯骨很宽，棕黄相间的外骨骼看上去感觉脏脏的，上面还能看到细小的伤口。他的四肢看上去关节僵硬，而脖子只能左右旋转，却不能做点头的动作。

他转头打量着在场的宾客，露出脑袋侧面一道自脖子延伸而上的凸起。他的脸上垂直布置着三双眼睛，最上方的一双眼睛比下面的两双眼睛要大。这种布局能给他提供远超埃曾的立体视角，而外骨骼则足以在真空中保护他，但是他的眼部却缺乏保护。

在眼睛中间是几个向着额头隆起的听觉器官，这让他对窄频声音非常敏感，而在嘴巴的位置上则是一个小洞。洞内有一个可以伸缩的管子，能向猎物注射酸性物质。酸性物质将会液化猎物的体内组织，希尔人就可以直接吸食猎物。这种依靠进食管的进食方式让他们可以食用几乎所有的动物，但是却无法像其他智慧生物一样说话。

他没有穿衣服，脑袋右侧有一条细细的银带，手腕上戴着金属环。他的外骨骼虽然看上去非常僵硬，但是步态却非常顺滑，让他看上去走路的时候有些轻微的摇摆。

安东尼娅惊讶地说：“他没有耳朵和嘴巴，该怎么和他交流呢？”

“靠震动啊。”我用手腕摩擦着胸口，“他们那些腕带能制造声音，而且单纯用外骨骼也可以做到这一点。”

腕带的内侧因为长期和外骨骼摩擦而显得有些磨损，而胸部光亮的外骨骼也因为长时间的摩擦而变得粗糙。

“他们能理解这个吗？”她悄悄说道，看来她似乎也感到这一切很有趣。

“他们能发出的声音种类比我们的词语总数还多。”最起码钛塞提人给我们的资料是这么说的。

当三个氏族的领导人带着希尔大使进入广场的时候，大家都一言不发，这说明希尔人双足昆虫型外观让所有类人形生物感到不安。来自猎户座旋臂的大使们抑制住内心的不安，纷纷上前问候瑞格尔人的领导人和希尔大使，而马塔隆人则装出一副对天鹅座环带地区的访客一脸无所谓的表情。要不是钛塞提人已经发现他们和希尔人秘密接触，我还以为他们对希尔人暗藏了什么不满呢。

当希尔人来到会场中央的时候，兰尼特诺尔的三个氏族领导人将他介绍给周围的瑞格尔代表，每一名代表都上前问好，然后再寒暄几句。

“那就是瑞格尔二号星来的代表团。”安东尼娅说道。

“你和他们见面了吗？”

“还没，而且我不打算和他们见面。明天他们要开会，然后就返回家园世界。”

“还真是匆忙。”

“他们的日程太过匆忙。”她看了眼自己的向导说，“不论彼此之间距离有多远，瑞格尔人都喜欢探望自己的亲戚，讨论家中的琐事。他们跑这么远就为了开一场短会，然后又马上回家，这一切实在是太不寻常了。”

但是他们的计划不过是躲开钛塞提人的监视，和希尔人会面，最后再把会面结果带回自己的家园世界。

“让我们过去会一会他们。”我现在非常想凑近看看希尔人。

“现在还不行。”安东尼娅拉住了我的胳膊，“瑞格尔人的习惯是先按照家族中的长幼顺序进行介绍，然后非家族成员才能按照外交级别的高低进行介绍。”

“那什么时候轮到你？”

“如果不出意外的话，我应该是最后一个。”她又恢复了刚才慢悠悠的状态。

“那还真是让人难过啊。”

她无奈地看着我说：“要不是梅纳西帮忙，我们甚至都进不来。”

我们待在一边，看着兰尼特诺尔的领导人将希尔大使介绍给在场的猎户座旋臂文明的外交大使，当然这要先从最重要的文明开始。所有人看上去都急于和尼迪斯聊上几句，然后留下一个好印象。为了打发时间，我开始观察四周飞来飞去的托盘，努力遏制想吃一口的冲动，然后，我看到了一个很眼熟的东西。

“这玩意看起来是橘子。”我尝了一块，“果然是橘子！”

安东尼娅研究着瑞格尔语的注释，然后说道：“那水果是希尔使团为了庆祝和瑞格尔各大家族建立友谊而送的礼物。这上面可没说是地球来的橘子。”

我说：“这是从瓦尔哈拉弄来的。”

“我们之前为了和瑞格尔人建立贸易，给他们送过水果，但是他们根本不感兴趣。我们的水果对他们来说太甜了。”

“但是他们立刻拿出了希尔人送的橘子。”我悄悄说道。兰尼特诺尔的领导人正在把尼迪斯介绍给两名吉翁纳人，我刚好可以听到他们的对话内容。我的向导翻译了瑞格尔人和吉翁纳人的谈话，然后希尔人用自己的震动腕带摩擦着自己的胸膛，发出低频单调的声音作为回应。

“我们过去打个招呼，但是千万不要握手。”我想起钛塞提人提供的档案，里面提到希尔人会从手里冒出毒刺，他们就是用这种方法瘫痪猎物的。

“不行，你这不仅坏了规矩，而且还会惹怒在场的所有人。”

“有什么可在乎的？我们早就是食物链最低端的人了。”

“不行。”她拉住我的胳膊，担心我的鲁莽会毁掉她这么多年的外交努力。

“等会儿你帮我道歉就是了。”我说完然后就挣开了她的手。

“西瑞斯，不行！”她愤怒地小声说道。

我忽视了她，径直走到瑞格尔人和体态与猫差不多的吉翁纳人中间，直直盯着尼迪斯的脸。我放低双手，手掌对着他。

我大声说道：“掌出，无刺。”我的粗鲁直接让其他人哑口无言。

这是希尔人互相问候的方式，突出自己已经收回了剧毒的掌中毒刺，显示自己没有恶意。但是，现在的我完全没有一丝想和他好好相处的打算。从没有大使用这种方式和希尔人打招呼，说明他们对于这些来自天鹅座环带的客人的风俗一无所知，但是我却向尼迪斯表明，我是最了解他的人类。

所有人都不满地看着我，因为我这个低等的人类居然破坏了瑞格尔人的礼仪而感到气愤。所有人用责怪的眼光看着安东尼娅，但是这种愤怒很快就变成了惊讶，因为大家看到希尔大使用腕带摩擦自己的胸口，然后也做出了和我同样的动作。

挂在他脑袋边上的银带将低频的震动翻译成了人类的语言：“掌出，无刺。”我现在才发现他是唯一一个身边没有向导的人，想必其他人也注意到了这一点。

我盯着他的三对眼睛说：“西瑞斯 · 凯德向你问好，肚子满满没烦恼。”

他很正式地回道：“尼迪斯欢迎友好的西瑞斯 · 凯德。”看来我俩今天不用打个你死我活了。

安东尼娅走到我身后，冷冷地问道：“西瑞斯，你到底在干什么？”她非常生气，但和其他人一样非常惊讶，因为我居然知道如何用正确的礼仪和这些远道而来的希尔人打交道。

我轻轻地说道：“把我们推到前排而已。”但是眼睛却没有离开希尔大使。

“尼迪斯想知道人类怎么会知道希尔人的习俗呢？”

“我这个人去过很多地方。”

希尔人僵硬的外骨骼无法做出任何表情，但是他的眼睛里却透露着怀疑的意味。“希尔人的家乡非常遥远，人类在星空中走不了太远。西瑞斯 · 凯德的知识让我很感到意外。”

“你不也是去过克尔达里斯二号吗？那可是个受保护的人类世界，又或者你还去过像 P9361 这样的地方。”

我盯着马塔隆大使，好奇他是否也在 P9361 和希尔人会合的飞船上。我希望尼迪斯能够明白我的暗示，我对他和蛇脑袋的秘密勾当了如指掌。这是一步险棋，但可以逼迫他采取行动，让我有机会弄明白他到底有什么计划。

希尔大使盯着我，什么都没说，但是周围的大使却陷入了一片茫然。

终于，尼迪斯说道："尼迪斯很好奇西瑞斯·凯德为什么会注意尼迪斯的行动？"

"我也很想知道你为什么要在瓦尔哈拉上和一艘人类分裂分子的船会面。"

不安的低语在当地大使中蔓延，他们现在知道一个人类跑遍了猎户座旋臂，跟踪他们尊贵的客人。现在安东尼娅肯定是在场最困惑的人，她一言不发，但心中的好奇心已经被我勾了起来。

"尼迪斯没有会见人类飞船。"他说道。

"这就是你们被议会拒绝的原因了。你们可被拒绝了两次！你们想成为观察者，想成为政治游戏的大玩家，但是你们……观察得还不够仔细。"我尽可能地小心用词，希望希尔人的翻译机能够明白我在指控他们是骗子的同时，还能理解我正在侮辱他们整个文明。

他回复得很慢，显然不知道该如何应对这种粗鲁的挑衅。"希尔人不畏挑战，所做的成就远超人类，去过人类不曾涉足的领地。"他不是单纯在反驳我的挑衅，也不是单纯在威胁我个人，而是在向整个人类挑战。

安东尼娅试图缓解紧张的气氛，拉着我的胳膊，示意我去认识三位瑞格尔代表中的一位。"西瑞斯，这位是伊拉的皮罗和舍甘的梅纳西。"

梅纳西用瑞格尔语说道："欢迎亚历山大的凯德和艾琳的西瑞斯。我相信你会喜欢兰尼特诺尔的。"他用左手指尖碰了下嘴唇，然后把左手向我伸了过来。根据有关瑞格尔人的情报简报来看，这个动作指的是他愿意和我分享食物，同时也侧面反映出了雌性瑞格尔人是如何养育后代的。

"谢谢。这场宴会很不错。"一想到一个毛茸茸的瑞格尔人把食物咬碎，然后吐进我嘴里，就让我觉得恶心。但是我强压下这种感觉，然后友好地用同样的姿势回敬了他。

“我们为这场宴会准备了五个月。”梅纳西开心地接受了我的赞美。

“准备了这么久啊？”我若有所思地说道。安东尼娅指了指另外两名兰尼特诺尔的高级领导人。

她对着其中一位矮一点的瑞格尔人说：“这是来自奥鑫的阿尼拉和赫洛德的提莫斯。”然后她对着最年迈的瑞格尔人说：“这位是来自吉丽迪的巴萨和伍林的卡迈特。”

提莫斯一言不发，重复了梅纳西的动作，但是卡迈特一动不动，很明显不喜欢我。他试图带着尼迪斯离开，但是我挡在了高大的希尔人前面。

“鉴于你的猎户座旋臂之旅准备了这么久，居然没有把地球也列为目的地之一，这着实让我大吃一惊呢。”

“尼迪斯要参加很多会议，剩余时间不多。”尼迪斯嗡嗡地说道。

“那你也会去钛塞提吧？”我说道，“地球离那不远。我相信你可以顺路过去转一圈。”

安东尼娅礼貌地说道：“我很乐意为你和我们的领导议会安排会面。”

场面陷入一阵尴尬的寂静，然后尼迪斯说道：“尼迪斯不会访问钛塞提星系。”

“哦？”我装出一副什么都不知道的样子，“所以你是要去安萨拉？”这个钛塞提殖民地比钛塞提主星要近，但是我知道他也不会去这地方。

还没等尼迪斯回答，卡迈特就插嘴道：“希尔大使不会造访任何钛塞提世界。”

“也许以后会吧，记得来地球啊，我们和瑞格尔人一样，总是想认识些新朋友。”

“我们和你们毫无共同点。” 卡迈特冷冰冰地说道。

“我认为我们之间完全可以求同存异。” 安东尼娅摆出了一副外交腔。

“我们是和平主义者，参加战争都是被迫而为之。” 这位年迈的瑞格尔人说道，“你们是战士，你们有时候不得不接受和平而已。你们不停地和同类开战。地球海军是猎户座旋臂数量最大的舰队。要不是你们科技那么落后，早就威胁到我们所有人了。”

我无视了他的羞辱，转头问安东尼娅：“我们的海军真的是猎户座旋臂数量最大的？谁知道这事？”

她耸了耸肩说：“我怎么知道。”

任何一个猎户座旋臂文明，乃至银河系中任何一个文明都比人类先进几百万年，他们都可以轻易击败人类。我从没想到人类海军居然是猎户座旋臂数量最大的海军，我们之所以保持这么多的海军，完全是因为科技劣势和外交上的限制导致我们缺乏有关周围的情报。即便如此，当科技决定实力的时候，数量也就无所谓了。1500 年前，钛塞提人用一艘船就阻止了整个马塔隆舰队毁灭地球，这就是不对称对抗的真实面目。

“我的兄弟不过是想避免冲突而已。”尼迪斯对着安东尼娅说，“这不是我们共同追求的目标吗？”

“确实如此。”

“希尔人也追求和平，”尼迪斯说道，“我们将竭尽全力维持和平。”

我问道：“那么你们是怎么避免和入侵者爆发冲突的？”

“西瑞斯 · 凯德认为无法与众海孤子保持和平，” 尼迪斯说道，“但是他们并没有钛塞提人说的那么坏。”

我说：“我认为科萨人对此持保留意见。入侵者几乎灭绝了他们。”

“当大家互相敌视的时候，毁灭就无法避免。” 尼迪斯说，“但是当你学会妥协的时候，就能实现和平。这是银河系议会那些领头人必须学会的一点。”

“所以你们和入侵者达成了某种协议。在我看来，这和与恶魔做交易有什么区别呢？希尔人相信恶魔吗？”

尼迪斯认真听着翻译，然后回答道：“众海孤子向希尔人提出的条件，也适用于其他种族。”

“奴役？还是压迫？”

“共存。”

“哦，所以你来这是为了共存？”

“尼迪斯不想发动战争。”

“但是这种共存和人类无关？”

“人类还不是银河系议会的正式成员，你们没有发言权。”

此话不假，人类此时还不是银河系议会的正式成员，在观察期结束前无法行使投票权，无法发起提案。正因如此，安东尼娅才没有受邀参加希尔人组织的峰会，尼迪斯也不打算去地球。

“再过 48 年，我们也是正式成员。”我说道。

“正式成员地位不是说有就有，而且绝对不要相信议会。”

“为什么？”

“议会的体制充满了压迫，它为了确保领头人的利益而限制了成员的活动。”

我还是头一次见人这么说银河系议会。他们当然是用禁航令和在充满危险的宇宙中航行的必要星图为手段，进而阻止人类在银河系进一步扩张，但是这种情况只存在于观察期。我们只要证明自己已经做好了准备，就能在整个银河系中遨游。按照尼迪斯的说法，希尔人似乎不喜欢这种确保所有智能生物都能在银河系中有一席之地的律法系统。

“这和你们有什么关系？”我问道。

“他们阻碍了希尔人在银河系中寻求应有的地位。”尼迪斯的回答闪烁其词。

“你们已经得到了自己想要的东西。”我反驳了他的观点，然后转头对梅纳西说：“瑞格尔人也持同样的看法吗？”

“人类没有我们必须承担的义务。”卡迈特插话道，“我们不会忘记在入侵者战争中和去年战死在特里斯科主星的同胞。对曼娜西斯星团的封锁让我们和其他很多文明筋疲力尽。和众海孤子的冲突完全是因为银河系议会领导人的顽固不化。”

“那你有更好的办法吗？”

“讲和。”卡迈特说，“希尔人选择了共存，我们也可以这么做。”

我怀疑希尔人不过是投其所好罢了。他可能以为人类好战而且不团结，但是就我对希尔人和入侵者的了解，他们比我们更糟糕，只不过他们更善于隐藏这一点罢了。

“你凭什么会以为入侵者不会食言呢？”我问道。

“你船上就有一个入侵者。”奥鑫氏族的领导人提莫斯说道：“你相信他吗？”

“我相信他，但他是个地球裔的两栖生物，不是入侵者。”我信任埃曾，但是我从不打算惹毛他。我知道他的本事，完全清楚如果把他逼得太过火，他完全可以变成铁石心肠的杀手。

“他是入侵者的后代，”提莫斯说，“他就是个入侵者。”

“你们的家园世界上就有一个入侵者，”卡迈特说，“你们已经和他们和平共处了几千年。我们也可以做到这一点。”

“坦芬人不是入侵者。”他们可能看起来一样，但是我们已经完成了改造。多个世代以来，我们一直用高压武力监视着他们，只要他们轻举妄动，我们随时都会彻底消灭他们。他们在这种情况下，只能选择适应和改变。我怀疑这些爱好和平的瑞格尔人是否同样有勇气做出这样的事情，而且鉴于入侵者是和钛塞提人并驾齐驱的银河系超级文明，他们可能永远都没有机会这么做。

“你们绝对不能信任入侵者。”

“我们并不认为如此。”卡迈特看了眼周围的大使，“很多人都不同意这一点。”

“人类将银河系议会当成自保的保障。”尼迪斯说，“但是当它无力确保这种保障的时候，它也就不重要了。”

安东尼娅惊讶地睁大了眼睛，因为她发现希尔人寻求的不只是和平，更是试图终结议会的存在。“几百万年来，当前的银河系秩序一直保护着人类和几千个文明。”她说道，“为什么要改变它呢？”

“生命可能在一个星球上存在几百万年。”尼迪斯说，“但是当附近的超新星爆炸时，他们只能选择迁徙或者死亡。银河系议会就像一个濒死的世界，众海孤子就是一颗要爆炸的恒星。总有一天，大家要在改变和灭亡中做出选择。”

“我还是喜欢事情现在的样子。”我说道。

“那是不知道还有其他的选择。”

“说来听听。”

希尔人并没有说话。梅纳西解释道：“并不是所有的银河系都像这里和平。距离我们 320 万光年的图卡纳银河系，自从出现第一个星际文明开始，就一直战火不断。在我们银河系中，文明和平共处。但是在图卡纳，战火从未熄灭。各个文明互相攻击，已经完全没有和平共处的可能。古老的文明战火连天，新的文明全无踪迹。”

“这不可能。”我说道，“总会有新的生命。”

“是的，总会有新的生命，”梅纳西说，“但是不可能生存下去。在图卡纳，像你我这样年轻的文明通常会因为附近古老文明的强大力量，而选择与之结盟，但是根本没想到他们的盟友会有怎样的敌人。

这种结盟会招来其他敌人的报复打击，他们根本容不得这些文明发展壮大，改变银河系中的势力平衡。古老的文明为了保护自己，会选择摧毁新生的文明。”

“这是种族屠杀。”安东尼娅吃了一惊。

“而且是从全银河系角度的大屠杀。”卡迈特说道。

尼迪斯说：“在图卡纳，选择盟友等于自我毁灭。”

“议会绝对不会允许这类情况发生。”安东尼娅说道。

“没有帝国能够永垂不朽，”尼迪斯说道，“你们亲爱的银河系议会早晚也会消失。”

“银河系议会又不是帝国。”我说道。

银河系议会甚至不符合人类对于政府的定义。它不过是个自由交换意见的地方，整个体系完全是基于基础原则运行的，所有决定都经过深思熟虑。议会全体成员都会共同执行经过集体表决做出的决定。如果必须要找一个类似宪法的存在，那就是准入条约，它向相差几百万年的各个文明详细阐述了各种行为规则。最重要的是，因为各个发达的文明共同遵守了这部律法，所以它在宇宙中行之有效。

尼迪斯说道：“银河系议会不过是个政治系统。当它被推翻的时候，所有追随它的人也将被后来者消灭。”

这不仅是一个警告，也是一个预言，钛塞提和其他文明终有一天会被消灭，如果人类坚持和钛塞提人站在同一条战线上，早晚也难逃一劫。我不想告诉他我们早已做出了决定，但是从三位瑞格尔领导人一言不发又不敢看我的样子来看，我猜到他们已做出一个不同的选择。在这个选择中，并没有钛塞提人的一席之地。

“我要是你的话，才不会轻言银河系议会的结局。”我说道。

“尼迪斯从不做预言。”希尔大使说道，“我不过是警告那些无法自保的种族，别忘了自己的未来。这话对于人类来说同样适用。”

“多谢了。”我现在越发不喜欢这些长着外骨壳的希尔人了。

他转头对着卡迈特说：“尼迪斯想见见其他大使。”

“那是当然。”卡迈特冷冷地看了我一眼，就带着尼迪斯朝着一群卡罗兰人走去。

梅纳西留在原地，等尼迪斯和另外两个瑞格尔人走远之后，他悄悄说道：“自从联盟舰队在特里斯科主星吃了败仗，银河系议会内部就出现了分歧。所有人都对此忧心忡忡。地球虽然没有直接参与其中，但是尼迪斯有一点没有说错，你们得小心点。”他看着尼迪斯和卡罗兰代表团聊起了天，“惹毛希尔人实在是不明智，他们是银河系中距离入侵者最近的文明。”

他赶忙追上提莫斯和卡迈特。然后安东尼娅对我说：“事情完全不必闹成这样子。”

“我觉得还不错。”

“我看你就是想惹怒希尔人而已。”

我笑了笑说：“除此之外，我还能用什么办法搞清楚他们的计划？现在尼迪斯知道我在跟踪他，而且对他的种族了解也不少，远超出我该知道的范围。等他试图调查我的时候，自然会露出马脚。”

“需要我去提议举行一次单独会面吗？”

“他不会答应的，因为他根本没有接受请求的理由。希尔人嘴上说着和平，但是根本不想要和平。”

“瑞格尔人可不这么想。”

“瑞格尔人相信自己愿意相信的东西，”我从盘子里拿起一片水果，“而不是那些摆在眼前的事实。”

“我不明白。”

“人类之所以握手，是因为在中世纪的时候，握手意味着我没有武器，不会拿剑砍死你。希尔人收起手中的毒刺也是出于同样的目的，他们可不是和平爱好者，安东尼娅，他们和我们一样都是战士，这都是天性使然。”我把瑞格尔人的水果放在光下，仔细打量着材质，“下次我们见面的时候，他就不会把毒刺收起来了。”

“你觉得他会杀了你？”她显然吃了一惊。

我盯着希尔大使的后背，非常确信他没有理由让我继续监视他：“他必须干掉我。”然后我强迫自己把苦涩的瑞格尔水果吃了个精光。

“船长，在吗？”我的房间里响起了埃曾的声音，现在距离宴会结束已经五个小时了。

我摸索着船内通话系统的位置，眨着眼睛让自己清醒过来，“怎么了，埃曾？”

“快来舰桥。”

我飞速穿好衣服，然后光着脚冲了出去。埃曾坐在亚斯的抗加速座椅上，仔细研究着副驾驶显示屏上的传感器数据分析结果，主屏幕上则显示着飞船外部的图像。从画面上可以看到瑞格尔人的巢塔在星光璀璨的夜空下灯火通明，远处有几架飞机从巢塔间穿过。

“出什么事了？”

“飞船外面有东西。”

我扫视了一遍银边号布满划痕、脏兮兮的外壳，却没有发现任何异常：“我什么都没看到。”

“就在前部的传感器阵列上，”埃曾说道，“它在利用光学探头的数据链接入飞船的系统？”

“是在破坏系统吗？”

“到目前为止还没有。它刚才下载了飞船的数据资料，现在正在复制我们的数据核心。”

这样一来，银边号所有的运行记录、飞行资料、扫描数据、通信记录，以及我们的个人通信和医疗记录都会被人偷走。唯一不会被偷走的就是储存在我的插件记忆库中的数据或是锁在我房间保险柜里的外交数据芯片。

“能锁定位置吗？”

“无法锁定，它控制了飞船的人工智能。”

“是瑞格尔人吗？”

“我不知道，但是它轻易突破了我们的安全防御。”

“启动一个横向传感器，检查一下传感器阵列前面到底怎么回事。”

“这也做不到啊。它已经关闭了其他传感器，”埃曾看着诊断结果说，“我能做的就是看着数据流而已。”

“我出去看看。”我跑回自己的房间拿回通信器和手枪，从维修走廊来到飞船上部供维修机器人用的舱口。“它在监视我们舱门传感器吗？”

“是的，船长。”埃曾说道，“它监视着所有的子系统。”

“好吧，锁定系统然后重启。”如此一来，舱门传感器至少会失效两分钟，它就不会发现我已经离开了飞船。

“请做好准备，”埃曾过了一会说道，“舱门传感器已失效。”

我打开内侧舱门，快速通过气闸，然后爬到靠近船首的位置。主炮炮塔就在我身后靠近右舷的位置，前向传感器阵列就在左舷的位置。埃曾的一个维修机器人已经爬上了炮塔，开始寻找那位不速之客。

前方传感器阵列从船体内部水平伸出，看上去就像一个挂满了电磁和重力传感器的白色长矛。在光学探头边上，有一个发光的球体正在通过一道红光接入阵列的数据链。

“我看到它了。”

“我也是。” 埃曾的维修机器人也捕捉到了这位不速之客。

我打开 P-50 的瞄准镜锁定目标，然后开了一枪。子弹打中数据探针的中央，然后弹到了一边。子弹飞过停机坪，在巢塔透明的墙上打出了一个洞。

“哎呀。”我看到一个向导无人机飞过去检测受损情况，无法想象安东尼娅要如何向瑞格尔人解释。

探针关闭了红色的光束，然后飞到阵列上方，对准了我。当它飞到船头的时候，我又开了一枪，再次正中目标。这次子弹直接撞了个粉碎，甚至没能留下一点点划痕。我又开了三枪，但是都毫无反应，我心里暗自后悔怎么没把标准八毫米尖头弹换成列娜的反马塔隆专用弹。

探针开始绕着我飞来飞去。“我想我们有麻烦了。”我对着向导说，“入侵我的飞船系统可是非常不友好啊。”探针试图绕到我背后，于是我开始向着舱门慢慢后退。探针飞到了银边号的左舷，占据了位于我背后的位置，我也跟着转身，紧盯着它不放。

“我建议你马上回到船内，船长。”通信器里传来了埃曾的声音。

我直接冲向维修舱口，但是探针冲上去截断了我的退路。还没等我冲向另一个舱口，它就开始放出扫描波束，对我进行扫描。我的脑内界面马上开始报警。

警告：检测到未识别界面访问。

探针扫描我是为了寻找科技，但是却意外发现我的插件。鉴于它能轻易突破银边号的安全防御，我的插件也不可能长时间抵抗它。我立刻跳到一边，脱离了扫描光线。

“亚斯正在过去支援。”埃曾说话的时候，探针一直跟在我身后，努力想完成扫描。

我对着探针的下方开了一枪，暗自祈祷这里是它的弱点，但是子弹却弹开了。我只能继续向着气闸狂奔而去。

我对着插件下令道：启动堡垒协议！

两年前外星科技突破了我的插件防御机制，所以地球情报局的生物工程师们研发了堡垒协议。它可以让我的插件收缩，然后保持待机模式，但是从没经过任何实战测试。我的感官增强系统瞬间失效，因为插件人工智能切断了和接收器的联系。

探针飞过我的肩头，冲到距离我的脸很近的地方，向我的眼睛发出一道耀眼的蓝光。一阵头痛向我袭来，我整个人倒在了船体外壁上。探针飞到了我的上方，继续开始扫描，并触发了插件警告：堡垒协议即将失效。

一道银光从我面前闪过，我的向导无人机向着探针冲了过去。向导无人机爆炸的时候发出一阵闪光和热浪，细小的金属碎片洒在了船体外壁上。撞击让探针偏到了一边，扫描光束也停止了工作，但是它又向我飞了过来。还没等它再次开始扫描，另外两个向导无人机也飞了过来，对着探针撞了上去，撞击让探针偏到了一边，但是没有造成任何损伤。探针纠正了下自己的姿态，但是更多的向导无人机冲了上来，只不过它们这次保持一定距离持续观察。

探针停在我的上方评估当前局势，然后向着血脉公园高速飞去，一个向导无人机接替了它之前的位置。不论探针有什么计划，它都不想让瑞格尔人的无人机发现真相。等我能动的时候亚斯端着一把大口径霰弹枪，从维修舱口里爬了出来。

“那东西在哪呢？”他的手指已经扣在了扳机上。

我想说话，但是舌头却不受控制，只能摇摇头告诉他探针已经走了。这下我彻底确信昨晚的非常规外交活动已经成功了。

这下，希尔人注意到我了。

埃曾在自己的六个屏幕上为安东尼娅重放了光学探头捕捉到的一切。探头周围的力场模糊了细节特征，这让辨认工作非常困难。

“向导无人机也看到了它。”我说道，“他们捕捉到的画面质量肯定更好。”

安东尼娅摇了摇头说：“梅纳西说向导的内存和巢塔的中央记录都被删除了。巢塔区交通控制中心说，昨晚也没有未经允许的空中活动。不论那到底是什么，瑞格尔人都没有发现它，更没有相关记录。”

“希尔人肯定删除了相关记录。”我说道，“但是有人为了保护我，用向导无人机攻击了探针，所以肯定有目击者。”

她点了点头说道：“瑞格尔人相信你的话，西瑞斯。他们有受损的向导无人机作为证据，但是他们不想惹毛希尔人，他们只想装作无事发生。”

“作为一个喜好观察周围环境的种族来说，”埃曾说道，“他们还真是善于无视威胁。”

“瑞格尔人不想破坏和希尔人的关系，”安东尼娅解释道，“特别是不想因为人类的缘故，而破坏和希尔人的关系。”

“他们到底在害怕什么？”我问道，“这是他们的世界。如果希尔人违反了他们的法律，他们完全有权处理希尔人。”

“瑞格尔人想从希尔人手里得到什么东西。”安东尼娅说道，“为了得到这东西，梅纳西和其他领导人打算对这次的事情视而不见。”她忧心忡忡地看着我：“所以希尔人得到了数据核心里的所有数据，其中包括我的那份报告？”

“事情并非如此。”我早就看过她的报告，把内容存在我的插件记忆库里，然后删除了报告。“除了外交文书，把其他所有东西都复制了一份。”

安东尼娅长出一口气：“朝他们的建筑开枪已经引起了一次小型

外交纠纷。要是他们看了我的报告，我肯定就要被送回地球了。”

“他们永远都得不到那份报告。”除非探针飞回来，重新突破我的插件安全系统。鉴于它上次差点就突破了堡垒协议，地球生物工程师们还有很多工作要做。

“现在大使已经拿到了文书，”亚斯说道，“我们也拿到了钱，不如快点离开这好了。”

我说道：“安东尼娅还没准备好她要送出去的文件。”

安东尼娅的脸上闪过一丝惊讶，但是亚斯却没有看到，我和她默默一笑，一下就明白了彼此的想法。“是的，我还得写完几份报告，然后你们才能走。”

“那趁着等你的时间，我去看看希尔人的飞船。”

亚斯惊讶地说道：“那我们还得过去亲自感谢他们。”

安东尼娅一下意识到亚斯急于和希尔人打一架：“你已经惹毛了希尔人和瑞格尔人，千万不能让事态进一步升级。”

我向她保证：“基本上来说，我们也不会进一步恶化当前局势。”

她狐疑地看了我一眼，说：“希尔人的飞船就在吉丽迪巢塔。他们肯定不会让你进去，今天更是不可能，尼迪斯正在和瑞格尔二号星的代表团开会。”

“你不能帮我们进去吗？”

她迟疑了一下，想起自己的使命是为我提供任何可能的协助：“我这个月要和新来的美罗帕大使见面。我可以看看他是否有空，这样我就能进入吉丽迪了。”

“你从这就可以呼叫他。”我说道。

亚斯也补了一句：“然后我们就可以把希尔人一路赶回天鹅座环带。”说完还拍了拍挂在屁股上的两把速射枪。

“你不能带武器进去。”

“这不是武器，这是我的守护天使。”

“我们会把它们藏起来的。”我转头对亚斯说道：“装上硬尖弹以防万一。”常规弹药对付探针的时候软弱无力，就好像铝做的一样，也许穿甲弹会更有效。

埃曾说道：“趁你们不在的时候，我会清理数据核心，免得希尔人留下了什么东西。”

“那么，我亲爱的大使，”我说道，“准备好打电话了吗？”

\·\·\·\·\·\·\

早上，安东尼娅带着我和亚斯登上了一架飞往吉丽迪巢塔的飞机。我们坐在贯穿客舱的座椅上。在机头位置上，是一个容得下瑞格尔人的座位，和一个灰色的圆形面板。

“没有控制设备？”我问道。

“那是个触摸屏，”她说道，“而且还是在紧急情况下才用得到。完全可以用触控控制飞行，但是没人会这么干。这些飞机有七道自动冗余系统确保安全。”

“那还装个手动操纵系统干什么？”亚斯问道。

“瑞格尔人有很强的安全意识。”她回答道，“我们可能认为他们是小题大做，但是他们人不错。”

“而且还以为我们是一群好战的危险分子。”我补充道。

“卡迈特把氏族的利益置于第一位，所以千万不要低估他，更不要相信他的话。”

“我在这里也待不了多久。”一架长方形的飞船在伊拉氏族的巢塔间飞行，然后朝着一千米高的居住用塔飞去。在远离城市的一边是一大片雾气笼罩的菲拉树林，树冠上悬停着监控树木健康的传感器。传感器下方是一群多臂的无人机，它们在树林中飞来飞去，照顾着这些宝贵的树木，采摘树上饱满的果实。

“从这里到3000千米外的海边，全是这样的树林。”安东尼娅说道，“其他大陆上也是这样。”

“他们只吃水果吗？”亚斯很明显对这种单调的食谱不感兴趣。

“这里有几千种菲拉树。”她说道，“他们热衷于改造菲拉树的基因，如果能研发出一种新的口味就能大赚一笔。”

“他们就没想加点糖吗？”我想起来前一晚吃到的苦味水果。

“还有甜味的变种水果，但是他们喜欢更强烈的味道。”飞机开始转向东北方向，朝着几座高塔飞去。这些看似弱不禁风的高塔高耸入云，而高塔之间的地面上则布满了花园和树木。“这里出产的水果大多用那玩意运回了瑞格尔二号星。”安东尼娅指了指停在地平线雾气中的椭圆形巨型飞船，每艘飞船下面都有大批无人机采摘水果。“瑞格尔星系四分之三的食物供应来自星系外。”

“所以封锁能对他们造成严重打击。”我若有所思地说，“他们的家园世界远比地球脆弱得多。”

“所以他们担心第二次入侵者战争。任何对供应链的干扰都可能导致他们家园世界上的大规模饥荒。”我们跟着一条拥挤的航线飞入吉丽迪巢塔，然后降落在停机坪上。“希尔人的飞船就在另一边，你可以通过天桥过去。”安东尼娅指了指一座全封闭的人行通道，通过它可以进入旁边的高塔。

“你不和我们来吗？”

“美罗帕大使在这座塔里。我们两个小时后在这里会合。”

“如果我们没找到你，该怎么回去？”我问道。

她皱了皱眉头，非常担心把我们留在吉丽迪巢塔。“你们走到任何一个停机坪，交通管制中心都会派来一台飞车来接你们。你们不会等太久，只要在上车之前说明去地球大使馆，你们的向导会处理其他的事情。”她看着我凸起的夹克，然后说道：“把武器藏好。要是瑞格尔警卫看到了它们，我可帮不了你们。”

“他们什么都看不到。”亚斯非常自信地说道。

“我可不敢信你的话。”她说道。我们刚离开停机坪，三个向导无人机立即飞到了我们身后。“记住，我们真的很想和这些人交朋友。”

“嘿，我们可是非常友好的。”我假装非常生气的样子说道：“大多数时候我们都是非常友好的。埃曾除外，他和友好这个词一点交集都没有。”

“他真的不知道友好是怎么回事。”亚斯一边说道，一边和我向着巢塔入口走去。

“还好他没跟来。我们可不想让一个坦芬人把瑞格尔人吓个半死。”等我们进入巢塔之后，她一脸绝望地看着我们，很明显已经后悔决定帮助我们。“千万别被抓了。”她说完就转身走向电梯。

亚斯一脸怀疑地看着他的向导说：“要是他们在窃听的话，为什么还没冲上来抓我？”

“我也怀疑这事呢。”我俩开始向着天桥出发。

“然后呢？”

“他们需要情报，以及一个替罪羊。”

“所以，我们就是替罪羊咯。”我们顺着走廊走过一排透明的房间，里面的瑞格尔人都在看着我们。不论他们在干什么，其他任何动静都会立即吸引他们的注意力。

“隐私被剥夺的感觉实在太诡异了。”亚斯不安地说道。

“瑞格尔人是货真价实的捕食者，通过捕食那些比他们聪明的猎物获取智力。他们现在依然习惯于观察四周，无法有效观察周围环境会让他们感到不安。”

等我们走上天桥的时候，亚斯问道：“那等他们……交配的时候……会怎样？”

我笑了笑，想起来自己对瑞格尔人的交配习惯一无所知，于是说道：“好好看着，你可能很快就知道了。”

“我就担心这个。”亚斯颤抖了一下，然后看着脚下透明的桥面，可以清楚看到4千米下的地面。“埃曾肯定会喜欢这里。”他相信我们的两栖朋友一定会在这里被吓到半死。

“他为什么不下船？”我怀疑这肯定和几千米高的透明地板有关，瑞格尔人的敏感不是主要原因。

“好吧。”亚斯若有所思地说道，他肯定在想怎么把埃曾拉出银边号。

当我们进入第二座高塔，越来越多的瑞格尔人好奇地打量着我们。当进入停机坪的时候，我们看到一艘闲置的平板货运飞船停在那里。我们无视飞船，穿过停机坪，发现停机坪边缘还有一道压力场避免我们掉下去。

希尔人的飞船就漂浮在楼下几层的地方。这艘飞船太大了，停机坪根本放不下它，只能把一条角臂搭在停机坪上。飞船的圆形底座上闪着红蓝亮色的灯光，每条旋臂上都有一排武器。一条像针一样的探测器阵列从中央球体伸了出来，阵列的长度非常惊人，甚至超过了我们的停机坪。飞船的每条角臂之下都可以看到推进器的光芒。

“这条外交用船未免也太大了。”亚斯说道。

“而且航速还很快。”根据钛塞提人的情报，这艘船比银边号大10倍，而且速度更快，武装更强大。

位于停机坪上方的飞船角臂顶端打开了一道舱门，一个四足生物从短短的卸货坡道走了下去。它有一个扁扁的圆脑袋，中间还有两个扁扁的眼睛一眨一眨的。他身上唯一的衣服就是保护手指的手套和跨在肩上的厚皮带，皮带上还挂满了各种设备。

“艾扎恩人在这干什么？”亚斯问道。

“在希尔人的船上？”我也一时间摸不到头绪。

我们以前在冰顶星上见过他们，但那只是全息图像。这还是第一次看到一个活生生的个体，他们的实际体形让我大吃一惊。他们比非洲公象还要大 4 倍，而且行动更加缓慢。艾扎恩人是银河系中的商人，和人类很少有交流，而且了解也不多。

这个四足的巨人慢悠悠地穿过停机坪，走进了巢塔。我看了眼停在身后的瑞格尔货运飞船，估计它刚好能运走艾扎恩人，而且过不了多久就会有人来收拾我们。

“盯着点希尔人的飞船。”我说完，然后就跑向大门，等待艾扎恩人出现。他很快就走了过来，走廊勉强容得下他巨大的身体。等他走上停机坪之后，我模仿着当年从全息图像看到的，用手做了个平扫的动作。

“你好啊，商人。”我希望身后的向导能够把我的话翻译成他们的正式语言。

艾扎恩人停下脚步，好奇地打量着我。他发出一阵低沉的嗡嗡声，我的向导把它翻译为：“你好，客人。”不知他的向导如何翻译了我的话，他用的是一种更正式的商业口吻，而不是日常会谈的口吻。

我大大方方地说道：“我是西瑞斯 · 凯德，来自地球的伟大商人。”我知道对于这些宇宙中最强大的商人们来说，声望就是一切。“也许你听说过我？我可是干了不少大事。”

“我并不知道你的大名，也没有适合人类的商品。”

“但你是艾扎恩人。你遇到的每一个人都是潜在客户，每一位客户都是全新的商机。”

“这确实是我们的伟大承诺。”他说道，“但是我不过是大供应商的代理人。”我完全不知道这位大供应商到底是谁，但是我估计他才是真正的负责人，而眼前的艾扎恩人不过是个信使。这意味着这位艾扎恩人的老板和希尔人一定有什么阴谋。

“不论供应商为我的好朋友尼迪斯准备了什么货物，我很乐意为此支付更多的货款。”

“我不过是代表大供应商来这里问候一位尊贵的客人而已。”他的回答含糊其词，然后就打算从我身边绕过去。但是我往旁边一跳，挡住了他的去路。

“我可以问一件事吗？为什么大供应商希望见到尼迪斯呢？”

“艾扎恩人寻找商机，我们不会徒劳等待。”

“那么尼迪斯代表着某种商机吗？”

“希尔人很少造访猎户座旋臂，而睿智的大供应商总是野心勃勃。”

我缓缓说道：“那是当然，也许野心勃勃的大供应商也会考虑和我这个地球商人做点交易？”

他发出一阵雷鸣般的咆哮，我的向导把它翻译成一段傲慢的笑声。“我们严格遵守银河系议会的移交协议，向人类出售我们的产品，将直接违反发展指导意见。”

这就是为什么人类和其他文明之间很难进行贸易的原因。我们和自己的邻居之间差距太大，买卖任何科技产品都属于所谓的人类文明违规发展。当前的贸易都限于非科技产品，所以我们就无法对外星科技开展逆向研究，从而实现跨越式发展。

“我们并没有要求你违反银河系议会制定的协议，但是我们可以提供纺织品、艺术品和其他稀有食品。”这些东西都不在相关规定的限制范围内，因为我们无法通过对米卡兰人的肉丸子或者苏玛人的交响乐进行逆向研究，从而获得有价值的技术资料。

“客人，我们确实可以提供低价首饰，但是你要用什么来付款呢？”

“你们接受什么货物呢？”

“来自其他议会成员世界的货币、稀有金属、宝石、奢侈品，能换的东西很多很多。”

“我相信你会对我的货物感兴趣的。”

“客人，你在生意上的进取之心让我感到钦佩，但是人类的产品并不值钱。”

他动了动身子，示意我如果继续挡路，那么他就要压死我。于是，我决定赌一把。

“阿尼 · 哈塔 · 贾可不会这么想。”这名字是两年前冰顶星上的那个艾扎恩人全息投影。他当时只说自己是贸易代表，对眼前的艾扎恩人来说可能无足轻重，但这是我最后一招了。

艾扎恩代理人迟疑了下，然后眯着眼睛靠了上来：“你以为我会相信你这个人类见过猎户座的大供应商吗？”

我抑制住心里的惊讶，忽然明白了为什么冰顶星上的全息投影要自称为阿尼 · 哈塔 · 贾。“他可是称呼我为尊敬的客人。”

“尊敬的客人？”他怒吼道，“就凭你？”

“你要是不相信，去问他好了。”

我现在还只能赌阿尼 · 哈塔 · 贾距离这里太远，无法及时联系到他本人，眼前的代理人只能相信我的话。他低吼了一声，向导却无法进行翻译。他肯定是在质疑我，但是只能相信我说的是实话。

“好吧，客人，你可以在小乌苏鲁斯星系找到大供应商。”

“你跟希尔人也是这么说的吗？”

“我作为大供应商的代理人，工作内容包括向重要客户通知我们的独立巡回商会的具体位置和时间。”

“尼迪斯也是重要客户吗？”

“他代表着希尔环带世界。”这一句话似乎解释了一切。

“看来那里有不少星球。”

“银河系周边有很多星球。”

“人类也有很多殖民地。”

“希尔人算得上是一个高度发达的文明，他们能够购买我们的所有商品，而人类则不行。”

我现在明白怎么回事了。艾扎恩人并没有和尼迪斯商量什么阴谋大计，他们不过是在争取尼迪斯成为他们的大客户而已。尼迪斯在艾扎恩人的眼中，不过是一条大鱼，一座行走的金矿，他们打算从尼迪斯身上好好捞一笔。

“他给你们提交货单了吗？”

“我们从不会讨论客户的交易细节，你要是看过我们的隐私承诺的话，就一定会明白这一点。”

“我也想看，但是内容太多了。”

“如果尼迪斯真的是你的朋友，那么你应该直接和他谈谈。”

“他这个人行踪不定。等我下次在你们那个……独立商会！等我下次遇到他的时候，自然会和他说这事的。”

“这也可以。他的船到时候会停在人类飞船货物转运区的旁边。说不定你也会做点额外贸易。”

“人类飞船货物转运区？”我大吃一惊，“我以为你们不和人类做生意呢。”

“我说的是可供人类选购的商品很少，但是我们很乐意把转运区租给那些能够付得起费用的客户。”

有钱好说话，艾扎恩人也是如此。“那这和停在普通的太空港相比，有什么好处呢？”

“当然是享受艾扎恩隐私承诺的保护。”

“这能提供多少保护？”

“所有的艾扎恩独立巡回商会都能屏蔽传感器，确保我们客户的一切都能享受最高级别的保护，就连德克尔都选择我们的独立巡回商会。”

我从来没听说过什么德克尔，但是他们肯定非常重要，不然他也不会提起他们。

“所以，你们的客户在交接货物的时候，就连你们都不知道他们到底在干什么？”

“我们的承诺就是如此。”

“那他们要是违反银河系律法呢？”

“客户之间的额外交易不在我们的责任范围之内。”

这一切还真是方便啊。艾扎恩人一面装作遵守银河系议会有关规定的样子，一面背地里却为灰色交易提供掩护。

“是哪个人类租用了货物转运区？”

“有关信息受艾扎恩隐私承诺保护。”

“想来也是如此。”我现在开始明白为什么这些巨大的四足生物是银河系中优秀的商人了。“我什么时候可以去见尼迪斯。”

“大供货商和尼迪斯三天后见面。如果你认为有必要和他私下详谈，我可以转告尼迪斯。”

“不必了，等我到了小乌苏鲁斯星系，自然会去直接找他。”

“客人，为了你的购物体验，266 号独立巡回商会将在小乌苏鲁斯星系再停留四个月。等你到了，只需要告诉海关，阿尔拉 · 斯努 · 迪代表大供应商邀请你来的。”

“能给我打折吗？”

“你可以免费试用港口设施，而我将从你的货款中抽取百分之二的提成。”

百分之二？看来大供应商的代理人也得过日子。“那是当然。我可不想让你赚不到钱。”

“我必须事先说明，你只能使用符合你的文明评级分数的设施。”

“我们还有评级？”

“银河系文明分类系统适用于银河系中所有种族，它是银河系议会技术移交协议的基础。”

“那么谁来确定评分呢？你们？”

“钛塞提人负责评分。”

看来钛塞提人又没给我们提到这件事。“我们的评分是多少？”

“六点一。”

这就是我们的评分？经过了几百万年的进化，从地球的泥地里一步步进入星空，但现在人类的伟大成就被浓缩成了一个小小的数字，这还真的让人感到失望。

“这有什么特殊含义吗？”

“你们还处于新兴文明阶段。”

“这是分类中最低级别了吧？”

“石器时代是最低级别，评分是零。新兴文明是第六级，也是第三级星际文明。”

“第三级星际文明？我还以为我们是最低级文明呢。”

“你们是当前银河系中最年轻的星际文明，现在银河系中没有发端或者初始级别文明。下一个初始文明还要等好几千年才会出现。”

所以，人类还得在最低级别停留好几千年。“那你是怎么区分各个文明的？”

“距离。”

“恒星间距离？”

“超光速可以有效评定一个种族的科技水平。”

这确实有些道理。我们还困在猎户座的一角，而艾扎恩人已经是银河系中的上门推销员了。

“那么艾扎恩人的评分是多少？”

“九点八。”

“差距还不到四分？看来咱们差距不大。”

“银河系文明分类系统评分采取对数指标。”

“哦。”我整个人瞬间泄气了，这意味着每一级之间有着天壤之别。“所以，你们要比我们先进 1000 倍？”

“从整体科技层面来说，我们比人类先进 5000 多倍。”

5000 倍！我难以想象其中差距。“所以，我们要如何跨过前两个级别？”

“你们已经跨越了前两个级别。发端文明是星际文明的初始阶段，在这个阶段探索周围星体并建立前哨站。初始文明指的是开始使用超光速驱动大规模星际移民。”

“那么新兴文明呢？”

“那就需要这个文明在超光速技术上取得重大进步，然后就可以进入卓越文明阶段。”

“卓越？听起来还不错。”

“你们刚刚进入新兴文明的初级阶段，你们还要花很长时间才能进入下一阶段。”

“然后呢？我们就能变成猎户座的主要文明之一？”

“艾扎恩人是银河系中的主要文明之一，但是我们还不是超级文明。如果人类还没自我毁灭的话，再过几千年就可以成为猎户座的小型文明。”

“要是我们不想等那么久呢？”

“这不是人类能决定的事情。银河系文明分类系统不会考虑诸如野心、适应性、耐久度，”他说着眯起了眼睛，“又或者持续性的问题。”

“这玩意也有评估标准吗？”

“没有。如果真的有的话，我相信你的评分会非常高。”

“谢谢。”听到自己最起码在一项评分中得了高分，也是非常开心。“我想知道，六点一的评分能在艾扎恩独立商会买到什么。”我说完就走到了一边。

“能买的不多。”阿尔拉·斯努·迪说完，又用更正式的口吻说道：“尊敬的客人，这其中也是利润颇丰的。”

他从我身边走过，登上了庞大的飞船。飞船慢慢爬升，缓缓驶离巢塔，免得让大块头的艾扎恩人在船上摔倒。眼前的这一幕简直太奇怪了，一个巨大的四足生物站在扁平的平板上，翱翔在晶莹剔透的高塔之间。

我在停机坪边上找到了亚斯，他对着两个站在希尔人飞船旋臂外的外星人点了点头，他俩和尼迪斯长有一样的外骨骼。他们的左胳膊带着纤细的管状武器，左边上方的眼睛带着用于监控和瞄准的眼罩。

“你和艾扎恩人聊天的时候，他俩出来了。”

两名希尔人警卫看着阿尔拉·斯努·迪飞远之后，就穿过停机坪进入巢塔。

“他们来了。”我看了眼自己的向导，怀疑希尔人根本不害怕瑞格尔人监控系统，因为他们已经控制了整个系统。“他们在利用向导。”他们已经知道我发现了尼迪斯在用艾扎恩人做掩护，偷偷和人类会面，而且我还打算直接参与其中。希尔人绝对不能容忍这种情况。

“我们得通知瑞格尔人。”亚斯说。

“他们知道，但是不打算抗议。”我们爱好和平的东道主面对希尔人时，和我们一样毫无抵抗之力，所以为了获得希尔人提供的东西，打算忽视希尔人所有的违规行为。我看着我的向导说：“我现在就需要交通工具回到地球大使馆。”我好奇瑞格尔人是否会接受我们的请求，又或者打算让希尔人处理我。

向导并没有响应我的请求，但是一台飞车从下面飞了上来，停在了我们的正前方。亚斯和我立刻钻了进去，而希尔人还在安全电梯里慢悠悠地往上爬。我们的向导无人机也退到了停机坪边上，等待下一次启动。飞车海鸥翅膀形的车门缓缓关闭，带着我们开始爬升，而希尔人才跑到停机坪。

“哎呀呀。”亚斯发现其中一名警卫正在用手中的武器瞄准我们。

虽然不知道如何驾驶飞车，但我还是用手在手动控制面板上划了一下，整个车身在希尔人开枪的瞬间歪向一旁。一道白光从车身旁边擦过，打在了旁边巢塔边上。我俩因为车身的晃动摔在了地板上。自动驾驶系统再次启动，恢复了车身水平，另一台飞车开始朝着希尔人所在的平台降落。

“他们要追过来了。”我对着亚斯说，“你会驾驶这东西吗？”

亚斯看了看银色的控制面板，耸了耸肩说：“这能有多难？”

现在只能希望他学得够快了。我掏出 P-50 朝着飞车后面走去，而他则挤进了驾驶员座椅。亚斯用指尖在控制面板上划来划去，飞车也做出一连串急转弯。

“你真是天生的飞行员。”我说道，“现在试试俯冲加速。”

亚斯的手指向下一滑，带着飞车向着 4 千米下的地面俯冲。我们从希尔人的星形飞船边飞过，而两名希尔警卫的飞车才刚刚起飞。一名警卫手动驾驶着飞车，从飞车顺滑的动作来看，这名警卫非常熟悉操作。

“他们在手动控制飞行。”我看着他们向我们加速飞来，“他们还能控制推进器。”

亚斯用另一只手在面板上摸索，寻找控制加速的办法，但飞车不过是笨拙的左右摇摆，在晶莹剔透的高塔间穿行。一座建筑挡在我们前方，亚斯在撞上的前一秒带着飞车躲到一旁，让里面的瑞格尔人吓了一跳。

我们身后的飞车打开了海鸥翅膀一样的车门，另一名希尔人抓着车门框弹出了身子。脸上的外骨骼让他无视外面的强风，然后他开始瞄准准备射击。

我大喊道："他要开火了！"亚斯立刻开始做滚桶动作，飞车在他手上变成了亚轨道战斗机。

一道能量冲击从我们飞车下方擦过，向着前方飞了过去，然后打在前方的地面上。亚斯驾驶着飞车，贴着一栋巢塔飞行，借用它当作掩体，躲避希尔人的攻击。我们透过巢塔透明的墙壁，可以看到希尔人的飞车模糊的身影。它加速绕过巢塔，向着我们快速接近。

我不知道如何在飞行中打开车门，所以用穿甲弹穿过后窗向着希尔人开火。子弹从车身上弹开，差点击中车门处的希尔人。

"你想要我开稳点还是继续规避？"亚斯明白在天上晃来晃去，是不可能让我击中目标的。

"他们要是用能量武器击中我们，那就死定了。"

"继续躲避。"亚斯笑了笑说，"这可是你说的。"他的手指在面板上画着圈，带着飞车在高塔和天桥间上下翻飞，而希尔人的能量攻击从我们身边擦过。

希尔人不停地开火，我们之间的距离也在不断缩小。突然，飞车右侧被击中了，狂风直接灌了进来。气流扰动带着我们撞进了一座巢塔，晶莹剔透的墙壁被我们撞了个粉碎。亚斯驾驶着飞车躲向一旁，躲开了第二座巢塔，而希尔人却从另外一边绕了过去。有那么一会，我们和他们占据了巢塔的两侧，透过透明的墙壁注视着彼此模糊的身影。等我们进入无障碍空域之后，就开始并排飞行。

希尔人开始向我们转向，亚斯朝着他们撞了过去，然后两台飞车就开始进行高速剪刀动作，稍有不慎，就可能撞在一起。两车接近的时候，我对着他们的车窗打了一个点射，打碎了窗户，然后再次飞到一栋巢塔的右侧，希尔人飞到了左侧。我们又进入了平行飞行的僵持阶段。

“抓稳了。”亚斯驾驶着飞车打了个滚，然后做了个S形动作原路飞了回去。希尔人暂时跟丢了我们，然后绕过巢塔追了上来。

“还得再快点。”我透过狂风的呼啸大喊道。而希尔人的飞车距离我们越来越近。

“这简直就像踩着刹车开车。”亚斯怒吼道。

我把手枪调回单发模式，注视着希尔人的一举一动，等待动手的时机。“飞稳点，三秒钟就好……就是现在！”我一边大喊道一边抓住了天花板上的安全扶手。

亚斯稳住了车身，让残破的飞车尽可能地稳定，然后我把身子探出去准备开火。我顶着强风，对着希尔驾驶员开了三枪。前两发打在挡风玻璃上，但是第三发击中了他的躯干，让他彻底瘫在座椅里面，他们的飞车慢了下去。另一名希尔人朝我们开了一枪，击中了我们飞车的后部。

“我正在丧失动力。”亚斯不安地喊道，而我们也开始丧失高度。

我们的飞车开始翻滚打转，向着地面摔了下去。而在我们的上方，希尔枪手把自己死去的同伴，从驾驶员座位上拉到了一边。飞车脱离手动控制模式，慢慢减速进入悬停模式。

“左侧失去响应。”亚斯的双手在毫无反应的面板上划来划去，而我们正砸向下方的树林。“我没法保持飞行姿态了。”

我看着希尔人的飞车停在上方，估计自动驾驶系统已经进入安全模式等待下一步指令，然后扭头看了看亚斯。他在试图恢复控制，但我们距离地面越来越近。

“亚斯！”我喊道，“双手离开面板！”

他一脸疑惑地看着我，大喊道：“你疯了吗？”我现在已经可以清楚地看到，地面上的绿色植被是一片经过修剪的菲拉树。

“自动驾驶！”

亚斯恍然大悟，然后双手离开了控制面板。飞车开始疯狂晃动，搭载的人工智能开始测试剩余可用的系统，努力重新控制飞车。

“没用啊！”亚斯很想重新把手放回面板上。

我命令道：“等着。”飞车翻了个筋斗，把我俩摔到了车顶上。飞车就保持这个样子，慢慢开始下降。

“这到底什么情况？”亚斯坐了起来，我们缓缓降在一片树林里。

“你忘了七级冗余系统吗？”我说话的时候，飞车已经稳稳用车顶着陆了。

车门已经被卡住，所以我们从受损的后面爬了出去。等我们站起来的时候，一道黑影从我们头顶飞过，降在了一旁。这台飞车全身通红，要比巢都区的飞车更大。一个瑞格尔人爬了出来，他穿着白色衬衫和短裤，胸口处还有一个小小的金色徽章。他手里拿着一把武器，身后跟着三个向导无人机，其中两个飞到了我和亚斯身边。

“你们被捕了，”我的新向导翻译道，“交出你们的武器。”

亚斯看着我，只等我一声令下就开火，但是我摇了摇头。向着试图干掉我们的希尔人开火是一回事，但是在瑞格尔人家园世界上，对着正在执勤的瑞格尔警务人员开枪就是另外一回事了。我举起一只手，另一只手把武器放在地上。亚斯也按我的样子照做，然后我俩向后退去。瑞格尔警官小心地拿起我们的武器，好奇地打量着它们。

“在这等着。”他说完就回到自己的巡逻车锁好我们的武器。然后我们的头顶又出现了一台飞车。我以为它也是警车，但是发现不过是一台民用车辆。

“我们有伴了。”我对亚斯说，“安东尼娅要……”

上方突然出现了一道闪光将我们打晕。我的生物插件提升了肾上腺素流量，我恢复了意识。我发现我趴在铺着地砖的小岛上动弹不得，旁边躺着失去意识的亚斯。在不远处，可以看到一个模糊的黄色身影。那名希尔枪手站在不省人事的瑞格尔警察旁边，而被我的 P-50 打得“千疮百孔”的飞车则停在不远处。天空现在显出一种诡异的黑色，但是繁忙的空中交通证明现在并不是夜晚。我们现在身处一个扭曲力场里，一个在瑞格尔人眼皮子底下的扭曲力场。

希尔枪手拿起我的 P-50 对着瑞格尔警察开了一枪，然后把枪塞到我的手里。用亚斯的速射枪在警车上打出一个洞，再把枪扔到他身边。他伪造了我们袭击瑞格尔警官的现场。三个向导无人机记录了发生的一切，但是这个枪手却毫不在意，这再一次证明了希尔人已经控制了瑞格尔人的监控系统。

希尔枪手拿起瑞格尔警察的武器，对着亚斯开了一枪。亚斯整个人抽搐了起来，但是没有停止呼吸。我这才反应过来，作为和平爱好者的瑞格尔人，他们的武器不过是非致命的电击枪。希尔枪手移动到我和警官中间的位置，计算了下角度，然后对着我也开了一枪。

我脑袋里的轰鸣声渐渐退去，取而代之的是树叶的摩擦声和远处热带鸟类的鸣叫。我睁开眼睛，发现自己躺在雾气笼罩的高大树下。

我发现自己躺在潮湿泥泞的地上，地上铺了厚厚的一层棕色的叶子，但是我能感觉到身下冰冷的金属地板。我摇摇晃晃地站起来，小心翼翼地走向树林，伸出一只手摸了过去，发现这一切不过是幻觉。我再走了几步，就摸到了一面肉眼不可见的墙壁。眼前这一切不过是在完美的全息伪装下的牢房，而且牢房的屋顶非常之高。

一扇房门滑动打开，安东尼娅走了进来。她的向导停在门口，等她一个人进来之后就把门关上了。房间内的全息图像又恢复了工作。

她警告道：“他们能听到我们的每一句话。”虽然她的眼中燃烧着熊熊怒火，但是语调却很平静：“你知道你给我们和瑞格尔人之间的关系造成了多大的影响吗？”

“那个警官可不是我杀的。”我用手掌揉着眼睛，努力克服电击枪的后效。

“巢都区的向导无人机可以证明是你动的手。”她说道，“西瑞斯，你没必要撒谎，瑞格尔人什么都知道。”

“他们肯定知道。”我说着就放下了手。

“我给你说了不要带武器。你到底在想什么？还有，你是怎么摔了他们的一台飞车的？”

“我们可没有摔他们的飞车，我们是被击落的。”

安东尼娅皱了皱眉头：“事实并非如此。有几千个光学传感器看到你在逃脱瑞格尔安全部门的追捕，摔倒了他们的飞车，然后杀死了那名警官。”

“几千个？”我慢慢吹了个口哨，“全都是希尔人做的伪证。”要不就是瑞格尔人自己干的？

她摆出一副难以置信的表情看着我：“这就是你的理由？希尔人逼你这么干的？”

“希尔人控制了瑞格尔人的安全系统。”我小心翼翼地说道，“安东尼娅，千万别相信你看到的东西。一切都不是真的。”

她迟疑地说道：“你能证明这一点吗？”

“有几百个目击证人可以证明，他们肯定看见是希尔人向我们开火。”

“但是没人出来作证。”

“一个都没有？” 我缓缓地说道，开始思考其中的玄机。“他们都住在玻璃巢塔里，都知道其他人在干什么，却没人看到究竟发生了什么？你不觉得奇怪吗？”

安东尼娅退缩了一下：“西瑞斯，我看到传感器的数据了。我也出席了你的审判。”

“我还被审判了？”

她点了点头：“他们出示了所有证据。传感器数据、坠机和弹道分析，还有警官的验尸报告。一个都没少。”

“我晕了多久？”

“20 个小时。”

“我连给自己辩护的机会都没有吗？”

“你确实获得了辩护，”她说，“但是判决结果经过了一致通过。”

“那现在呢？”

“警官的家属启动了安洛瑞克斯，也就是复仇法案。”

“瑞克斯？”我想起来哥哥曾经说过这个词。

“这样他们会决定你的命运。”

“他们打算怎么办？把我变成肥料吗？”

“你俩被放逐了。”

“他们要把我们赶出这颗星球？”我的心中又燃起了希望。

“不，你们将会被赶出这个社会。对于瑞格尔人这样的种族而言，被社会所放逐远比死亡更糟糕。”她看了看周围的全息投影，投影的画面采用的是兰尼特诺尔的某处偏远丛林。“当他们孤身一人的时候，不得不忍受极度的分离焦虑，这会让瑞格尔人陷入疯狂。”正是这种心理缺陷，限制了他们殖民其他世界的能力。

“所以，我要永远被困在这些全息影像里了？”

“这不过是一间拘留室。”她好奇地抚摸着墙壁，“你俩会被脱光，然后被扔在南部大陆的丛林里。你俩之间距离很远，而且不知道彼此位置，所以你俩也绝对见不到彼此。因为那里有很多水果，所以你们不会挨饿，而且冬天也不是很冷。但是你这辈子都得一个人过了。”

我看着这片原始丛林，发现这还真是个让人难过的好地方。“怪不得希尔人没打算杀了我。”

“什么？”安东尼娅困惑地问道。

“我现在不会干扰到他们，而且希尔人也不会受到指责。真是干净利落。”

“希尔人不可能知道瑞格尔人的审判结果。”

“你确定吗？这是个等级分明的社会。他们尊重自己的长辈，而且完全会执行给他们的命令。”

她一言不发，心里明白我是在指责瑞格尔人让自己人闭嘴，从而保护行凶的希尔人。这说明，不论希尔人给了瑞格尔人什么好处，都值得他们牺牲一名自己警官的性命和两名人类的自由。

她质问道：“你知道你刚才说了什么吗？如果事情正是如此，会有多少瑞格尔人受到牵连？”

“我们在哪个氏族的巢塔坠毁的？”

“伊拉，但是大多数受损区域是在吉丽迪。”

“所以卡迈特和你的朋友梅纳西有管辖权？”

“是的，但是他们不会为此颠覆自己的司法系统。”

“这得看他们到底有多害怕和绝望了。你自己也说过，卡迈特会竭尽所能保护自己的人民，而且绝对不能相信他说的话。”我一脸厌恶地看着她，“你还真没说错。”

安东尼娅怒火上涌，她正准备反驳，但是却忽然明白了其中的玄机。她睁大了眼睛，心中腾起一股针对卡迈特的愤怒，因为她已经明白我所说的一切都是真的。“我们会上诉的。”

“找谁上诉？那群把我关在这里的人？”我不耐烦地说道。

她知道并没有上诉的可能，于是说道：“西瑞斯，你可以在那活很久，远比瑞格尔人活得久。你可以等地球进行抗议，如果有必要的话，甚至可以直接找瑞格尔二号星上的初生者抗议。”

地球的外交抗议可能要花好几年，而且还不能保证撤销对我的处罚。“也许直接从树上跳下去会更简单点。”也许孤独不会让我发疯，但是吃那些苦涩的菲拉水果一定能成功做到这一点。

“你要是弄伤了自己，”安东尼娅说，“也没人会来帮你。瑞格尔人没有自杀这个概念。”

“猜到了。”我怀疑不论情况有多糟糕，这些吃水果的和平主义者也不敢自杀。“那银边号怎么办？”

“你的坦芬工程师已经被下令离开这颗星球，永远都不能回来。他拒绝把你留在这但我估计他要是再不走，他们可能就会强行驱逐他。”

“祝他们好运。”埃曾会毫不犹豫地对任何强行登船的瑞格尔人开火，但是这也是无用功。他不可能一个人和整个星球对抗。“让他离开，千万别回来。”我知道他会试图营救亚斯和我，但是他绝对不可能在不被发现的前提下绕开瑞格尔人的传感器。埃曾只会害死自己。

“我会的。”

“什么时候开始行刑？”

“今天晚些时候。他们在等把你运走的亚轨道运输机。”

“我是该现在脱衣服还是晚点再脱？”我问道，“这地方有点冷。”

安东尼娅研究着菲拉树的全息图像，想象着以后的情况。“别放弃希望，西瑞斯。在那里努力活下去。说不定再过几年，我们就能把你救出去。”

拘留室的大门再次打开，安东尼娅转身离开，把我一个人留在一片无人居住的菲拉树丛林的全息投影里。这样的丛林很快就会变成我的监狱。而在我的头顶上，一只肉食鸟展翅高飞，我开始想象它在我的骨头上啃肉的样子。

过了几个小时，一个锥形的仪器飞进了我的拘留室，后面还跟着两个瑞格尔警卫。它飞到我的头顶上，然后我周围的空气开始变得模糊，整个人升到了空中。我在卵形的力场中活动受限，手脚无法穿过力场外沿。

警卫没有打算和我聊天，只是走到一边，让束缚装置带着我飞进走廊，然后跟在后面。亚斯已经在那等我了，他也被困在同样的力场里。我俩愤愤不平地看着彼此，然后被带进了一台电梯。电梯带着我们从地下监狱来到一个位于云端高塔上的停机坪。

我们登上停机坪的时候，一架亚轨道运输机也刚好降落。运输机机身上有一排小窗户，推进器位于机身中部。高空的强风在我们身边呼啸，我和亚斯从右侧推进器前部的舱门进入了运输机，警卫撤回到高塔内，然后运输机关上了舱门。

我们透过机身上的窗户，可以看到停机坪距离我们越来越远。等我们爬升到巢塔区上空之后，推进器由水平状态切换为垂直状态，带着运输机穿过云层，进入上层大气。

等我们可以从舷窗里看到星球的曲线时，前部舱门滑到一边，一个年迈的瑞格尔人带着三个向导无人机走了出来。他带着一个胶囊状的容器，而且看上去非常眼熟，但是我很难分清瑞格尔人。束缚力场关闭后，我和亚斯落到了地板上，两个锥形的仪器也飞进了运输机尾部的货舱。

我看了眼亚斯，说："我估计现在他们就要拿走我们的衣服了。"

"要是那个毛球想要我的裤子，"亚斯捏紧了拳头说道，"那就让他来试试。"

两名向导绕到我们身后，运输机也在兰尼特诺尔的高层大气保持了水平。在我们的下方，深蓝的海洋一路延伸到晨昏线，这意味着等我们被扔到南部的森林之后就要天黑了。

这位年迈的瑞格尔人上下打量着我，然后说道："这是你们的武器。"他打开容器，里面装着我的 P-50 和亚斯的速射枪。

我惊讶地看着我们的枪："你这是放我们走吗？"

"你们不过是逃跑了而已。"

我看着他的脸，看到项链上的吉丽迪纹章，然后明白了他到底是谁："卡迈特？"

"对喽。"这位吉丽迪氏族的领导人说道。

"我不明白，你讨厌我们人类。"

"那是我给希尔人造成的假象。我不讨厌人类，但是希尔人不喜欢你们太过亲近钛塞提人，而我要对自己的人民负责。"

我把亚斯的速射枪扔给他，然后装好了自己的 P-50。"但是你们的法庭判我有罪，要让我在雨林里过一辈子。"

"吉丽迪的法官而已。"他的话进一步证明了整场审判都是预先设计好的表演。"希尔人希望如此。如果不给你们安排点什么罪名的话，就会让希尔人发现我们已经识破了他们的诡计。我知道他们干扰了传感器，入侵了我们的安全系统，杀害了我们的警官。我们可能只是银河系议会的低级成员和和平主义者，但是我们不蠢。我们的人民对于周围环境充满好奇的同时，也从来不会放松警惕，没人能躲过他们的眼睛。"

"所以审判不过是演戏给希尔人看。"我现在完全同意安东尼娅对有关老奸巨猾的卡迈特的推测。

“他们当时在监视我们。”

“他们现在可能还在监视我们。”我看了亚斯，他一脸困惑地盯着我们。

“希尔人已经离开了我们的星系，然后我们才把你们带出全息监狱。”

怪不得审判如此迅速，而且运送我们去丛林的运输机还延误了。“看来你们确实需要他们提供的东西。”

“那是当然。”

“他们究竟有什么东西，值得你们放走一个杀人犯？”

“不受众海孤子的攻击。”

“他们居然能做到这一点？”我狐疑地问道。

“他们正在银河系议会中建立一个中立派系，如果众海孤子真的再次入侵，他们就不会受到入侵者的攻击。”

原来是这么回事。不论希尔人是真的保持中立，又或是在为入侵者卖命，他们正在为自己的两栖类主子分裂银河系。

“入侵者要来了？”我问道。

“封锁已经失败了。”卡迈特说道，“如果他们再次进攻，我们将毫无还手之力，所以必须尽可能保护我们自己。”

“你凭什么认为入侵者会遵守你和希尔人的约定？”

“我们还有其他的选择吗？银河系团结在一起才把众海孤子封锁了 2500 年，但是现在大家都累了。他们不再团结，而且那些曾经强大的文明也虚弱无力，但是众海孤子的实力却在与日俱增。”

“钛塞提人依然很强大。”

“也许吧，但是在第一次大战的时候，可不是他们打败了众海孤子。一个来自银河系外的强大力量拯救了我们，但是我们和他们已经一千多年没有交流了。这次没人可以帮我们。希尔人是我们最后的希望。”

“你们可以选择战斗。”

卡迈特不屑地哼了一声:“人类从没有见过银河系战争的真实面目，我们可是深有体会。你们之所以能活到现在，完全是因为银河系议会提供的保护。”

“可能你说的没错，但是我们选择战斗，而不是投降。”

“你现在这么说，但是肯定没体会过面对具有压倒性优势的敌人时的无助。别用你们短暂的地球历史来揣测星际冲突，你们那些行星内级别的冲突不值一提。世界大战中，冲突双方实力相近，但是星际战争却不是这么回事。在这种情况下，任何形式下的和平都好过种族灭绝。”

“那你为什么要放走我们？”

“希尔人下了大力气要把你们留在这里，确保你们不会干预他们的下一步行动。他们完全可以消灭你们，但是没这么干。”卡迈特仔细打量着我，“他们到底在害怕什么呢？”

他们也许害怕钛塞提人，但是他们不可能知道我在为他们工作。如果他们真的知道这事，我可能早就死了。这肯定是有什么我没注意到的事情。

卡迈特盯着我，揣测着我是否在说真话。“为了大家着想，我建议你快点弄清楚。”

这可不是什么单纯的友好建议。任何能让希尔人担忧的事情，都能引起卡迈特的好奇心。这个年迈的瑞格尔人正在参与一场危险的游戏，在银河系的超级势力之间周旋而不至于陷入冲突，但是他却不是个失败主义分子。他是个老谋深算的战略家，致力于让自己的人民能够在这宇宙中活下去。

“是你在我的船上，用向导撞了希尔人的探针吧？”

“是的，而且是我要求梅纳西邀请你们的大使参加欢迎希尔人的宴会。”

看来安东尼娅和梅纳西的友谊也不过如此了，“你为什么这么做？”

“当尼迪斯第一次着陆的时候，我给了他所有在兰尼特诺尔上的大使名单，然后询问他应该邀请哪些人。他邀请了其他所有人，唯独漏掉了一个人。”

“安东尼娅 · 米兰妮。”

“我很好奇为什么强大的希尔人会排斥银河系中最没有存在感的种族大使。你们没有盟友。从银河系的角度上来说，你们的军事实力近乎不存在。你们连银河系议会的正式成员都不是。但是，希尔人还是努力避免接触人类。我无法回绝他的请求，所以要求梅纳西以家庭随时人员的身份邀请你们的大使。我必须承认，在评估希尔人真实意图的过程中，你的出现是个不可控事件。我没有想到你会出现。你让他感到不安。你知道他们的习俗：掌出，无刺。而我们根本不知道这些。人类从来没去过天鹅座环带，但你是怎么知道这些事情的呢？”

“运气好，瞎猜的。”我含糊其词地说。

卡迈特打量着我，知道我肯定在隐瞒什么事情。“当希尔人在扫描你们的飞船时，我们也明白了他们是如何入侵我们的系统的。他们的科技远在我们之上，但是他们入侵我们的系统时，我们也早有防备。我们行事非常小心，不想让他们看出我们早就发现了他们的行动。”

“安东尼娅知道吗？”

“她不知道，而且你也不能告诉她。她肯定会上报地球，说明你被放逐到南部森林的情况。你们的政府肯定会进行抗议，要求我们释放你，到时候我们会说明你已经莫名其妙地逃跑了。”

“你们为什么不能信任她？”

“因为马塔隆人正在监听地球最隐秘的通信系统。你没猜错，我们对马塔隆人也很了解。不能让他们知道我们释放了你，因为这样就会破坏我们和希尔人以及众海孤子签署的中立协定，这样我们的人民就岌岌可危。”

“但是我不过是个送外交文书的信使，你为什么要告诉我这些事情？”

“你以为我是真傻吗，亚历山大的凯德和艾琳的西瑞斯。你绝对不可能是个信使，而我也不可能是个没有脑子的摘果子佬。所以，我才决定放你走。”

我不得不开始从全新的角度来看待卡迈特，看来瑞格尔人远比表面上更为精明。而且，他说的都没错。地球情报局确实认为，在面对高科技文明的时候，我们不可能守住任何秘密。唯一例外的是那些储存在生物插件里，有终端保险的人体内的情报。很明显，瑞格尔人对自己的安全情况也做出了一样的判断。

“看来我们之间有很多共同点。”我非常认同他的推测，“而且你说的确实没错。”

亚斯困惑地举起了手说：“他到底在说什么？”

还没等我回答，卡迈特继续说道：“现在让你重归自由，自此吉丽迪和凯德氏族间的债也就一笔勾销了。”

“什么债？”

“你的基因说明了你的家系。你和亚历山大的凯德和艾琳的亚历山大是兄弟，我在很多年之前见过这个人类。他为吉丽迪氏族做出了不小的贡献，现在我们两个氏族间的债务已经一笔勾销了。”

原来是我哥哥告诉了他们我父母的名字。他一直使用的都是亚历山大这个名字，而不是老爹给他起的小名，伽努普斯。但是他使用了瑞格尔语中代表复仇的瑞克斯，作为自己的新名字，因为他渴望复仇，而且不想与过去有任何瓜葛。至此，伽努普斯 · 瑞克斯就诞生了。我以为只有亚斯和埃曾知道臭名昭著的海盗兄弟会领导人是我的哥哥，但是现在看来我在这一点上是大错特错了。多亏了瑞格尔人对基因和家谱学的执着，现在全体瑞格尔人都知道了。

我问道：“他为你们做了些什么？”现在运输机已经到达了南部大陆的沿海地区，开始向着一望无际的热带雨林俯冲。

卡迈特犹豫了一下，但是家族传统还是让他说出了真相：“他杀了我的表兄，也就是吉丽迪氏族的前任领导人。”

这个答案让我大吃一惊，我现在必须对这些爱好和平的瑞格尔人刮目相看了。“为了给你腾位置吗？”

“我的表兄软弱无能，而入侵者的威胁从那时起就已经很明显了，必须找一个更有能力的替代他，不然氏族的存续岌岌可危。当我发现你哥哥的时候，他漂浮在太空中，双目失明，差点就死了。我帮他恢复健康，而他为我清除了障碍，将你从孤独和放逐中拯救出来，为我们两家血脉带来了全新的平衡。”

“我下次见到他的时候，会转告他的。”我相信狡猾的卡迈特有朝一日会是一个强大的盟友。“这意味着我们两家的关系到此为止……还是说进入了一个新阶段？”

他并没有立即回答我，他那精明的脑袋瓜一下就明白了我想说什么。“你我两家已经建立了互信，只有背叛才会破坏这种关系。”

这是凯德和吉丽迪两家之间的盟约，而不是人类和瑞格尔人之间的盟约，虽然不是我想要的，但可以算得上是一个不错的开始。“我明白了。”在我说话的时候，运输机已经降落在森林里的一片空地上。运输机舱门打开后，可以看到银边号就在旁边不远处。“埃曾知道吗？”

“他只知道降落地点，除此之外什么都不知道。你们的大使以为他已经执行命令，离开了这颗星球。”

“你该怎么解释我的飞船绕过了你们的传感器？”

“没什么好解释的。我们是一个单纯而热爱和平的种族，很容易就被骗的。希尔人可以证明这一点。”

我笑了笑，越发欣赏卡迈特的老谋深算：“我可不想和你打扑克牌。”

他问道：“你为什么想麦塔[①]我？”这说明向导对于通用语的了解还不够深入。

“翻译错误而已。”我说着就走出了舱门，“还有，多谢了。”

“不必感谢我。在兰尼特诺尔上，有中立协议保护你。但是在其他地方，你只能靠你自己。”

他的话颇有道理。人类已经被排除在中立协议之外，但是如果有机会的话，地球议会是否会加入中立协议呢？这意味着我们将放弃钛塞提人，躲在银河系的小角落里，指望着希尔人和入侵者能够信守承诺。我越是想到这件事，就越发不喜欢这个主意。

“我们打算自己碰碰运气。”我说完就和亚斯跳出运输机，朝着银边号跑了过去。

“那个毛团子刚才都说了什么？我的向导一句话都没有翻译。”

“一句都没有？”

“一个字都没有翻译。”

我这才反应过来卡迈特刚才关掉了亚斯的向导，确保谈话的私密性。

“他到底是谁啊？”亚斯问道。

“我也是头一次见他。”我回答道。

---

① 人造后人类种族联络人原文为 Artificial meta-human species liaison。此处麦塔是对 meta 的音译。

“那他说了什么？”

“他让咱俩赶紧滚蛋，别再回来了。”

“谢天谢地。”亚斯说道，“这地方真是糟透了。”

“听说过小乌苏鲁斯星系吗？”我俩看着银边号的卸货坡道。

“听都没听过。那有什么？”

“猎户座的大供应商。”我话音刚落，银边号的船腹舱门就关闭了。

04
266号独立巡回商会（猎户座）

266号独立巡回商会
当前位置：小乌苏鲁斯星系
武仙座外部地区
适应性重力
距离太阳系930光年
420万艾扎恩人，可容纳1.12亿客人

银边号在小乌苏鲁斯星系的恒星风顶层自动脱离超光速。根据准入协议的有关规定，这里是一个受限星系，人类不该来这地方。这里是厄拉特人的地盘。他们的科技高度发达，而且人类到目前为止还不允许和他们建立联系。小乌苏鲁斯星系是他们在映射空间内唯一的领地，据说他们的家园世界距离人类最偏远的殖民地还有八千多光年。

靠近恒星的位置有两个类地行星，靠近行星风顶层的地方还有若干气体巨星。这是一个全无生气的偏僻星系，鉴于厄拉特人不喜欢和其他文明打交道，艾扎恩人在这里开张营业就显得非常奇怪了。

亚斯皱着眉头研究着星图，脸上写满了困惑："宜居带内没有行星。"

"不要看人类宜居带。"我指出了他的错误。他在搜索可能有液态水的轨道，但是厄拉特人不需要液态水。"他们喜欢炎热的环境，直接从蒸汽中吸取水分，根本不需要液态水。”

亚斯把注意力集中到两个靠近恒星的世界，行星表面的岩浆和火山群让他越发困惑。“我检测到高浓度大气，气压是地球表面的 20 倍。下面不可能有活物。”

“但是下面的环境非常适合嗜热性碳硅混合生物。”我等着他自己发现错过的最重要线索。

“嗯……两个星球都被重力潮汐锁定了。”他困惑地看着两颗岩浆密布的世界，星球的北极都指向星系内的恒星。“他们把行星搬了个家，然后修改了地轴？”

“不得已而为之。”

“我的天哪。”他的语气中不乏惊讶的口气，“他们是怎么给两个行星搬家的？”

“肯定花了不少工夫。”

“这种行星改造还真是够疯狂的。”

我们总是以为寻找类地行星非常困难，但是充满生机的世界远比这种被重力潮汐锁定的高重力岩浆世界要多得多。据我所知，厄拉特人喜欢的世界类型刚好让其他种族望而却步，没人会和他们发生竞争。但是这种星球毕竟在银河系中屈指可数，这些嗜热的神武门就被迫变成了天体改造的装甲，善于改变地轴和轨道，而不是简单地改变生物圈。

重力潮汐锁定导致行星朝向恒星的一面岩浆四溢，而厄拉特人居住的夜半球则笼罩在两个半球巨大温差驱动下的超高温旋风中。星球内部密度比地球高，地壳和地球相比更薄一些。整个星球高速旋转，融化的金属地核制造出一个强大的磁场，可以避免小乌苏鲁斯星系的恒星风吹走两个行星上的大气层，从而保护当地居民免受辐射影响。

“我看到了。”亚斯终于说道，“我看到夜半球有卫星，而且南极地区有太空港。”

“每颗行星只有一半有人居住。”但是星球内部的空间还是弥补了居住空间的不足。“朝向恒星的一面太热了，就连厄拉特人也受不了。”

“我没发现任何城市或农业设施。”

“他们居住在地下，而且不从事农业劳动。”我说道，“他们都是无机营养型生物，通过氧化硫黄获取能量。”

“原来他们吃硫黄哦？”亚斯做了个鬼脸。

“艾扎恩人到底去哪了？”我盯着控制台上颗粒感明显的星球扫描数据，却找不到银河系中超大型的流浪城市的踪迹。我怀疑阿尔拉·斯努·迪在耍我，但是一个物体快速飞到我们的身边，触发了接近警告。一个光学探头将捕捉的图像传到了主屏幕上，来者是一个颜色昏暗的金属圆环，两侧还有一对银色的伞状力场发射器。

“欢迎，客人。”通信器里传出来陌生的声音，“你是在寻找公平的交易吗？”

“是的，但是对我们来说，这里是个受限星系。”

“限制令对于小乌苏鲁斯四号线轨道以外的独立巡回商会客户无效。”

“阿尔拉·斯努·迪邀请我们来的。”我看着星图，发现四号星是最靠近星系恒星的气体巨星，距离厄拉特人的殖民地很远，但是它还是没有告诉我们艾扎恩人的确切位置。

“谢谢，客人。我现在就激活你的服务合同。”艾扎恩迎宾飞船说完就消失了。

“它跑到星系另一头的气体巨星那去了。”亚斯用传感器对准远处的星球，然后迎宾船又一下子跑回来了。

“根据艾扎恩—厄拉特租借协议，已向你颁发服务协议。请前往小乌苏鲁斯五号星。请不要前往四号线轨道以内的区域或者试图用任何方式联系厄拉特人。当你到达指定位置后，客服将为你着陆引导。

艾扎恩 266 号独立巡回商会希望你能大赚一笔，我尊贵的客人。”迎宾飞船完成了任务，不等我们回复就飞走了。

“小东西效率真高啊。”亚斯嘀咕道。

我们又进行了两次小型超光速泡泡跃迁，来到了星系的另一头。第一次跃迁的时候为了躲开厄拉特人的禁区，设计了一条高角度轨道，然后再向下到达艾扎恩人租借的气体巨星重力井附近。

“看到他们了。”亚斯打量着控制台上的橙棕两色的气体巨星。“北半球上层大气。”他吹了个口哨，“这玩意真大。”然后他又纠正了下自己的话，“这些玩意真大。”

亚斯把光学探头对准北半球，然后拉近视角，看到充满氢气的天空中有一条黑线。随着画面逐渐放大，这条黑线变成长方形的物体，每一个的尺寸都和小型城市不相上下。单论个体体积，它没有尼斯克的巢船大，但是这里足有几百个类似的飞船排成一条完美的直线。每一艘飞船之间距离很近，几乎贴在了一起。

一个彬彬有礼但毫无感情的声音向我们问好：“艾扎恩 266 号独立巡回商会向你们问好，尊贵的客人。请前往你当前导航系统内的停泊坐标。”

船内通信系统里马上响起了埃曾的声音：“船长，我发现数据核心出现了未授权的上传活动。”

“埃曾，没事，那不过是艾扎恩人太热情了。没什么可担心的。”

主屏幕上立即出现了一条三维航线，这说明不论他们用什么方法强行向我们的数据核心发送数据，这些导航信息都完美符合我们的自动导航要求。

“让我们看看他们都卖些什么好东西。”我说完就开始加速，带着银边号进入航线。

到达大气层后，我们穿过氢云，向着一排长方形的物体飞了过去。

它们有六层楼高，底下五层有巨大的窗户，顶层是巨大的太空港。出入口的扭曲扰动说明这里用压力场隔离气体巨星的大气，省去了隔离门的费用。透过压力场，可以隐约看到其中停泊的飞船，但是还有些为私密客户准备的模糊视觉效果的力场。

我们顺着航线进入一个宽大的舱门，舱门之大，完全可以让银边号随便摆一个造型飞进去，但我还是选择船头对着舱门飞进去。刚一通过舱门，我就 180 度旋转飞船，以免我们需要紧急撤离，然后才彻底降落。

还没等我们打开频道，通信器又响了起来："欢迎来到艾扎恩 266 号独立巡回商会。你已获准免费停船和使用与你银河文明分级评分对应区域内的娱乐设施。所有消费将按照市场价从你的账户中扣除。所有货物必须全款支付，艾扎恩期货将为所有货物提供保险。尊贵的客人，你希望如何建立账户？"

"我们有卡罗兰、美罗帕和阿瑟蓝货币。"

和大多数互助会等级上的人一样，我也存了些猎户座议会成员的货币，虽然不够我退休用，但是足够让艾扎恩人开心一下了。等人类成为银河系议会的正式成员，地球银行的货币将获得全面承认，然后就可以在外星世界上自由使用了。但是在那之前，我们还得继续使用其他文明的货币。不过幸运的是，大多数猎户座当地文明都和地球建立了货币共享协议，这样我们就能保持和他们的贸易。而像尼斯克这样的强大势力，则接受以物换物的贸易。

"设施已启用。"客服说道，"根据艾扎恩隐私协议，所有低于银河系文明分类评级 9.8 分以下的传感器已被干扰。无法确保此协议有效覆盖高于这一评分的科技。"

亚斯检查了下传感器数据，然后点了点头："我们现在完全瞎了。除了港口之内的情况，我什么都看不到。"

客服继续说道：“为了保证你的愉快购物体验，所有飞船上都是可变重力。所有飞船上空气含氧量为18%，八十五号船含氧量为24%。我们将无偿提供额外空气补给。所有服务站都有全语言翻译功能，而且可以语音完成合同授权。尊敬的客人，你还有什么问题吗？”

“可变重力是怎么回事？”亚斯问道。

“我们可以根据你的要求，周围 0.5 米内提供可变重力。”

我们还处在标准地球重力影响下，所以完全没有注意到自从引擎关闭后，我们的人工重力也失效了。

“独立重力场，而且还不用带移动力场发生器。”这让亚斯印象深刻，“这可真的太棒了。”

“我们能够进入你们的哪些船？”我问道。

“你可以在一至三号船内购买符合评分 6.1 分的货物。”

“就这些了？一共多少艘船？”

“艾扎恩独立巡回商会总共有 280 艘船。还有 7 艘在建造中。”

“你们这有酒吧、夜店和姑娘吗？”亚斯永远对娱乐活动这么感兴趣。

“我们提供全套娱乐设施，涵盖生理性、心理性、神经性和生化性娱乐。我们不提供同种族交配性服务，但是可以在身体娱乐设施中找到互动拟像。”

亚斯一下子就来了精神：“行吧。”

“你需要什么帮助吗，客人？”

“现在先不必了。”

“祝你大赚一笔。”

亚斯爬出自己的抗加速座椅，脸上写满了兴奋：“咱们有多少外星货币？”

“够你去惹麻烦了。”我说道，“埃曾，你在听吗？”

“听着呢，船长。”船内通话系统里传来了埃曾的声音。

“我去看看能在这弄到些什么活儿。”毕竟这是我告诉他们来这儿的理由，“你和亚斯一起行动，确保他不要惹艾扎恩人生气。”

“船长！”亚斯愤怒地说道，“难道你不相信我吗？”

“我当然相信，不过我更相信埃曾。还有，带上个通信器，我们可能随时要离开这。”

“埃曾，”亚斯搓着手说道，“咱们要不要来个喝酒比赛？”

\·\·\·\·\·\·\

整个停船区和银边号一样宽，但是有八倍长。太空港入口的压力场让气体巨星的上层大气看上去不过是一团橙棕两色的雾气，而其他三面墙上则是锁定的巨型货舱门。太空港的另一头停着一排悬浮平台，每个平台上还有一个机械吊臂。机库的一角还有个开放甲板式的货用升降梯。

当我坐着升降梯来到下面一层的时候，发现这里是一个广场，周围的舱壁被落地窗代替，可以从这里看到气体巨星冰冷的天空。环绕着艾扎恩船队的云层分成了橙棕相间的样子， 用肉眼甚至看不到星球的曲线。远处艾扎恩船队的头顶上，还有一片比地球还大的黑色砧状云，甚至可以看到云层内部的闪电。虽然整片云层看起来一动不动，但是在窗户的另一边，这些气体正在以每小时 500 千米的速度流动。然而，艾扎恩人的船队看起来丝毫不受影响。

鉴于我们不会掉进云层下面的液态氢海洋，我跟着两个薇迪人通过走廊，沿着林荫大道到达一个岔路口。大道两侧是各种全息图像，上面有着各种商品：纺织品、珠宝、艺术品、食物、矿产和其他叫不上名字的东西。但是，其中没有一件是技术类产品。每件商品上方都有一排块状的艾扎恩文字，每当客户靠近的时候，就会自动翻译成对应的语言。除此之外，还会生成一个能够熟练使用目标语言的全息商人，它的目标就是让客户相信只要多花几块钱，就能大赚一笔。

艾扎恩人一定对银河系中所有的种族进行了细致的研究，研究每个种族的喜好厌恶、语言模式、习俗和行为模式。他们将百科全书里的知识点变成了商业上的优势，将和蔼可亲的全息拟像设计提升到了一个全新的高度。

我非常欣赏艾扎恩人对于细节的关注，于是混入外星人的队伍当中，让人潮带着我往前走。空气中回荡着各种外星语言，但是没有一个商贩打算从我身上大赚一笔。

在林荫大道中间是一个加速人行道。一对美罗帕夫妇走到上面，一下子就被送到了远处。我跟着他们走了上去，看着商人和人群在我身边一闪而过，然后在一个灯火通明的市场停了下来。味道各异的香气冲击着我的感官，街道上回荡着各种外星音乐，亚斯一定会喜欢这种活跃、狂热的气氛。

我绕过娱乐区，然后在全息商人周围仔细打量，寻找能让自己赚一笔的货物。能搞到什么货物并不重要，能让亚斯和埃曾相信我的借口才是重点。当我身后的外星音乐渐渐消失，我发现一个摊位正在贩卖五颜六色的衣服，它不断变换着图像，努力讨好每一个经过的潜在客户。当我从旁边经过的时候，上面弹出了“人类”字样，然后块状的文字变成了通用语：

黎萨拉丝绸

生物工程打造，美观又耐用

一个人类女性冒了出来，直直地看着我，暗示着她可不单单是一个全息拟像。“欢迎，客人。”她说道，“黎萨拉丝绸使用银河系中最优秀的生物合成模拟器进行处理。它在200年内都不会沾色、脱色或变色。”这个性感的全息拟像拿起一块红绸说道：“还请你来感受下它的材质吧。”

我以为这不过是一种光学幻觉，但是摸上去确实有种丝质的手感。我先摸了摸柔软光亮的丝绸，然后出于好奇，又摸了摸全息拟像的手。她的手摸上去和其他真实的人类女性没有任何差别。她看着我的手，笑了一下，却没有阻止我的动作，就好像这一切勾起了她的好奇心。我这才发现，艾扎恩人刚刚学会了对温血的哺乳动物使用性感推销这种招数。我抽回了手，完全不受这种幻想的影响。

“我从没听说过黎萨拉丝绸。”

“位于船底座和人马座第七交错旋臂的黎萨拉联邦是高质量纺织品的主要生产商，而且他们也是银河系最时尚的文明之一。”

我这下明白为什么从来没听说过黎萨拉人了。他们在银河系的另一头，整个银核挡在中间，距离地球足有50万光年。我仔细研究着丝绸，被它的光泽深深吸引了。

“裁剪缝纫的时候需要什么特殊技术呢？”

“需要粒子切割和分子融合。人类裁缝已经掌握了这些技术。”

“每米75通用单位。”我艰难完成了一个二次换算，估计价格大概在400块钱地球币，而且我觉得阿明 · 扎蒂姆一定会很乐意买走这些丝绸。“都有些什么颜色？”

“当前可搭配颜色有1200万种颜料可供选择。需要看看我们的光谱演示吗？我们提供各种颜色、长度和混纺。”

“红色、蓝色和绿色，每种颜色100米。”

“偏光还是漫反射？对于人类来说，偏光可能会提供更鲜艳的颜色。”

“那就偏光吧。”我把存有外星货币的地球银行账户密匙递给她，“能读取这个吗？”

“当然可以。你希望现在就移交所有权吗？”

“是的。”

我以为她会要求基因检测确认身份，但她不过是微笑着说：“交易完成。货物将在两个小时内，直接送到你的飞船货舱。还有什么我可以帮你的？”她用越发挑逗的口气问道，看来她似乎对我摸她的手这件事解读有误。“各个娱乐中心都可以为你提供全息拟像，绝对可以满足你的各种需求。”

把她当成我的梦中情人真是我这辈子听过最糟糕的主意，不过这也说明艾扎恩人对人类风俗的了解还有待加强。“谢了，不用。”我说道，“我想问一下，我的希尔人朋友，尼迪斯，现在到了吗？”

“希尔人的飞船洛拉克号当前停在3-897号机库。”她回答我提问的时候，全然不带刚才模拟出的种种风情，“货展大厅尽头的快速扶梯可以直达三号飞船。”

“那有供人类使用的转运区吗？”

“是的，仓库编号是3-64。洛拉克号也有权进入。希望我们把你的飞船转移到邻近机库吗？商会转移飞船时，不需要你本人在场，但将收取手续费。”

“过会儿再说吧。”不论传感器抑制系统是否真的有效，我都不想让银边号距离希尔人和他们的人类朋友太近，最起码先要知道他们到底想干什么。

我为了填满货舱，又买了些东西：一盒子来自帕拉迪的超碳珠宝、一组瓦比尼克古雕像的复制品、两吨雅杜产的生物肥料球。这些货物肯定能把货舱塞满，亚斯和埃曾肯定不会对此表示怀疑。于是，我通过扶梯进入了三号飞船。

当我登上连接飞船之间的加速扶梯的时候，我才知道和冰冷的氢风之间只有一道压力场。扶梯带着我进入太空，让我能够清楚地看到氢气弥漫的天空和另外九座连接两艘飞船的加压桥。过了一会儿，我就到达了三号船，然后通过若干扶梯来到洛拉克号的机库，每当我迷路的时候，我就找那些全息商人问路。

机库门的控制面板拒绝了我的访问，于是我就返回到最近的商贸大道，找了一个展示着各种小球的商人。迎接我的还是刚才那个女性全息拟像，她对着我微笑的样子就好像多年老友见面，招牌上的艾扎恩文字也变了样子：

奇塔迪甜点

猎户座最甜的非致幻物

当我看到招牌的时候，我吓得打了个哆嗦。我倒是见过机器奇塔迪人，他们大多是去尼斯克领地用甜到令人发指的糖果交换尼斯克胶。我吃过一次他们的糖，舌头上的味蕾过了整整一个星期才能尝出其他味道。虽然卡路里摄入量惊人，奇塔迪人却非常瘦，他们的代谢处理糖分就像人类处理水一样轻松。

我耐心地听着全息拟像喋喋不休，描述奇塔迪人是猎户座旋臂碳水化合物强化的专家，然后她问道：“你想要来点样品尝尝吗？”

“我要是现在下单的话，”我努力遏制住自己宁愿喝酸液也不吃这糖的表情，“你能立即送货吗？”

“购货完成之后，我们将在 30 分钟之内将货物优先送到你的货舱里。”

这对我来说就够了。

“我要买一千克蓝色的糖果。”我确信牙齿咬上去的瞬间就会被腐蚀，“优先配送到 3-64 号仓库。”

“根据艾扎恩不可追踪性承诺，相关货运信息将从公共记录中删除。尊敬的客人，你希望删除有关记录吗？”

我整个人惊讶地向后跳了一步。艾扎恩人不遗余力地保证真实和可靠性，声称任何客户之间的交易都和自己无关。但是掩盖我的记录，让他们也成为非法交易的从犯。我说道：“好，删除所有记录。”

“请支付货款 2% 的数据删除费用。”

“非常合理的价格。”我不得不再次让艾扎恩人坑了一笔。

全息拟像读取了我的地球银行账户密匙，然后我回到希尔人飞船所在的机库，透过一面巨大的窗户，观赏着远处砧状云里翻滚的闪电。没过多久，一台反重力货运托盘带着一个透明的货箱飞了过来，透过货箱可以看到蓝色奇塔迪糖果。它穿过机库大门，然后顺着旁边的走廊来到一个巨大的货运舱门。我跟着托盘登上电梯，然后大门关闭，身后响起了一个熟悉的女性声音。

“通过转运区进行私人会谈，请缴纳 5% 服务费。”

我转身看到那个女性全息拟像就站在电梯的另一头。艾扎恩人肯定不会让客人们互相扫描，但是为了能从客户身上多赚点钱，却进行了不间断监视。

“你同意支付额外费用吗？”她问道。

“行，扣钱吧。”我不耐烦地说道，我就知道他们不会放弃每一个赚钱的机会。

全息拟像渐渐消失，然后电梯升入一个漆黑的仓库，库房的一边有六扇大门，另一边则是一排机械吊臂。机库的一号大门和二号大门没有关闭，借着外面的灯光可以看到仓库中间一大堆白色的货箱。在它们旁边还有三个大容量真空辐射密封集装箱，和银边号货舱满载时外部拖挂的集装箱是一个型号。

当电梯到达机库，送货托盘向着仓库中央前进，而我则冲到最近的吊臂后面，倾听着周围的一举一动，免得自己被发现。然而并没有警卫来找我，所以我探出头打量着周围，而送货托盘已经把奇塔迪货箱放在白色的货箱旁边。

机库一号门附近有人活动，而且还能看到欧可可领事在瓦尔哈拉上拍到的迈达斯级星级游艇。这艘船比银边号要大好几倍，而且外形更为流畅，船头还用黑体字写着船名：伊斯塔纳。除此之外，没有更多线索供我判断它的所有人或母港。一个小型货运机器人端着一个白色货箱穿过门廊，然后把它和其他货箱放在一起。

一个穿着整洁的蓝白两色制服的人站在门廊里，手上还拿着一个闪闪发光的数据板。他穿的不是军队制服，只不过是星际游轮船员常穿的那种花哨工作服。他一脸好奇地检查着货箱，低头核对着数据板上的货单，等货运机器人回到伊斯塔纳号之后，他对着我视野外的人挥了挥手。

“就这些货了。”他大喊道。

库房里回荡着游艇货舱门关闭时液压系统发出的吱吱呀呀声，然后彻底关闭时还发出金属碰撞的巨响。货舱门关闭后，那名穿制服的人也消失不见了。周围似乎空无一人，于是我就摸到那堆货箱附近，然后爬到了另一道机库门前。没过多久我就看到了洛拉克号角臂，但是周围却没有希尔人的踪迹。我决定暂时保持距离，先不脱离艾扎恩人传感器屏蔽装置的作用范围。

伊斯塔纳号和洛拉克号可能在瓦尔哈拉会面，然后商定在艾扎恩人的船队交货。但是为什么要选在这里？他们完全可以在瓦尔哈拉交接货物，而且完全不用担心艾扎恩人会发现他们的小阴谋。

我一步步撤回黑暗之中，和希尔人的飞船拉开距离。等彻底看不到洛拉克号之后，就开始借着伊斯塔纳号机库的灯光研究这些一立方米的货箱。

这些小型白色货箱都是互助会的标准设备，装有一个磁力密封装置和未加密的锁子。只要在控制面板上轻轻按一下，就打开了盖子，露出里面的小盒子。盒子上印有红十字，以及这么一句话：

民联军医疗部队

A4 创伤医疗包

“医疗包？”我大吃一惊。

民联军医疗部队生产了几百万个同类医疗套件，所以弄到这么一批货可谓易如反掌。但是医疗包里的药物对于希尔人来说是剧毒。我怀疑包装不过是骗人的把戏，于是拿出一个撕开包装，发现里面都是兴奋剂、止疼药、止血垫和一次性的截肢器。看起来毫无可疑之处。

这时，仓库里响起了机器的轰鸣声，机库门纷纷关闭，灯光也昏暗了下来。等所有舱门关闭之后，一艘飞船通过三号机库门开始降落，附近响起了助推器的轰鸣声。起落架和甲板接触的瞬间发出空洞的巨响，然后助推器也停止了工作。

过了几分钟，三号机库门缓缓打开，在仓库地板上投下一块长方形的亮光。我看不清飞船的具体型号，但是从飞船的另一边走出了两名船员，他们穿着深灰色的增压服，面罩挡住了他们的脸。还没等机库门完全升起，他们就弯腰钻了出来冲向货箱，身后还跟着四个货运机器人。一个人高大健壮，另一个个子不高，身材更为苗条。他俩腰上都挂着手枪，面罩都调整到了单向模糊状态，艾扎恩人的传感器也无法捕捉到他们的脸。

他俩绕着货箱堆打转，快速检查着每一个货箱。我把医疗包放回去，爬到货堆旁边，就蹲在矮个的船员旁边。为了能听清他们在说什么，我命令监听器增强灵敏度，但是脑内界面却弹出一条警告：

未知抑制力场正在干扰生化插件接收器。

致力于保护隐私的艾扎恩人正在干扰我的插件传感器。我现在还能依靠原生的感官，跟着矮个船员来到货堆的一头，每当他停下检查货箱的时候，我也跟着停下来。我必须快速而安静地解决他，爆发枪战只会招来艾扎恩人的警卫。如果走运的话，我可以在他大个子朋友发现不对之前，问出些有用的情报。

我在货堆的一角认真听着他的脚步，等他绕过来的时候，就一脚踹在他的肚子上。虽然增压服吸收了大部分冲击，但他还是惨叫一声弯下了腰。原来这位船员还是个姑娘。她想去掏枪，但是我踹开了她的手，反身一拧，把她压在了货箱上。

我一只手按住她，P-50 顶在她的脑袋上，然后悄悄说道："你到底是谁？不想死就快点说。"

她呼吸困难，一边咳嗽一边喘气："西瑞斯？"

虽然有面罩挡着，但我还是一下子听出了这声音。我把她翻过来，一把拉开面罩上的不透明护层。

"玛丽！"我着实吃了一惊。

她弯着腰捂住肚子，从嘴里挤出一句："你居然踢我！"

"我又不知道是你。"我说完就放开了她。多亏了增压服吸收了大部分冲击，不然她肯定要被我踢断几根肋骨。

玛丽解除了面罩的锁定装置，撤掉头盔，深吸一口气，然后愤怒地用头盔向我砸了过来。我轻松地躲开这一下，然后她怒吼道："你这傻子，我差点杀了你。"

我问道："你到底在这干什么？"我到现在为止还抓着她的手，不让她碰自己的手枪。

"我在这干什么？"她刚说完，一个冰冷的金属物件就顶在了我的脑袋上。

“举起手来，凯德。”加登 · 乌戈在我身后说道。他一直是玛丽的大副，而且从来都不喜欢我。因为插件已经被干扰，我根本不知道他会从后面偷偷靠近。我举起双手，乌戈拿走了我的枪，看着玛丽问道：“你还好吧？”

她点了点头，眼睛死死盯着我说：“我来这是干活的，我在自由城接下了一单货运合同。”

根据列娜在伊甸城提供的消息，我知道玛丽正在参与走私活动，但是现在战争形势非常严峻。自由城是一个独立殖民地，对地球保持中立，但是对分裂分子持同情态度。这里是违禁货物流向被封锁的分裂分子世界的热点，地球情报局和海军的情报人员总是在监视着这里。

“你现在开始突破封锁做走私了？”我惊讶地问道。

她耸了耸肩：“我需要钱。”

从她的表情来看，玛丽完全不知道自己究竟卷入了什么事，而且可能从没有听说过希尔人。她才是伊斯塔纳号和洛拉克号没有在瓦尔哈拉交接货物的原因。他们没有进行任何交易，而是在陷害玛丽。

乌戈咳嗽了下说：“要我开枪吗？”

玛丽摇了摇头说：“不用了。”

“那给他腿上来一枪？”加登坏笑道，“算是报复刚才那一脚。”

玛丽生气地看着我说：“你也不会对我开枪吧？”

我对着乌戈点了点头：“我可能对他开火，但是你就算了。”她皱起了眉头，最后我妥协道：“好，那就不打乌戈了，仅限这次。”

“把枪还给他。”乌戈把 P-50 甩到我的手上，然后收起了自己的武器。

“我去让货运机器人开始装货。”他说完就跑开了。

玛丽放下头盔，双手叉腰说道：“你现在开始跟踪我了？”

我编过无数个借口，但是却没有为当下的情况准备一个合理的借口。我张着嘴巴，绞尽脑汁想一个合理的解释，然后就指了指身后的货箱说：“我在找我的医疗物资呢。”

“这是你的医疗物资？”

“这是我的货，被人偷走了而已。”

她一脸惊讶地看着我：“你以为我会信你吗？”

“你真的以为那些供货商能搞到民联军的医疗包？”不论她到底身处怎样的风暴之中，她都以为这些物资是偷来的。“谁给你的合同？”

她迟疑地说道：“通常来说，这种活儿的合同都没有说得太细。互助会在获得送货信息之前，都不会公布具体金额。没有名字，只有数字。”

“交货地点在哪？”

“黔州。”

“我知道那地方。”位于南辰星系的黔州是一个亚民联创建的殖民地，现在处于分裂分子控制之下。黔州的封锁非常松懈，这意味着地球海军的战舰不过是时不时地出现一次，消灭任何躲在那里的分裂分子的战舰。但是，地球海军能做的也就这些了。亚民联政府已经禁止对叛乱世界使用轨道轰炸。“你要是去了，可就保不住自己的船了。”

“地球海军对我才不感兴趣呢。再说了，我这可是人道主义援助任务。这都是医疗物资，而不是武器，所以我是个人道主义慈善家，而不是突破封锁的走私贩子。”她狡猾地笑着，心里非常清楚地球海军不会同意她的说法。

“你这是在资敌，所有这些东西都是违禁品。等海军抓到你的时候，就会把你和幸福号都干掉。”

“他们已经好几个月没去南辰星系了。再说了，那里现在有一支分裂分子的舰队，规模非常庞大。”

“就在黔州？”我惊讶地说道，“你怎么知道？”

“自由城里都在讨论这事。所有的走私贩子为了 3 倍的佣金，都在把物资从拉蒂尔拉到黔州。所有人都赚翻了。你居然没去赚一笔？”

拉蒂尔是自由城联合体的首都，整个星球上唯一一座真正意义上的城市。它因为太空港和繁荣的黑市贸易而逐步崛起，周围 100 光年内的贪财之人都为之蠢蠢欲动。那里是谣言、谎言和绯闻的温床，所以地球情报局和海军情报人员早就派人进行了渗透。要是有人开始传播分裂分子的舰队集结的情报，那么海军肯定早就知道了。

“谁给你说的是黔州？”我问道。

“我认识的三个船长都说在那看到了战舰，而且数量还不少。要是海军现在过去的话，就要面对数量 4 倍于自己的敌人。”

她说的可能没错。地球海军在黔州势单力薄，大规模的分裂分子的舰队将是个棘手的麻烦。“知道他们有什么计划吗？”

玛丽耸了耸肩说：“现在谣言满天飞。有人说是要突破重锤星的封锁，有人说是要轰炸亲政府的世界。没人知道到底怎么回事。”

因为我几个月前送去的报告，地球海军突袭了重锤星，阻止了分裂分子将它作为向海盗兄弟会移交受损战舰进行维修的中转站。分裂分子控制了星球表面，而海军的封锁舰队控制了整个星系空间。但是，最近几个月负责封锁的舰队实力已经大不如前。分裂分子依然能把受损的战舰开进寿衣星云进行维修，但是缺乏稳定的基地，这类活动将越发难以协调。

至于自由城的那些谣言，肯定是分裂分子为了掩盖真实目的而故意散播出来的。他们肯定不会说明为什么希尔人也参与其中，又或者为什么要下大力气让一个名不见经传的走私犯带着医疗物资去黔州。

“西瑞斯，我向你保证，”玛丽说道，“这就是一笔毫无风险的普通生意。”

“如果没有风险，你又怎么能赚这么多钱呢？”

玛丽笑了笑说：“我得提醒你一下，现在到处都在闹船荒。为了能找到一艘能用的船，大家都在撒钱。你也该趁着还有钱赚的时候，多捞些油水。我们确实需要多一条船和有经验的船长。”

“我们？我才不帮分裂军呢。”

她吃了一惊：“我还真没想到你是个亲政府分子。”

“我也不知道你是个钻封锁线的走私贩子。”我差点就要说她是个叛徒了。

玛丽愣在那里：“我和地球没有任何瓜葛，为什么就不能帮帮分裂分子，顺便大赚一笔呢？”

“战争中只能有一个赢家，而且绝对不可能是分裂分子。等战争结束之后，你肯定会被禁飞的。他们会没收你的飞船，然后把你扔进大牢。”

“那他们还得先抓到我才行。”她淘气地笑了起来。

“玛丽，你不可能永远走运。”

“你不会是想告发我吧？”她害羞地问道。

如果是别人，我肯定是第一时间就举报了，但是她却不行。“我不会举报你，也不会去大牢里看你。”她肯定知道我不过是撒了个谎。

“那我起码还有婚内配偶权利吧？”

“你在拉纳六号上的唯一权利就是能混到一件保暖服，而且前提条件还是你能干活。”我严肃地说道。

玛丽脸上的笑容消失了，她明显知道我非常担心她：“我会小心的，西瑞斯，这一点我可以向你保证。只要有麻烦，我就立即扔下货物逃跑。”

还没等她插话，我补充道：“那是我的货物。你可以留下它们，但是你得把所有货箱都检查一遍，确保里面真的是医疗物资。”

“成交。”她的货运机器人已经开始把货箱送进幸福号的机库。

我还是不放心，就转身来到货堆最后的三个大型真空辐射密封货柜。“让我们来看看这几个大家伙。”我非常担心如果这里面真的都是医疗物资，那么意味着我错过了伊斯塔纳号和洛拉克号来这里的真正目的。

前两个货柜里装的是巨大的白色机器，机器上有民联军医疗部队的标志。

“这些都是给医院船的医疗设备。”她解释道，“这些要真是你的货，你早就该知道了。”

“我可根本没见过货单。”我轻描淡写地说道。我现在已经能够轻松驾驭用来伪装的借口了。“东西还没送到我手上，就被人偷走了。”

“是这样啊。”玛丽迟疑地说道。

当我们检查第三个货柜的时候，却发现了抗菌密封和加密锁。

“你们有钥匙吗？”

“当然没有，这是个克隆实验室，为了避免生物沾染而专门密封的。只能在消毒环境下才能打开。”

“打开它。”

“如果试管被细菌沾染了，那很多人就得不到身体部件了。而且我的合同也就泡汤了。”

我可没有心情帮助那些分裂分子士兵恢复健康，然后去找地球政府部队的麻烦。要是列娜在这，她肯定会让我直接摧毁所有的货柜，彻底断送敌军的医疗补给。我可能得对玛丽的船员动粗，才能摧毁这些货物，但是玛丽不仅不会理解我，而且可能永远都不会原谅我。

乌戈拿着存储着货单的数据板走了过来：“从货单上来看，后面还有一台 X 光扫描仪。”他带着我们来到巨大的扫描屏前。当他启动机器之后，我们看到一个克隆实验室，十二个圆形培养槽里还有正在成长的客户身体部件。

“看起来是真货。”玛丽如释重负。

“转动下画面。”我对此还是有些疑惑。

乌戈左右转动着显示屏，反复检查着整个克隆实验室。

“让我看看。”我说完就去拿乌戈手里的数据板。乌戈抓着数据板不放，玛丽不得不点头示意才让他放手。我拿过数据板反复打量克隆实验室。这是个CG6000型十二管细胞加速培养器，但是除名字之外，我对于医疗设备了解不多。相关文件详尽叙述了从安全测试到抗沾染密封的所有文件，而且整个货柜的质量和我之前运过的重型采矿设备不相上下。看到这里面确实是个克隆实验室，让我感到安心了不少。

“西瑞斯？”玛丽看到我低头不语，就轻轻戳了戳我。

除破坏抗沾染密封以外，我也无能为力，而且破坏密封还会让玛丽损失一大笔钱。如果事情真的和我理解的一样的话，那么伊斯塔纳号和洛拉克号肯定是因为别的事情才在这里见面，而这批货不过是掩护他们的幌子。我怀疑希尔人打算从艾扎恩人手上获得科技产品，然后转交给分裂分子，资助他们继续和地球作对。

我很不情愿地把数据板还给乌戈，然后对玛丽说：“千万别被抓到了。”

她笑了笑说：“除了你，谁还能抓到我。”玛丽对乌戈点了点头，他就去监督幸福号的装运工作了。

“这次你欠我的。”看来列娜说的没错，玛丽确实是我的软肋。

玛丽笑了笑，偷偷瞟了乌戈一眼，确保他听不到我们的谈话。“我现在就能给你把这笔账算清，前提是你有空去我船上一趟。”玛丽的口气中满是挑逗的意味，“乌戈自己能处理装货。”

我笑了笑，看来我俩就是彼此的软肋。我一脸忧虑地看着她说：“这笔账可不小，还起来可不容易啊。”

“哦，是吗？”她装出一副很生气的样子，“既然如此，你就把这当作部分款项吧。”

“你是要分期付款喽？我喜欢这主意。”我摆出一副很惋惜的样子，“我真希望有这种空闲时间。”但是我还得赶在伊斯塔纳号离开之前，查清楚希尔人究竟有什么计划。

“哎呀。”玛丽失望地说道，“那也好，不然乌戈又要生气了。”她咯咯笑了起来，“黔州距离这里不远。我过几天就有空了。”玛丽把双臂挂在我的脖子上，给了我一个热情的深吻。

等我能喘气的时候，我说：“我想我应该准备好了。”

她笑了笑说：“这我当然知道。”

我看到乌戈站在机库门口，眼睛死死地锁在我俩身上。

“乌戈还在看着呢。”我悄悄说道。

“他不过是保护欲较强罢了。”

我又轻轻地亲了她一下。“我们改日再见。”说完我就坐着货梯回到了市场。

我还没有听到伊斯塔纳号和洛拉克号离开的消息，我确信他们还在等待幸福号装完货离港。伊斯塔纳号的货舱已经空了，但肯定等幸福号离港之后才会开始装货。

为了调查清楚到底是什么货物，我必须亲自登上伊斯塔纳号才行。而为了做到这一点，我需要找人帮忙才行。

我在舰桥找到了埃曾，他坐在亚斯的抗加速座椅上研究着传感器数据。他用传感器扫描着机库，但却没有发现任何信号反馈。

埃曾看着我，解释道：“我想研究艾扎恩人是如何屏蔽我们的。”

“有结果了吗？”

“我发现了一种以前没见过的吸收技术。”

鉴于阿尔拉 · 斯努 · 迪说过艾扎恩人的技术比人类要领先 4 个指数级，所以埃曾认为艾扎恩人的科技难以理解也是非常正常的。“亚斯呢？”

“船长，他现在已经不需要我的陪同了。亚斯已经喝多了，并且展现出了一定的交配倾向，所以我就回来了。”

“他在这还能找到人类姑娘？”

“她看起来像个人类，而且两个人似乎都很喜欢彼此。”

玛丽希望快速离港，所以肯定不会让船员下船 , 那么她肯定是伊斯塔纳号的船员。

“他在哪呢？”我问道。

“在一间艾扎恩人的娱乐场所。”

“我们得把他带回来。”

“船长，他有麻烦了？”

“是的，大麻烦。你把枪带上，跟我走一趟。”我说完，就回到自己房间，装上了钛塞提人设计的子弹。毕竟，希尔人也有可能装备皮肤护盾。

这间店的名字叫“流荡牧群”。它的位置就在客户娱乐区的正中央，设计这个娱乐区就是为了给客户们消遣放松。店周围可以找到各种饭馆和提供知觉改造的店铺。有些灯火通明，还播放着吵闹的音乐，有些被一层隔音力场包围，还有些则专注于为客户提供各种全息模拟环境。这里选择多样，不论客户来自哪里，都能找到自己想要的商品。这些商店赚钱的本事一点也不比那些商贩差。对于艾扎恩人来说，商机随处可见，再加上不需要服从其他人的管理，他们什么都可以卖，而且还不用担心受法律制裁。

流荡牧群是那种可以一下子引起亚斯注意的吵闹店面。一楼重复的鼓点可能很受艾扎恩人欢迎，但是对我来说这就像大象在踩脚。店里面一片漆黑，灯光跟着鼓点节奏时亮时灭。楼上的房间还有可以俯视街道的窗户，个别阳台上还用保护隐私的模糊力场防止别人偷窥屋内。

“他就在上面，”埃曾和我在大街上打量着周围环境，“八号房。”

“我去找他。你看好入口。”

“目标呢？”埃曾问道。

“其他人类，或者是希尔人。”

“那我要是发现他们了呢？”

“要是看起来像个麻烦，那就开枪。但是，千万别让别人看见是你开的枪。”

埃曾看了看我，说：“船长，你树敌的本事全宇宙名列前茅。”

“天生的，没办法。”我说完就钻进了店里。

一进店里，周围的客人就对我投来好奇的目光，这说明人类很少出现在这里。他们对我很快失去了兴趣，我就跟着两个带着呼吸器的厌氧的狄亚提人身后，登上了巨大电梯。我们一言不发地坐着电梯上楼，然后来到一个宽大的走廊。走廊里能看到不少宽敞的大门，艾扎恩人能够轻松地从中出入。每扇大门上还有艾扎恩人的块状文字。

我等狄亚提人进入房间之后，然后去找八号房。每当我靠近一扇门的时候，传感器就会让块状的艾扎恩文字变成通用语文字。当我来到六号房的时候，大门轰然打开，那位已经在我这赚了不少钱的全息拟像又冒了出来。

“你需要这间房吗，尊贵的客人？”她问道。

“挑错房间了。”我说着就转到了八号房。房间已经上锁，看不到其他入口。我竖起耳朵认真听房间里的动静，但是什么都没有听到。于是，我又转头回到刚才全息拟像向我问好的房间。

“开一个小时的房。”我说道。

“房间最低租用时间为二十小时，折扣价为 200 通用单位。”

“成交。”我说着就拿出了自己的地球银行密匙。

“祝你愉快。”她说完就消失了。

等房门关上后，墙壁上出现了热带稀树草原的全息图像。房间中间有一个圆形水池，水池底部略微倾斜，一面全息墙边还有一张足够四个艾扎恩人睡觉的床。根据这家店的名字来看，艾扎恩人曾经是一群在燥热干旱环境下游荡了数百年的食草动物，说不定他们就是因此才形成了远距离旅行和贸易的习惯。

我的耳边又响起了全息拟像的声音：“需要为你设定特殊环境吗？”

“不需要，我只需要原始墙壁和窗户就好。”

干旱的平原消失之后，取而代之的是浅灰色的墙面和一扇俯瞰街景的大窗子。我从阳台望过去，可以看到大街上的埃曾。我对他点点头，示意不要担心，然后开始观察隔壁阳台的情况。隔壁房间窗户都调成了不透明模式，说明房客不希望看风景，只想着保护自己的隐私。

我翻过阳台上的矮墙，从漆黑的窗子下面爬过，屋内不断传来刺耳的颤音。我无视外星人聊天时的杂音，继续向下一个阳台前进。虽然眼前的阳台上有一道灰色的光墙预防别人偷窥，但并不妨碍我翻进去。一等我翻过去，就看到一道雪山从阳台一直延伸进屋里，形似恐龙的爬行动物用硕大的翅膀在山间滑翔，但这画面绝对不是来自地球或者任何人类世界。

房间里正传来一对男女激情的声响。我迟疑了一下，等着他俩激情的尖叫渐渐变成沉重的喘息。

“看来你以前也这么干过。”亚斯气喘吁吁地说道。

“翻个身，”一个充满挑逗的女声说道，“我给你揉背。”

我探头一看，看到亚斯全身赤裸地趴在艾扎恩人的大床上，一个黑发美女坐在他的腰上为他按摩肩膀。

“啊……爽！”亚斯把脑袋枕在自己的胳膊上，眯着眼睛，一副非常享受的样子。

“我的力道还算到位吧？”她娇柔地问道。

“不不不，力道刚刚好。”

我几乎要开始怀疑是否误判了形势，但是紧接着听她又问道：“你一定是从很远的地方来的吧？”

亚斯懒洋洋地回答道：“是呀。”

“过来做买卖还是来玩？”

亚斯笑了笑说：“我就是来找乐子而已。”那姑娘也跟着笑了起来，亚斯继续说道：“我的船长过来找点能赚钱的活儿。”然后他懒洋洋地问道：“那你呢？”

姑娘身子贴了上去，按摩着亚斯的脖子，用胸部擦过他的后背。“我的老板来这做生意。还好他让我下船转转。”

“嗯……我也是这么想的。”

“你怎么知道这地方的？”姑娘问道。

“一个艾扎恩人邀请我们来的。”

“是吗？你们在哪遇见这位艾扎恩人？”

“兰尼特诺尔。那是瑞格尔人的地盘。那还有个六只眼睛的外星人。你敢信吗？六只眼睛，吓死人了。”

“你还和希尔人打过交道？”

亚斯微微扭头，困惑地问道：“你怎么知道是希尔人？”

姑娘不紧不慢地说道：“我听说过他们。你在兰尼特诺尔上干什么？”

“不过是送信罢了。”亚斯打了个哈欠说道，“差点就搞砸了。”

“发生了什么事吗？”姑娘身子后仰，用手摸着亚斯的大腿，一边按摩一边挑逗。

“我们的船被埋了，后来还得挖出来。”

“埋住了？”

“是啊，我们卷入了一场内战。”

“内战？”

“就是瓦尔哈拉星上的当地人互相打起来了而已。只不过是些技术落后的人类而已。”

姑娘挺直了身子说道：“你之前在瓦尔哈拉？然后又去了兰尼特诺尔？现在又来这地方了？”

“对呀。”亚斯闭上了眼睛，“基本上我们把所有的热点星球都逛了一遍。”

“你们船长叫什么？”

“凯德。”

她把手按在耳朵上，倾听着皮下植入的通信器里传来的信息。“西瑞斯 · 凯德？”

“你听说过他？”

“我现在听说了。”她说完，就抬起右手攥起了拳头。

一柄银色的尖刀刺破皮肤，从她的手掌边缘冒了出来。姑娘身子前倾，准备划开亚斯的喉咙，我从门廊钻进屋里，然后对着她后背开了两枪。这名女刺客向前砸了下去，亚斯浑身沾满了血。他马上睁开了眼睛，然后在惊恐中推开了尸体，跳了起来。而我则赶紧冲过水池，跑到床边。

“船长？”他惊讶地喊道，“你来干什么？”

“来救你。”我说着收起枪，然后跪在床边检查姑娘的尸体。一颗子弹打断了她的脊柱，另一颗打碎了心脏。创伤效果和我想的一样，只不过马塔隆的杀手们更加顽强、迅捷和精确。列娜要是知道我用这种超级子弹对付软目标的话一定会被气死的。但是，亚斯对我来说可比两艘轨道飞梭更值钱，所以列娜最好接受当下的情况。

“你杀了她！”亚斯大叫道。

我抬起姑娘的手，让亚斯好好看看那把刀。“她可是差点就切开你的脖子了。”亚斯瞪大了眼睛看着当下的一切，然后我用那把刀划开了姑娘的耳垂，挤出了一个沾满鲜血的蝶形通信器。我把通信器放在手上，让亚斯看个清楚：“你说的话，都让别人听了个清清楚楚。”

亚斯气愤地说：“还好我早有打算。”

我对着地上散落的衣服点了点头说道：“赶紧穿衣服。”

亚斯去水池洗掉身上的血，然后穿上衣服，而我则清洗了下通信器。这东西是人类科技打造的近距离高端通信器材，和地球情报局用的差不多。

“我们该走了。”我用靴子碾碎了通信器，不论谁在监听我们，他们就在附近。

“那她怎么办？”

“你花钱租的房间吗？”

“不是，她花钱租的。”

“你就没觉得有点奇怪吗？”

亚斯不好意思地说道：“她还挺喜欢我的。”

我叹了口气，因为这不可能是真的。

“我们就把她扔在这？”他问道。

“我们肯定不能带着她离开。”

“她为什么想杀我？”

“肯定是因为我。” 我非常确定这个姑娘来自伊斯塔纳号，“她是个黑天使，她的老板和我还有些过节没算清呢。”

“她老板是谁？”

那艘星级游艇和黑天使为我提供了完美的答案：“曼宁 · 苏洛 · 兰斯福德三世。”

“又是他。”亚斯想起来我们之前交过手。

“他也在这，而且不喜欢存在竞争。”银河财团的主席并不是我的竞争对手，但是这确实是个不错的借口。

亚斯穿好衣服之后，我俩就向着大门走去。亚斯说道：“这次绝对不能让他跑了。我觉得咱们是不是应该去上门拜访一下。”

“我完全同意。”我非常乐意用报仇作为借口找到伊斯塔纳号，然后彻底解决这位曼宁主席。

大门打开之后，我们看到的是尼迪斯站在门外。在他身后，还有一个穿着齐膝长外套的马塔隆人，外套下面还有黑色的全身战斗服。希尔人用双手击中了我俩的脖子。他击中我们脖子的瞬间，毒刺从手掌中弹出，刺入了我们的脖子根。希尔人的动作太快，以至于我的超级反应都来不及出手。

亚斯捂住喉咙向后退去，大张着嘴巴，然后双膝跪地瘫在地板上。我踉踉跄跄地向后倒去，一股灼烧感蔓延至我的胸口，浑身麻痹无力，然后我的脑内界面上也亮起了警告：

检测到未知毒素！

我向插件下令限制体内循环，希望以此争取时间。

我掏出 P-50，但是没有力气抬起胳膊。我手上也没了力气，手枪掉在地板上。此时，眼前又弹出一条警告：

毒素已突破动脉防御。

我下令道：隔离脑部活动。

我整个人瘫在地上，浑身动弹不得，但是意识清楚，而亚斯毫无生气地躺在我旁边。我的插件限制了血液向大脑流动，同时保证有足够的氧气避免脑损伤。这种战术可以让我在短时间内保持清醒。

尼迪斯和马塔隆人进入了房间，完全忽视了亚斯和床上的尸体。希尔大使放出了一个银色的小球，小球浮在空中放出一个臃肿男人的全息图像。兰斯福德穿着灰色的西装，他的双腿已经不足以支撑傲人的体重，只能用一套外骨骼代劳。

尼迪斯用震颤器摩擦着胸膛，翻译器则翻译道："兰斯福德的特工已经死了。"

"凯德呢？"兰斯福德丝毫不在意自己的特工死在了我的手上。

尼迪斯继续说道："凯德就在这。"

马塔隆人拉开外套，从胸前的刀鞘拔出了量子刀。看来，眼前这个马塔隆人也是黑蜥部队的一名刺客。作为在马塔隆主权国内部的一支秘密势力，黑蜥部队是一个军事化暗杀集团。我在两年前干掉了他的一名同伴，而且还拿走了量子刀作为战利品，我在瓦尔哈拉上用那把刀破坏了分裂分子的大炮。量子刀的刀刃和雕纹闪闪发光，瘦高的马塔隆人准备用充满仪式性的刀法切开我的胸膛。

希尔人按住马塔隆人的肩膀说道："不行，吉利坎，尼迪斯在场的时候，你不能动手。"

"凯德是地球特工，"吉利坎说道，"主权国的死敌。他必须死。"

"他是怎么逃出兰尼特诺尔的？"希尔大使弯下腰，使劲低头打量着我。我打赌这个动作对他僵硬的脖子关节肯定很困难。"凯德究竟是如何跟踪尼迪斯的？"

"你要是想问问题的话，就别麻醉他。"马塔隆人的口气中充满了不屑。

"凯德意识清醒，"希尔人挺直了身子打量着亚斯，"但是另一个人已经没了意识。尼迪斯好奇为什么凯德和其他人类不一样。”

兰斯福德从全息图像中什么都看不到，只能说：“干掉他。他太危险了，绝对不能让他活下去。”

“这个人类确实是个威胁。”尼迪斯也同意兰斯福德的说法。

“要是我不能在这杀了他，就把他带到我的船上。”吉利坎说，“等我们问出了所有的情报，就把他送回我们的主星进行公开处决。”

尼迪斯遏制住自己的好奇心，放弃了探究我为什么能抵抗毒素：“艾扎恩人会看到凯德的尸体。”

“如果他们开始调查的话，”这位银河财团的主席警告道，“他们就会禁止幸福号离港。幸福号必须赶在地球舰队之前到达南辰星系。”

我努力睁着眼睛，想起来玛丽正为他们向南辰星系送货，而且绝对不是那些医疗物资。我责备自己的粗心大意，让玛丽说服了自己，就算是毁了她的合同，我也该打开所有的货柜。

“尼迪斯想知道凯德知道些什么。”希尔人说道。

“他要是死了，”这位主席先生说道，“他知道些什么也就无所谓了。”

“尼迪斯同意你的看法。”他说道，“不要用量子武器干掉凯德，那样容易留下痕迹。”

“他被判必须进行仪式性处决。”马塔隆特工说道，“如果不能把他送回主星，那么就必须把他按照程序处死。”

“不行。”尼迪斯说：“用另外一个人类的武器杀掉凯德。让现场看起来是他们两个为了争夺一名女性而打了起来。”

“我听从黑蜥的旨意，你算什么。”蛇脑袋说道，“杀死凯德的人必须是我，而且必须用量子刀。”

“现在没空关心你们那些原始的仪式。”希尔人说道，“大剑师哈孜力克 · 吉利坎必须服从尼迪斯。吉利坎是想违背哈孜力克的命令吗？”

马塔隆人哼了一声，然后关掉了量子刀：“不，我将服从大剑师的命令。”他的语气中不乏仪式性的隆重。

“等尼迪斯走远了再动手。绝对不能让人类的死与希尔人有任何瓜葛。”

“你的毒素也会暴露你的行踪。”马塔隆人说道。

“他们死后，毒素就会分解殆尽。对着他们的脖子开火，摧毁穿刺的伤口，然后返回你的飞船。不要再试图联系尼迪斯。”

“别让我等太久。”马塔隆人怒吼道，他肯定不想被其他人发现和三具人类尸体在一起。他对于希尔人的厌恶程度似乎不亚于对人类的厌恶，但毕竟蛇脑袋们都是极端排外的物种，他们对于其他文明是又恨又怕。

尼迪斯对着全息图像说道：“尼迪斯会先去见乌维女巫，然后会在集合点等待兰斯福德。”

马塔隆人质问道：“你为什么要在那群女巫身上浪费时间？”

“乌维先知可以看透那些软皮人，但是看不透希尔人。等幸福号到达南辰星系的时候，尼迪斯正好和乌维先知在一起，她会证明希尔人并没有参与其中。没人会怀疑她的话。”

“8 天后我就到了。”主席说完就消失了。

尼迪斯伸出手，把银色小球收回手中，然后对着马塔隆特工说道：“千万别为了一个人类就放弃了向全人类复仇的机会。”他说完就离开了。

希尔人沉重的脚步消失在走廊里，马塔隆人不情愿地收起了量子刀。和所有的蛇脑袋一样，他身体修长，四肢比人类更长。他单膝跪在我旁边，尾巴不停地挥来挥去，然后像刀一样在我的喉咙上划了下。“凯德，你可能是我干掉的第一个人类，但绝对不可能是最后一个。”

他站起身看着亚斯，后者现在正趴在地板上。吉利坎用黑靴子给他翻了个身，掏出了亚斯的一把速射枪，然后对准了我的脑袋。

“凯德，只要你死了，我就可以荣升尊贵大剑师了。”他刚说完，门廊里就亮起了蓝白色的闪光，子弹打在他的护盾上，让他一下失去了平衡。速射枪的子弹从我脑袋边擦过，一个矮小的黑影冲进了屋内，吉利坎立即扭头看向大门的方向。

埃曾边跑边开枪，每一发都打中了马塔隆人的胸口，但是无法击穿他的皮肤护盾。吉利坎想用挂在腿上的短管冲击步枪，但是一想起能量残留可能会暴露自己，就端起了亚斯的速射枪。吉利坎每一枪都仔细瞄准，努力适应陌生的人类武器。

子弹从埃曾的脑袋旁擦过，埃曾沿着墙边快速移动，这种速度他并不能维持太久。马塔隆人觉得自己的防御无懈可击，就忽略了打在胸口的子弹。他开始尝试速射枪不同的开火模式，最后开始用全自动模式开火。

埃曾跳进了水池，用水作为掩护。作为一个两栖动物，他拥有四个肺，完全能够在水里待几个小时。但是这里的水还不够深，不能提供持续的保护。马塔隆人向着水池开火，但是子弹很快就打光了。他困惑地看着手中的武器，不明白为什么人类武器弹夹中弹药有限，这一点和能量武器完全不同。吉利坎拍了拍控制界面，发现武器已经无法继续开火，于是就俯下身，去亚斯身边拿另外一把速射枪。

埃曾抓住机会，跳出水面骑到了马塔隆人的背后。埃曾抓着马塔隆人的脑袋用力向后拉，试图扭断他的脖子。但是蛇脑袋转身一跳，用辫子一样的尾巴缠在埃曾的胸口，把他扔到了房间的另一头。埃曾重重地摔在地上，然后用手和膝盖撑着慢慢站起来。而吉利坎已经找到了亚斯的第二把枪。

埃曾盯着蛇脑袋，但是我知道他的视界能看到更广的范围，于是我就反复看着他和我的 P-50，暗示他去拿我的手枪。埃曾的注意力突然从马塔隆人转到了我身上，眼神中带有一种我从未见过的专注。我继续反复之前的动作，暗示他去拿我的手枪，他看了眼我的手枪，我就知道他明白了我的意思。

埃曾跳起来冲向我的手枪，马塔隆人为了节省弹药，开始使用单发模式。埃曾弯腰躲避着马塔隆人的攻击，就在他马上要冲到我身边的时候，一发子弹打中了他的肚子。他的脸重重地砸在地板上，一只手捂着肚子，另一只手支撑着自己爬了过来。子弹撕碎了他的肌肉组织，鲜血从他的指缝里流出来，在地上汇成一摊。埃曾渐渐没了力气，仰面躺在地上，连体服上一片血迹。他无力地咳嗽着，鲜血从嘴上的发声器渗了出来，流到了他的脸上。

吉利坎摆出一副胜利者的表情，走过来准备解决埃曾，但是埃曾突然踹在他的膝盖上，让他不由得后退了几步。矮个子埃曾从我身边滚了过去，然后拿起了地上的 P-50，而这时候马塔隆人不过刚刚站稳。蛇脑袋一脸好笑地看着眼前的一切，完全不害怕人类的武器，然后埃曾一枪打在了他的脸上。

列娜的超级子弹击穿了马塔隆人的护盾，吉利坎的眼前炸出了一道蓝色火花。吉利坎三角形的脑袋因为冲击而抖了一下，整个颅骨后半截被炸飞了。他像一棵树一样摔进了水池，脑袋和肩膀泡在水里，鲜血像乌云一样散开，眼睛无神地盯着天花板。

埃曾扔下手枪，仰面瘫在地上，双手按住了伤口。他扭头看着我，张嘴想说话，但是只能发出呜咽声。

我想帮他，但是动弹不得。于是在情急之下向插件下达了指令，希望能让我脱离险境：恢复身体供能，解除保险。

我期待着肾上腺素能够给我爆发性的力量，但是于事无补。希尔人麻痹性毒素太过强大，完全压制了我的插件。

埃曾知道自己说不出话，于是就向我伸出一只血迹斑斑的手，然后点了点头，闭上了眼睛。我的心中腾起一股狂怒，却动弹不得，脑内界面里弹出了最后一条消息：系统错误。

我的插件开始关闭，视线开始模糊，希尔人的神经毒素开始全面起效。我陷入了一场噩梦，梦里全是埃曾鲜血淋漓、毫无生气的脸，他看着我，好奇为什么我没有救他。

\·\·\·\·\·\

黑暗中响起一声号响，我从没听过这样的声音。我睁开眼，只能看到刺眼的白光。

我努力睁开眼睛，只看到当头的烈日，以及向着地平线延伸的广袤的半干旱草原。草原上只有干枯的外星树木和黄色草地，巨大的黑色食腐鸟盘旋在空中，一条浑浊的大河在平原上蜿蜒而过，大型动物渡河时半个身子没在水中。有时候，动物们懒洋洋地整个没入水中，又或者为了领导权而相互冲撞，激起一大片水花。它们为了引起同伴的注意，不断发出类似小号一样的声音。

我躺在一个飘在陆地上的金属平台上。身边漂浮着银色的小点，向我的皮肤释放绿色的光束。当我坐起来的时候，银色的小点都闪到了平台边上，然后那个漂亮的全息拟像又冒了出来。

“治疗结束。”她说道，“相关费用已计入你的账单，所有欠款已结算完毕。”

全息拟像说完就消失了，而我则努力地从平台上爬了下去。等我踩在干燥的地面上时，那些银点也闪到了一边。我以为这些和在艾扎恩人的酒店看到的全息投影一样，只不过规模更大，但是这里的一切却不是幻觉。房间里非常闷热，高重力把我拉向地板，过了好一会儿才调整到地球标准重力。

我俯下身子，摸了摸脚下干燥的砂质土壤，确认这不是全息图像。虽然全息投射出的地平线看似消失在远方，但是我周围的平原却能看得一清二楚。我周围的环境是一个工作正常的艾扎恩生态圈，他们将这片故乡的剪影带在身边，穿越了银河系。

两个大象一样的生物穿过河流走了过来，他们身上挎着皮带，皮带上还有金属物件。当他们喝水的时候，还有一群小虫子一样的机器人为他们擦去皮肤上的水分。这简直和很久以前他们在自己的家园世界上一模一样。艾扎恩人无视了这些机器人，用小眼睛盯着我，而我身下的医疗平台已经挪到了一边。

等两名艾扎恩人走到我身边的时候，他们身上的水也已经擦干了。他俩坐在地上，其中一个人挥了下手说道："欢迎，我们的客人凯德。我是阿尼 · 哈塔 · 贾，猎户座的大供应商。这位是我的代理人。"他指了指自己的同伴："他说你认识我，但是我们从未谋面。"

"此话不假。"我慢慢说道，"我可能稍微夸大了一点。"

"即便是夸大的事实，也有真实的成分。"

"我见过你的全息图像。我当时以为那就是你，但现在看来，不过是博取我信任的诡计罢了。"

"这又是为了什么呢？"

"当时正在拍卖一件文物，有人用你的名字增加交易的可信度。"

两个艾扎恩人看着彼此，我只能认为他俩对此很不开心。阿尔拉 · 斯努 · 迪发出一系列低沉的喇叭声，而他的老板只是回了一下。我大概能猜出他们对话的内容了。

阿尼 · 哈塔 · 贾看着我说道："我希望你能仔细地解释下这个误会。"

"在我离开前会给你一份完整的报告。"

“这也可以接受。”他说道，“那么现在解释下为什么要干掉一个来自马塔隆主权国的客人。”

“是他先动手的。”

阿尔拉 · 斯努 · 迪意味深长地哼了一声：“我们知道人类和马塔隆人关系紧张。”

“我们关系是很紧张，但是这次是他们先动手的。”

阿尔拉 · 斯努 · 迪对着自己的老板说了一句话，然后摸了下自己肩带上的长方形仪器。阿尼 · 哈塔 · 贾面前出现了一个黑色的光幕，上面全是艾扎恩人的文字，他扫了一眼，然后摇了摇指头，光幕就消失了。

阿尼 · 哈塔 · 贾说道：“你确实没有撒谎。”

“所以你确实扫描了我们？”

“我们不过是履行对客户服务体验和人身安全的承诺。”看来艾扎恩人并没有像他们所说的那样，全面尊重客户的隐私。这不过是单方面垄断的间谍行径罢了。

“鉴于马塔隆人对我的工程师开枪，你们的客户服务也不过如此。”我现在绝对不能说还在那干掉了一个黑天使的事情。

“马塔隆人作为顾客……价值有限。”虽然这不是公开指责，但是这暗示着马塔隆人和艾扎恩人之间的关系并不融洽。

“这都得怪那个六只眼的怪物，”我说道，“是他想干掉我。”

“你指的是？”阿尼 · 哈塔 · 贾问道。

“就是那个希尔人，尼迪斯。”我相信他们之前绝对见过。

大供应商和他的手下又聊了几句，然后阿尼 · 哈塔 · 贾凑过来问道：“你在哪见到了希尔大使？”

“他当时也在房间里，是他命令马塔隆人干掉我。你肯定也扫描到他了。”

阿尔拉 · 斯努 · 迪这次直接对我说道：“当时房间里，只有你、你的两位同伴、人类女性和马塔隆人。”

“不可能，尼迪斯也在场。”

“自从希尔人着陆之后，就没人下船。”

我现在明白是怎么回事了：“你们根本就无法跟踪他们，我没说错吧？”

“他们的技术远在我们之上。”阿尼 · 哈塔 · 贾承认道。

“所以尼迪斯想去哪里都可以，你们根本无法追踪他。而且我敢打赌，他们还能扫描你们的飞船内部。”

“这完全可能。”

所以他们才能发现我的飞船，银河财团的主席才知道该把杀手派去哪里跟踪亚斯。尼迪斯肯定向他通报了我们的位置。他大概还知道我去了转运区，看到了那些货物。

“你们的隐私承诺也不过如此了。”我说道。

“根据艾扎恩联合协议 63 号条款，由技术差距造成的损失不在我们责任范围之内。”阿尔拉 · 斯努 · 迪摆出一副官腔说道。

我暗自提醒自己，以后和这些狡猾的艾扎恩人做生意时一定要看清楚小字部分。“总之，尼迪斯当时就在那，你们自己去查查吧。”

“你这个说法缺乏依据，我的客人，”阿尼 · 哈塔 · 贾说道，“但也不无道理。”

我摸了摸希尔人在我脖子上留下的伤口。艾扎恩人已经治好了穿刺伤，但是皮肤颜色还是粉红色。我说道：“这个伤口就是他干的好事。”阿尼 · 哈塔 · 贾凑近看着伤口，然后我补充道：“我的副驾驶脖子上也有一样的伤口。我认为你应该认得出这是什么。”

阿尼 · 哈塔 · 贾问了问自己的手下，后者摆弄着自己的设备，然后他们的面前出现了一个长方形的光幕，上面有一个赤裸的人形，脖子根上还有个红色的光点。

阿尼 · 哈塔 · 贾说道：“你的伤口周围检测到少量未知毒素。”看来刚才那份扫描结果确实是我的。

“我肯定不会自己戳自己。所以你为什么不去找希尔人要一份样本，然后好好做下对比。”

阿尼 · 哈塔 · 贾想了想，然后说：“如果向希尔人追究此事，那么将破坏我们之间的关系。”

“所以，你打算什么都不干吗？”当艾扎恩人一言不发的时候，我知道了其中的玄机，“因为你们不想让客户知道你们在监视他们。”艾扎恩人肯定不会为了两名人类和一名坦芬人的死而把这种事情公之于众。“所以尼迪斯就这么一走了之？”

“你也可以一走了之。”阿尔拉 · 斯努 · 迪补充道。

“我必须要让希尔人得到应有的制裁。”这完全不是为了我自己，是为了埃曾。

“我不这么看。”阿尼 · 哈塔 · 贾说道，“马塔隆人是被人类武器干掉的。”

“我那是自卫。”

“武器发射的子弹超过了你们的技术水平。如果我们的判断失误的话，那马塔隆人应该还活着才对。”

我应该想到他们会发现这一点，但是我太执着于希尔人和幸福号上的货物。“你低估我们了，干掉蛇脑袋的子弹是在地球研发生产的。”

“你们能在短时间内发明这种子弹的可能性很低。”

“但也不是没有可能。马塔隆人给了我们研发的动力，所以我们就努力了一下。”

阿尔拉 · 斯努 · 迪看着大供应商阿尼 · 哈塔 · 贾，然后用一条前腿擦了擦脸。“他们很快就研发出了时空扭曲装置和不稳定中和系统。”

“别忘了还有星际引擎和聚变武器。” 阿尼 · 哈塔 · 贾说着伸了伸前腿上的指头。“我的客人，请记住一点，我们在看着你。”

“我？为什么？”

“我说的是全体人类。”

“我们又有什么值得你注意的呢？”

“我们喜欢我们的客人，但是讨厌竞争者。”

“你把我们当成了竞争者？”艾扎恩人已经在银河系中最少遨游了 100 万年。我们不过是刚刚造访了他们的一个商会，更别说和他们庞大的贸易帝国相抗衡了。

“你们是些激进的商人。你们让航行范围内的所有文明向你们打开市场。你们造了上万条原始的飞船，然后在银河系的一角如瘟疫一般的扩散。你们不会做出任何承诺和保证，只是不停地送货。你们如果成为银河系议会的成员，那么对我们来说没有好处。”

我不知道他们的反对能造成多大的影响，但是他们的朋友比我们多，知道很多我们未曾谋面的文明。如果他们投了反对票，那么可能让人类在接下来的几百年里地位岌岌可危。

“你戏弄我们，就是为了避免一点良性竞争？”我对此表示大吃一惊。

“从不存在什么良性竞争，” 阿尼 · 哈塔 · 贾说道，“所以我们的商会才有各自的势力划分。”

我以为艾扎恩人都是自由商人，但是现在的情况和我的想象完全不同。他们在银河系中垄断贸易，消灭任何想从他们手中抢钱的人。我不知道他们是否能够阻止人类成为银河系的正式公民，但是肯定会暗中进行破坏。

“我们没有必要竞争，”我小心翼翼地说道，“大家完全可以合作。”

“我们为什么要合作呢？”

我的大脑开始飞速运转，开始重审艾扎恩人的所有细节和他们的贸易模式。“你们拥有庞大的市场，向客户提供各种商品，对吧？”

“银河系中有一千多个商会，每个商会都有自己的营业范围。”

“猎户座是你的营业范围，所以才称呼你是猎户座的大供应商。”

“那纯属我运气好。我的代理人会拜访我的客人，告诉他们我们的到达时间。所有市场不论大小，我们能覆盖猎户座的所有地区。”

“你看，现在的重点是，客户得来找你。你之所以不喜欢我们，是因为我们去找客户。”我看着眼前炎热的草原和坐在河里的艾扎恩人。他们是群体动物，这一点和人类完全不一样。他们以星际商队的形式在宇宙中游荡，人类的行动方式让他们感到陌生和不适，所以他们才会讨厌人类，害怕人类。“所以，让我们为你们送货吧。”

阿尼 · 哈塔 · 贾坐直了身子，后腿上的指头捏到了一起：“我在听你的建议，客人。”

“我们有很多船，没几个人想要我们的产品，而且我们手上的星图覆盖范围有限。你们的船很少，商品广受欢迎，而且星图涵盖了整个银河系。如果我们合作的话，你的客户可以省去漫长的等待，只要下达订单，不论他们在哪，我们都会把货送过去。他们买得越多，你们卖得越多，我们拿个分成就好。这样大家都能赚到。”

两个艾扎恩人面面相觑，看来我的提议让他们大吃了一惊。阿尼 · 哈塔 · 贾问道：“你们真打算这么做？”

“我们当然乐意进行合作，前提是先弄明白如何运送这些不该让我们看到的货物。”

阿尔拉 · 斯努 · 迪凑到大供应商阿尼 · 哈塔 · 贾耳边说：“霞辉碳酸岩密封应该就够用了。”

阿尼 · 哈塔 · 贾发出一阵好似音乐的声音，看来他已经同意了我的提议：“我们低估了和人类的关系。凯德，潜在合作伙伴，我将派代理人前往地球讨论有关事宜。”他把手一挥，不再说话了。

“马塔隆人怎么办？”

“按照要求，我们必须把他的尸体送回他的飞船。”

如果马塔隆人尸体真的送了回去，马塔隆人就有可能进行检验，发现我们已经可以击穿皮肤护盾。

“你们能销毁尸体吗？”

“我们已经通知了他们的飞船，尸体还在我们手上。到时候我们很难解释为什么要销毁尸体。”

我想了想说：“把尸体还给他们，但是把脑袋留下。”

“你想让我们把尸体的脑袋切掉？”

“告诉他们，尸体的头部已经被毁。你们不知道其中具体原因，因为传感器被压制了。他们不需要知道你们的传感器是否工作正常。”

阿尼 · 哈塔 · 贾挠了挠胸口，思考着我的提议：“你的提议符合我们的利益，而且马塔隆主权国也不会发现你们的弹药技术。”

“就把它当作商业机密吧。”

“一个潜在的合作伙伴，远比那些低价值客户要重要。”他对着代理人说道：“去把脑袋切了，然后留下子弹。”

艾扎恩人归还一具无头的尸体只会让蛇脑袋们继续摸不到头脑，但是我更希望艾扎恩人能够摧毁子弹，而不是锁起来留作谈判的筹码。“那我的副驾驶和工程师的尸体呢？”

阿尼 · 哈塔 · 贾指了指我左边的两个医疗平台。这两个东西一直都在我旁边，只不过被全息投影藏了起来。亚斯还因为希尔人麻痹毒素而昏迷，埃曾赤裸的身体悬浮在医疗平台上，周围还有一群机器虫子，肚子上裹着一层黄色的胶质物。

“埃曾还活着？”我惊讶地问道。

“他需要进行内脏重生手术和合成血液输血。潜在合作伙伴凯德，我可以向你保证，我们的医疗费用将非常低廉。一切账目皆已结清。”

我看着眼前这位猎户座的大代理商，一时不知所言：“谢谢。”

“如果他也是众海孤子的一员，那我们根本救不了他。”阿尔拉·斯努·迪说道，“不过，他的突触界面空无一物，说明他确实来自地球。”

“他的什么东西？”

“众海孤子从出生起就开始接受基因改造，被移植了大量分子植入物。如果埃曾·尼瓦拉·卡伦确实是众海孤子，那么他的突触界面上应该能检测到入侵者的科技。但是，事实并非如此。”

从生物学角度来说，埃曾拥有入侵者所有的强化基因，但是却没有他们的科技植入物。所以，埃曾在战斗中的表现不及入侵者，但是却远超人类。

我好奇艾扎恩人是否检测到了我的生化插件，但也不敢问。我的生物插件和入侵者的金属植入物不同，只不过是基于我的基因设计的带电分子，而且很难从身体细胞中分辨出来。虽然生化植入物并不及金属植入物强大，但是就连先进的外星科技都很难检测到它们。

“我们现在可以走了吗？”我问道。

“是的。”阿尼·哈塔·贾指了指地平线。

在平原的山丘上，一道大门打开了。“医疗平台将送你的船员回到飞船上。”

我看了眼周围的草原，说：“这就是你们的家园世界？”

阿尼·哈塔·贾回答道：“这里是厄苏·拉吉·塔厄。我的祖先在这些平原上游荡了数百万年，然后普罗斯克人给了我们这些东西。”他伸出自己的右前腿，不断活动着自己的指头。

“他们改造了你们？”

“在我们同意的前提下。”阿尔拉 · 斯努 · 迪说道，“我们在拥有这些指头之前就已经进化出了智力。”

“要不是他们，我们还困在这片平原之上呢。” 阿尼 · 哈塔 · 贾说道，“我们对他们感激不尽。”

“我从没听说过普罗斯克人。”

“他们来自仙女座，不是银河系议会的成员，很少造访我们的银河系。”

“那他们为什么帮助你们？”

“他们需要我们口述历史、歌曲和史诗。”阿尼 · 哈塔 · 贾说道，“普罗斯克人是一个高度发达的文明，而我们则善于讲故事。在平原上游荡的岁月里，我们创造了许多有关迁徙的史诗歌谣。”

“这买卖还真不错。”医疗平台开始带着我们穿过门廊飞向居住区。

“交易对双方来说都公平。”

“我姑且就相信你吧。”我看着亚斯和埃曾转移到了平台上，“我会向地球通报关于我们合作的情况。他们可能要过几年才能收到消息。”

“我们会做好准备的。”

我还是想试试能否掩盖自己来过这里的痕迹。“作为大家互信的标志，能把那发子弹还给我吗？”

“我们会先保管这发子弹，将它作为未来互信的信物。” 阿尼 · 哈塔 · 贾还是想让人类处于不利地位。他挥了挥手向我道别，然后和代理人跨过河流，又回到了其他人身边。

我坐在平台上，跟在亚斯和埃曾后面离开了整个生物圈模拟室。墙上的标志显示我们在 85 号飞船，整个船队中唯一一个具有富氧大气的飞船。这就解释了为什么艾扎恩人体形巨大，因为在富氧环境，特别是高重力条件下，是大型生命形式存在的必要条件。

等我们离开了房间，我马上跳下平台，准备自己走回去。亚斯还在睡觉，埃曾已经恢复了意识，但是还不能动。他的连体服已经不见了，而发声器上的鲜血也被擦干净了。

“你感觉如何？”我问道。

“什么都……感觉不到，船长。”埃曾说话的声音很轻，看来艾扎恩人的止疼剂还在起效。

“你这伤口的包扎看起来有点奇怪。”我仔细打量着他腹部的黄色胶体。

他断断续续地说：“他们告诉我……80 小时内……这东西……会渗入我的……皮肤……然后我就好……了。”

“你该谢谢艾扎恩人的医疗科技。我还以为你死定了。”

“关于那个子弹……我该……谢谢谁？”

我轻轻拍了拍他的肩膀，毫不怀疑他发现我的 P-50 装备了特殊弹药。“你可以感谢我，”然后我凑过去悄悄说道，“但是别告诉其他人。”

“那子……弹……我……也想要。”

“那东西可不好弄到手。”一整个弹夹的特殊弹药，可比银边号还贵。

我们通过加速人行道，快速穿过了好几艘飞船。我很想看看 4 号到 85 号飞船上可以买些什么东西，但是我现在必须去警告玛丽，而且艾扎恩人也在监视着我们的一举一动。我怀疑他们让我们自己回去，就是在看我们是否值得信任，又或者看看我们是否会在明知被监视的情况下继续破坏规定。

等我们到达 3 号飞船之后，我离开平台跑向幸福号的机库。当我靠近的时候，舱门滑向一边，暗示着这里可以对外进行租赁。我坐着电梯进入机库甲板的时候，耳旁响起了推进器的轰鸣声。幸福号悬浮在甲板上方几米处，慢慢开始转动船体，用船头对准机库的出口。

我盯着推进器的气流跑过去，挥舞着胳膊大喊道：“玛丽！看这边！停下！”

幸福号收起了起落架，船头对准了出口，然后穿过压力场，驶入了气体巨星冰冷的上层大气。我知道现在已经为时已晚，只能跟在后面一直跑到压力场旁的窗户边。窗户外面，玛丽老旧的快帆 D 级货船慢慢转向，等到她飞出 5 千米之后，巨大的船尾引擎也开始点火，推动着飞船继续前进。

幸福号船首向上飞出橙棕亮色的氢云层，向着南辰星系和希尔人为它准备的陷阱前进。

\·\·\·\·\·\

幸福号离开不久，伊斯塔纳号和洛拉克号也纷纷起飞，二者之间保持了 15 分钟的间隔，所以就不会同时离开小乌苏鲁斯星系。等我做好银边号的起飞准备，两艘飞船都已经离开了星系。

埃曾和亚斯还在睡觉，而我开始向着最小安全距离前进。随着气体巨星在我们身后越来越小，睡眼蒙眬的亚斯出现在了舱门处。他摇摇晃晃地爬上自己的抗加速座椅，随意看了一眼飞行读数。

“埃曾呢？我没在工程舱看到他。”

“他还在自己房间里睡觉呢。”我回答道，“马塔隆人冲他开了一枪。”

“什么？”亚斯惊讶地问道。

“他没事，而且还把蛇脑袋的脑子炸了出来。”

“哦，是吗？”他说完就开始按摩太阳穴，“天哪，脑袋都要疼死了。”

亚斯现在看上去糟糕透了。他脸色苍白，眼睛下面一片漆黑，很明显希尔人的毒素和酒精无法有效混合，而且他肯定进行了其他药物试验。

“尼迪斯跑了。”我说道。

“哦……所以我们现在去追他，好好报答下这个。”他说完就摸了摸脖子根上的穿刺伤。

“不，我们现在去追玛丽。”

“玛丽？”他一脸困惑地看着我。

“她也在 3 号船上，而且现在还是个挑战封锁的走私贩子。”

亚斯眨了眨眼睛，好奇自己到底错过了多少好戏：“好吧，猜到了。”

“连你都猜到了？”

“她知道去哪有钱赚。”

“要是我们不快点追上她，尼迪斯放在她船上的东西就会要了她的命。”

亚斯终于渐渐明白怎么回事了：“好吧……那你知道她去哪吗？”

我点了点头说道：“南辰星系。”

“哦……”亚斯陷入了沉思，“南辰？有好吃的。”

“分裂分子看到我们就会开火。”

“还有啤酒。”我打赌他现在就已经渴得要死了。

“地球海军先对着走私贩子开火，然后才会问话。”

“还有漂亮姑娘。”亚斯笑了起来，“我们还等什么？”

亚斯的无药可救让我笑了起来，然后就向着南辰星系启动了跃迁。

05
南辰星系

分裂分子控制下的亚民联殖民地
南辰星系
英仙座外部地区
九个星球，南辰三（黔州）存在殖民地
距离太阳系 908 光年
常住人口 310 万

“前方 400 万千米处有一艘人类飞船。”我们在南辰星系的边缘脱离超光速泡泡，亚斯做的第一件事就是启动传感器。主屏幕上有一个渺小的灰色船影，和太空中的恒星形成了强烈的反差。“它就在开普勒带，完全没有任何动作。”

这艘飞船的应答器、主动传感器和护盾全部关闭，而且能量反应堆信号微弱。鉴于欧可可领事在瓦尔哈拉上看到的飞船录像和我在艾扎恩上回看到的飞船，我只能做出一个判断：“那是伊斯塔纳号。”

“它在那干什么？”

“藏着呗。”

“那又是为了什么？”

根据当前距离判断，图像时间距离现在不过三个半小时。伊斯塔纳号还要过好一会儿才能看到我们，我有足够的时间找到玛丽然后撤退，完全不用担心这位主席先生会发现我。

“还没有发现幸福号。”亚斯说道。

“它过两个小时才会到。”如果我的估计没错，那我们在 15 个小时前已经超过了幸福号。但是在超光速泡泡启动的前提下，我根本无法确定是否超过了她。

亚斯研究着星系内部的扫描结果，轻轻地吹了个口哨。“这地方太热闹了。”他把光学探头对准棕蓝相间的第三行星。行星轨道上有大量中子信号，这说明不只一台反应堆在轨道上工作。但是，我却没有发现任何自动应答机的信号。“我在同步轨道检测到了 54 个能量源，地表还有两个大型能量源。”

黔州是一个农业世界，城市数量很少，而且没有重工业。情报显示这里是分裂分子的补给基地，所以尽管这里缺少供舰队使用的设施，但地球海军还是会定期来扫荡星系内的走私贩子。

“我们在这里待机，等幸福号快要到达之前跃迁进去。”

“要等多久？”

鉴于我们和黔州星之间的距离，玛丽的飞船到达三小时后，我们才能捕捉到以光速飞行的中子信号。等到那时候，她早就到达行星轨道了。我只能寄希望于猜测她的到达时间，然后进行盲跳，才能找到她。如果我们动作慢了，那么她就会进入分裂分子舰队的射程。如果我们过早行动，而她却还没到，那么分裂分子的舰队就会找我们的麻烦。所以我才会在路上花了很多时间模拟幸福号的航线和速度，确定它最有可能的到达时间。

“2 小时 20 分。”我只能希望玛丽一如既往地维护幸福号了。

只有我们跃迁进入，分裂分子才能看到我们，但是他们肯定为应对地球海军的突袭做好了准备。他们一定会很快脱离轨道，冲过来找我们的麻烦。他们不会在星球的重力井内进行跃迁，只会全速飞行，然后趁着飞过的瞬间击毁银边号。

这种突击式的打法是他们的最佳进攻方案，但是我还是有时间说服玛丽放弃货物逃跑，当然这取决于我的预判准确。如果我预判出错或者玛丽不相信我，那么事情就会在瞬间变得很糟。

\·\·\·\·\·\

超光速引擎扭曲了银边号周围的时空，遮挡住了星辰，然后我们就发动了对着星系内部的盲跳。在主屏幕上，航线模拟器画出了一条飞跃外部行星的航线，航线旁边的倒计时器显示还有 7.6 秒。突然，主屏幕上跳出了一条警告：

跃迁完整性警告，启动紧急制动。

倒计时停在 0.01 秒，还差一点点就到达我们的预定目的地。自动诊断程序开始测试几百个系统，寻找究竟是什么触发了报警。

“埃曾，出什么事了？”虽然埃曾肚子上的胶质体已经在飞往南辰星系的路上吸收完毕，但是他也不过是刚刚起床。

“时空力场监视器检测到一分钟的不稳定，”他慢慢地说道，“所以在超时空泡泡失效前，触发了紧急关闭。”主屏幕上出现了一个长方形矩阵，上面有一千多个标着各种标志的方块，这些方块从黑变绿。我们的诊断程序确认了并不是船上系统触发了人工智能报警。

“问题来自外面。”

“启动传感器。”亚斯说道。

主屏幕一分为二，一半显示的是诊断报告，另一半显示的是光学探头传回的数据。幸福号就在我们前方，全速向着黔州星前进。它到达时间比我预料得早了一点，而且正在靠近分裂分子的舰队。幸福号现在可能已经看到了我们，分裂分子的舰队可能要在 9 分钟后才能发现我们。

“用窄波联系幸福号。”我开始全速前进，飞船速度直逼安全极限，“我不想让分裂分子听到我们的谈话内容。”

亚斯启动了和幸福号的通信频道：“说吧。”

“玛丽，马上扔掉货物，然后离开这。你被人骗了。”

信号过了好几秒才到达，回复花了同样长的时间才传了回来。

“西瑞斯？”通信器里传来了玛丽的声音，“你在这干什么？你也知道我不可能扔下这些货。我需要这笔生意。”

“她关闭引擎了，”亚斯说道，“而且启动了窄波通信。”

玛丽是个聪明的姑娘，她在让我们追上去的同时，还能保证分裂分子听不到我们的谈话内容。

“我不知道你到底运了什么货，但是现在情况非常危险。”

“你先靠过来。”她的回复随着我们间的距离拉近而变快，“动作快点，我在黔州星的朋友可没想到你会来。”

我开始设定航线，然后亚斯说道：“黔州星附近还有 27 艘战舰，6 个轨道平台，3 艘补给船和 8 艘运兵船。”

“这就解释了医疗物资的用处了。”眼前的舰队不是一支单纯的战斗舰队，而是一整支入侵部队。

如果地球海军要发动进攻，那么必须在舰队出发前发动打击。这种行动肯定是绝密计划，而马塔隆人和希尔人肯定已经知道了有关细节。他们想必已经通知了兰斯福德，那这些舰队还在这里干什么呢？

“他们已经看到我们了。”亚斯说道，“我发现一艘巡洋舰和两艘护航船的中子读数开始飙升。”

我把截击航线的所需时间输入自动导航系统，现在只能假设分裂分子的战舰全速前进了。“他们会在 50 分钟后进入无人机射程。”

亚斯浑身颤抖了一下：“我们得在那之前离开。”

在距离幸福号还有一半距离的时候，自动导航系统开始减速，而一艘超级撒拉逊级巡洋舰和两艘护卫舰大小的护航船开始向我们冲了过来。过了几分钟，幸福号已经占满了我们的主屏幕，埃曾轻手轻脚地爬进我们身后的抗加速座椅，看来腹部的伤口还有待时日才能完全恢复。

“是幸福号触发了紧急关闭，船长。”埃曾说道，“幸福号正在释放超相对论电子。”

“电子？”我完全不清楚到底是怎么回事。

“超相对论电子。”他纠正道，“它的飞行速度是光速的百分之九十五，而且还能产生破坏超光速力场的波粒子共振，共振强度随着时间推移不断增强。”

“我们可以跃迁吗？”

“在靠近幸福号的时候不能跃迁，但这还不是最糟的。如果共振持续增强，它就可能摧毁反应堆的隔离力场。”

“我们会爆炸吗？”

“范围内所有飞船都会爆炸。我已经把隔离力场作用范围扩展到了最大，但还是不够。”

“为什么玛丽还没有发现这事？”

“玛丽可不是像我们这样热衷于黑市科技，船长。扩散肯定是在超光速力场接触之后才开始的，不然飞船绝对不可能进入星系。”

亚斯猜到了我想干什么，就打开了通信器：“我打开安全频道了。”

“玛丽，”我说道，“你船上的货物将破坏隔离力场。你必须快点处理掉它。”

玛丽马上回复道：“你在胡说什么？我们的反应堆好着呢。”

“不可能，它只会越发不稳定。”

“启动隔离力场最大作用范围，”埃曾说道，“这应该能给你争取点时间。”

“玛丽，照他说的做，你的时间不多了。”

她叹了口气：“好吧，西瑞斯。我会告诉欧玛利的，同时我们还会检查一遍货舱。”

“给乌戈说一声，准备你的右舷气闸，我们准备对接了。”我继续让银边号减速，几分钟就完成了对接。我对埃曾说：“你能去一趟幸福号吗？”

“当然，船长。”他说完就慢慢爬出座位。

我对亚斯说：“盯住那些分裂分子的飞船。”然后我就和埃曾一起登上了幸福号。玛丽带着一个通信器在气闸等我们。

“我见到你们真是太高兴了。”她抱了下我，然后在我脸上亲了一口。“你说的没错。欧玛利在隔离力场确实发现了一个小型震颤，而且还在不断扩大。”

我问道：“你找到原因了吗？”

玛丽带着我们穿过一道长长的走廊，前往一号货舱。

“安德烈和乌戈检查了所有的货柜，”她回答道，“但是什么都没找到。”

“克隆实验室检查了吗？”

玛丽用通信器呼叫安德烈：“安德烈，你检查克隆实验室了吗？”

“检查了，老板。”安德烈·麦斯卡，幸福号的货管员说道，“所有密封都没有受损，货柜从离开地球就没有被打开过。”

玛丽安慰我道：“西瑞斯，这些都是地球医疗隔离密封。”

“这肯定是伪造的。”

“怎么可能。”她惊讶地说道。

“问题只可能出在克隆实验室。”

玛丽忧心忡忡地看着我，叹了口气，然后对着通信器说道：“乌戈，我们现在就打开克隆实验室。”

“他们会撤销我们的合同，”乌戈不安地说，“而且还会罚款。”

“我知道。”

玛丽带着我们来到一个昏暗的货舱，加多 · 乌戈和安德烈 · 麦斯卡带着强光手电站在一个巨大的辐射真空货柜旁。我仔细检查着分形纤维密封，暗自希望这是伪造的。但看上去这些都是真货，任何一个人类世界上的海关都会给它放行。

安德烈·麦斯卡用扫描仪检查着密封。扫描仪亮起了绿灯，说明纤维没有被人做手脚。每一条纤维都有几十亿个分子接触点，人类科技无法切断连接只有全部复原断裂面。

“密封看起来没问题。”安德烈很不希望破坏密封。

“我用 X 光全面扫描了货柜，”乌戈说道，“这货柜绝对没问题。”

“忘了那些密封和扫描仪吧，”我说道，“赶紧打开。”

乌戈正准备开始骂人，玛丽就挥手制止了他：“你最好不要出错，西瑞斯。”她现在只是在意即将损失一大笔钱罢了。

“这里面绝对有问题。”

玛丽对乌戈点了点头，示意他打开货柜：“打开吧。”

加多 · 乌戈用刀切开了盖在门板口控制器上的封印，然后输入了解锁密码。金属门闩“哐当”一声缩了回去，然后乌戈拉开了大门，柔和的灯光也照了出来。当大门打开的时候，我们所有人都不由倒吸一口凉气，货柜里装着一个小型纺锤状的飞船，它的前后起落架已经完全展开，每个起落架底部还有个倒 T 形的结构。整个飞船倾斜放在货柜里，里面的空间勉强能装下它。飞船的外壁如镜子般光滑，而且还放出一种柔和的光线。

“这可不是克隆实验室。”我说着就走进了货柜。

“该死。”玛丽失望地说道。

“飞船这里受损了。”乌戈用手电对准了飞船的后部，船身上有一个黑色的烧痕。

“这到底是什么飞船？”安德烈 · 麦斯卡打量着这艘飞船。

这种飞船的外形绝对不可能认错。“是钛塞提人的飞船。”我伸手去触摸飞船发出的光芒，能明显感觉到有一种力量在推着我的手。

“它怎么会在这？”玛丽问道。

“发射超相对论电子。”埃曾说道。

我走到飞船受损的地方仔细打量，大脑也在飞速运转。飞船外壁已经受损，但是维修这艘船的人并没有技术能够修复镜子一样的表面结构。人类不可能捕获钛塞提飞船，所以这不可能是兰斯福德和银河财团的杰作。伊斯塔纳号将这些医疗物资送到了艾扎恩商会的转运区，但一定是希尔人的洛拉克号把这个理应装着克隆实验室的辐射真空货柜运过来的。其他来自地球的医疗物资都是伪装，而 X 光扫描仪和分形纤维封印都是希尔人伪造的。

对于希尔人来说，欺骗我们的技术设备非常简单，但是就连他们也不可能捕获钛塞提人的飞船。整个银河系之中，只有一个种族同时具有这么做的动机和技术能力，这只能是在特里斯科主星战役中击败联盟舰队，并让钛塞提人不得不认真对待的入侵者。肯定是入侵者俘获了这条小船，竭尽所能完成了维修，然后移交给希尔人。现在，希尔人明显不是银河系里的中立派了。

但最糟糕的是，我完全想不通为什么众海孤子要在幸福号上藏起来这么一艘钛塞提人的小船。我们对于他们毫无威胁，而他们却不遗余力插手我们的事物。

玛丽问：“能把它关掉吗？”

“我连舱口都找不到。”我回答道。

“如果进不去的话，”埃曾说，“那就不可能关掉力场。”

“我们用气闸把它扔出去。”我说道，“然后全速撤离。”

玛丽感叹道：“看来我们永远都赚不到钱了。”然后对着乌戈和安德烈 · 麦斯卡下令：“打开气闸，我们会从舰桥启动外部舱门。”

我们让他俩留在货舱进行准备工作，然后匆匆跑回了舰桥。这里比银边号的舰桥要大两倍，朝向船头的方向还有两个分开的大屏幕，控制台上的设备也很老旧。玛丽坐在驾驶员的位置，用一个屏幕观察货舱的情况，另一个屏幕则显示货舱外部情况。我们看着乌戈和安德烈关闭所有货柜的磁力钳，然后退回到增压舱门的另一边。

“人工重力关闭。”玛丽继续操作着控制台，“增压至五个标准大气压。”增大的气压应该能将所有的货物推出货舱。她带着一脸责难的表情看着我：“要是弄坏了外部舱门，你就给我买个新的。”

“你就这么谢谢我？我跑了这么远来救你，你却想让我赔偿损失。”

当增压结束，她宣布：“启动。”然后启动了货舱舱门的紧急释放功能。

在一个屏幕上，我们可以看到货舱舱门轰然打开，然后重重砸在船体外壁上，空气逃逸出飞船，在冰冷真空的环境中马上凝固。大小各异的货柜飞入了太空中，慢慢飞向远方。在另一个屏幕上，还有一个真空辐射货柜依然固定在甲板上。

“这怎么回事。”玛丽看了一眼控制台说道：“磁力钳已经关闭了。”

“是那条飞船，”我紧紧盯着屏幕，“那东西在货柜里一动不动。”

“你必须马上关闭能量反应堆。”埃曾说道。

“那我们就会失去生命维持系统和推进系统。”玛丽并不同意埃曾的主意。

我一针见血地说道：“那你是想要一个隔离泄露吗？”

她脸上浮现出惊讶的表情，然后点了点头：“好吧。”

“我去帮欧玛利。”埃曾说完就前往工程舱，而通信器里也响起了亚斯的声音。

“船长，分裂分子的巡洋舰向我们发射了定位脉冲。”

“距离开火还有多久？”我问道。

“20 分钟。”他说道，“他们已经开始滚转减速了。”

看来他们并不打算采用快速进攻战术。“他们打算登船。”

玛丽问道：“他们难道不知道有多危险吗？”

“我们得把钛塞提人的飞船弄出去。你船上有炸药吗？”

玛丽因为恐惧而睁大了眼睛：“你疯了吗？你会弄坏整条船的。”

“你要是不把那东西炸出去，整条船都保不住了。”

她犹豫了一下，知道我说的没错：“我们有上次去卡扎瑞斯留下的两箱采矿用的炸药。”

“我们把炸弹放在飞船下面。爆炸不可能穿透护盾，但是可能会把它推进太空。”

玛丽负责给货舱加压，然后我们去储藏室找炸药。就在玛丽为了自己的船而感到心痛的时候，我想到兰斯福德还藏在星系边缘。他并不是单纯的藏在那，而是等着危机过去，因为他知道将会发生什么，而分裂分子的舰队却还蒙在鼓里。他从一开始就在资助分裂分子，希望脱离地球的干涉之后能够大赚一笔。现在他背叛了自己人，破坏了地球人类之前做出的所有努力。

这到底是为了什么呢？仅仅是为了博取希尔人的欢心吗？

我们在钛塞提人飞船下面安装了六个定向炸药，让爆炸方向集中在船体外壁上，然后就躲到了朝向船头的增压门后面。

“再见了，我的船。” 玛丽说完就按下了起爆器。

一阵沉默的爆炸在幸福号上回荡，在舰桥监视爆炸的乌戈在船内通信系统里宣布：“气压正常。”

我们推开舱门，探头打量着漆黑的货舱。真空辐射货柜的顶部已经被炸飞，钛塞提飞船发出的光投射在头顶舱壁上。

“起码我们还没炸掉幸福号。”安德烈松了一口气。我们冲向破烂不堪的货柜，发现闪闪发光的钛塞提飞船毫发无损。

“甚至连一个刮痕都没有。”我现在整个人非常失望。

“现在怎么办？”玛丽问。

“让幸福号睡觉吧。”我启动了通信器说道：“埃曾，反应堆关闭进度如何了？”

“情况不太好，船长。”埃曾回答道，“来自钛塞提飞船的共振正在激化新星元素。我们无法冷却堆芯。过不了多久，隔离系统就会失效。”

我阴沉着脸对玛丽说：“我们现在得赶紧躲远一点。”

“我绝对不会放弃自己的飞船。”她义正词严地说道。

“它已经无药可救了。”我轻轻地说，“我们不可能带着一颗新星元素炸弹和钛塞提人的飞船离开。”

“我不能走。”玛丽说，“这是……我的家。”她看了看安德烈：“这是我们的家。”

我抱紧了她：“我知道。”

“我在这船上长大。”

“但是你要是不走，就只能死在这。”

玛丽环顾着周围日渐老化的船舱，回想着在这里度过的每一分每一秒。“我会想念它的。”然后，她的眼角泛起了泪花。

“我们会带你和你的船员回银边号。”我们的维生系统可以支持六个人，如果必要还可以带七个人，足够带着他们到安全地带。

玛丽点了点头，走到了通信面板旁边：“幸福号马上要爆炸了，现在开始弃船。带上你们的个人物品前往银边号。你们只有 3 分钟时间。”

我对着她赞许地点了点头，然后对着通信器说：“亚斯，分裂分子的飞船情况如何？”

“他们在 7 分钟后进入射程。”亚斯说道，“他们正在通知我们准备接受登舰。我该怎么回答？”

“不要回答，让他们继续猜。”我开始冲回幸福号舰桥，玛丽和安德烈去收拾个人物品。

乌戈已经走了，所以我爬进了副驾驶的座位，准备设定一条远离黔州星的航线。就我个人而言，我一点都不喜欢这些分裂分子，但如果星球表面的两座反应堆爆炸的话，那么将杀死几百万人。我设定好了新航线，让自动导航系统开始执行航线，但是控制台开始反抗我的指令，重新执行之前的航线设定。

“糟了。”我嘀咕了一句，然后开始重新设定航线。等我试图再次执行航线的时候，系统再次抹掉了我的航线数据，继续向黔州星前进。我出于失望一拳砸在控制台上，钛塞提人的飞船已经控制了幸福号。

“船长，你在哪？”亚斯开始用通信器呼叫我，“所有人已经上船了，我们准备脱离对接。”

“玛丽在吗？”我起身换到了船长的位置上。

“我在这呢。”

“你的自毁代码是多少？”如果不能让幸福号远离黔州星，最起码我能让它永远都到不了目的地。

玛丽慢慢背出了一串漫长的数字，我把它输入系统，然后把倒计时设定到 15 分钟。这点时间刚好足够我们脱离爆炸范围，然后让分裂分子的舰队撞进爆炸的中心点。

我输完密码之后，又呼叫了玛丽："再给我说一遍，我需要进行确认。"

玛丽重复了密码，然后我启动了倒计时。

一个女性声音宣布道："启动自毁程序。"中间的屏幕上出现了为期 15 分钟的倒计时。我如释重负地叹了口气，但是那个声音又说道："自毁程序已关闭。"

"不！"我大喊道，然后舰桥上所有的控制台都停止了工作。我不停地敲打着屏幕，努力重启控制台，但是它完全没有回应。"该死！"

"船长！"亚斯喊道，"你在哪呢？他们很快就要进入射程了。"

我看着漆黑一片的屏幕，知道现在已经无能为力，只好立即跳出座椅穿过空荡荡的走廊，穿过了幸福号的气闸。进入气闸后，舱门转换启动在我的眼里慢得让人跺脚。

"快点，快点。"我不耐烦地嘀咕道。一等银边号的舱门打开，我马上就跳了进去，转身关闭了舱门。等舱门指示灯变绿之后，我呼叫亚斯："我回来了，快走！"

"我们走喽！"亚斯说完就开始提升引擎出力。

我穿过增压服储藏室，玛丽的三名船员垂头丧气地坐在里面，他们的行李包就扔在脚边。幸福号的工程师欧玛利 · 张，坐在那里抹着眼泪，而加登 · 乌戈已经气得随时要爆炸了。

我向她保证道："我们过会儿给你找睡觉的地方。"

"我去帮埃曾。"欧玛利说完就跑向了工程舱。

"厨房就在那边。别客气。"我指了指厨房的方向，想让他们感到宾至如归。趁着乌戈和安德烈找吃的工夫，我跑回了舰桥。

玛丽坐在后排的座位上，看着船尾的光学探头传来的图像，幸福号离我们越来越远。

“舰队距离我们还有多远？”我说着就钻进了自己的座位。

“很近了。”亚斯专注于飞行，而不是观测数据。

我在控制台上调出传感器数据。超级撒拉逊级巡洋舰已经进入了无人机射程，主炮再过一会就能击中我们。它的两艘护航船装备的武器不多，还需要 6 分钟才能进入射程。

就算引擎全力工作，把护盾功率开到最大，我们还是距离黔州星越来越近，而且三艘战舰正在向我们靠近。

“身份不明货船，”舰桥的喇叭响了起来，“关闭引擎，准备登舰检查，如果违背我们的命令，我们将向你开火。”

“你要来负责飞行吗？”亚斯示意移交飞行控制权。

“不必，你飞得不错。”我说完就启动了船内通话系统，“埃曾，超光速泡泡还需要多久准备完毕？”

“船长，我们必须先摆脱共振干扰才行。”

“护盾可以工作吗？”

“可以，但是强度很低。”

我们终于停止了向着黔州星的惯性飘移，然后加速脱离幸福号，但是分裂分子的飞船明显速度更快。我决定通过对话争取时间，把护盾留作最后的保命手段。主屏幕上显示三艘飞船正在向我们靠近，与此同时还有战舰开始对准幸福号减速。他们的指挥官必须决定是去检查幸福号还是来追我们。如果他们继续减速，那么我们很快就能摆脱他们。

“身份不明货船，马上停船。”分裂分子的船长再次怒吼道。

我让亚斯负责飞行，然后向三艘战舰进行区域广播：“你们亮明身份之后，我们就会关闭引擎。万一你们是海盗可怎么办？”

亚斯一脸好奇地看着我，用嘴巴比画道：“海盗？”我们见了不少海盗，但是他们的船绝对不会像超级撒拉逊级一样装满武器。

“这里是杰尼斯 B 星殖民地舰队巡洋舰，莱顿号。现在关闭你的引擎。这是最后一次警告。”

莱顿号和一艘护航船关闭引擎，用船头对准我们，另外一艘护航船继续向着幸福号减速。巡洋舰和护航船还有些许速度优势，而且还在继续加速拉近距离。屏幕上自动弹出一副红外线图，两条船上热源温度开始飙升，说明它们正在给武器充能。

“聊天时间结束了。”在我说话的时候，幸福号已经离我们越来越远。整艘飞船开始入轨航线，一切看上去就好像上面有人在操纵它一样。这说明钛塞提人的飞船已经完全控制了幸福号的自动导航系统。

“现在最好启动护盾。”亚斯建议道。

“现在还不行。”我把控制条转换成武器操作模式。

我们的发射器上已经装好了一架无人机，装弹机上还有另外两架待命。多亏了列娜 · 福斯，这些都是没有标记的地球海军无人机，能让莱顿号的船员们好好考虑下该如何自保。发射器安装在船头，所以当我打开舱门的时候，分裂分子也看不到它。

“你准备和他们动手吗？”玛丽不安地问道。

“我是绝对不会投降的。”我看着巡洋舰重型炮塔上的热能读数越来越高。莱顿号肯定会把无人机留着对付地球海军，所以我们应该还有几分钟剩余时间，但没有护盾保护，主炮一发就能干掉我们。

我开始给无人机传输瞄准信息，把发射器设定成自动装填模式。等三架无人机都完成发射器准备之后，我的手指就悬在发射面板上，眼睛注视着战舰向我们追了过来。

“你还等什么呢？”亚斯问话的同时，无人机还在重新计算设计方案。

“他们太远了。”

“巡洋舰现在就能击中我们。”

和亚斯不同，我并不关心命中率，只是在意航线追踪。我让他们继续追了几秒，然后发射了无人机。一道白光从船头飞了出去，另外两架无人机也跟着飞了出去。

“护盾启动。”我说着就启动了护盾。无人机飞到了银边号前方，然后掉头从我们身边飞了过去。

分裂分子舰队的巡洋舰和两艘护航船马上启动了护盾，莱顿号的船身出现了多个热点，这说明它的点防御系统准备近距离击落我们的无人机。护航船转向 45 度，让船身远离巡洋舰，确保不会阻挡彼此的射程，避免爆炸造成的损伤。

因为钛塞提飞船的波粒子干扰，我们的护盾非常不稳定，只有平时功率的三分之一。靠近幸福号的战舰现在情况肯定更糟，因为距离钛塞提飞船越近干扰就会越强。

莱顿号的前部炮塔开了一炮，一道黄白色的光束刺破黑暗向我们飞了过来。亚斯试图躲避，但是我们距离太近，所以这一发就打在银边号的后部，光学探头被一阵白噪声干扰了。等屏幕恢复之后，护盾上满是能量波纹，这说明它很快就要崩溃。

“第一发就能打中，真厉害。”这一炮击让亚斯印象深刻。

我命令道：“换一边继续挨揍。”亚斯让银边号转了 30 度，用没有受损的护盾对着莱顿号，迫使它重新计算射击方案。

在我们身后，三架无人机摆出一个三角形，迫使莱顿号必须应对来自三个方向的攻击。莱顿号对准三角形的中心，所有点防御系统做好准备，所有可用的能量都交给了护盾，这刚好可以让我们脱身。第二艘护航船距离较远，也开始加速追赶友军，而莱顿号和护航船刚好经过了幸福号。

三架无人机开始向着三角中心出发，目标直指幸福号。莱顿号使用动能弹的大炮开始开火，黑暗的宇宙中全是曳光弹的光芒，但是无人机依然保持在点防御火力的有效射程之外。无人机朝着莱顿号的船尾飞去，就好像要从后面发动攻击。我看着玛丽，三架无人机已经进入末端弹道。

“我很抱歉。”我说道。

“为什么道歉？”玛丽惊讶地问道，然后她很快就明白了怎么回事：“哦，千万别这么干！”

她不敢相信自己看到的一切，三架无人机发射了弹头，击穿了没有护盾保护的幸福号船体，砸进新星元素反应堆之后起爆。幸福号被一个耀眼的白色光球笼罩，瞬间击碎了旁边护航船不稳定的护盾。紧接着又爆发了第二次爆炸，两次爆炸产生的火球冲向莱顿号和旁边的护航船，然后一个明亮的光球包裹了两条船。

“为什么这么做？”玛丽问道。

“黔州星上还有300万人呢。”我说道，“只有这办法才能救他们。”

玛丽表示理解，黯然地点了点头，逐渐扩散的冲击波已经向我们冲了过来。

“抓稳了。”亚斯开始调转飞船，用护盾完全充能的部分对准冲击波。

玛丽的手扶在我的肩膀上，在冲击波撞上来的一瞬间狠狠抓了我一下。主屏幕上全是白噪声造成的静电雪花，过滤器马上启动，降低闪光亮度。一股能量冲击洗刷着我们的飞船，船体外壁上掀起了一阵阵闪电，然后继续向着深层空间扩散，而我们的护盾也崩溃了。

当静电干扰消退之后，我们看到莱顿号依靠装甲的保护，继续向我们推进。莱顿号的护盾和大部分传感器已经失效，但是武器上依然有热能信号，而且至少一台瞄准扫描仪已经锁定了我们。它的护航船已经变成了一团黑乎乎的废铁，而靠近幸福号的那条护航船已经完全消失了。在爆炸的中心点，一个发着光的小型物体还在向着黔州星靠近。

“它还在那！”亚斯这才反应过来那是钛塞提飞船。

“这怎么可能。”玛丽说道，她完全不相信有东西能够活过一次堆芯爆炸。

“它还在向行星靠近。”纺锤形的钛塞提飞船还在按照幸福号的航线向黔州星靠拢。

“莱顿号停止追我们了。”亚斯的口气虽然很轻松，但是眼睛却死死盯在屏幕上。

巡洋舰已经关闭了引擎，开始漂浮。船体上的热信号开始消散，但是从反应堆释放的中子信号却开始越发不正常。

“它有麻烦了。”我说道。

莱顿号距离钛塞提飞船太近，反应堆隔离力场受到的影响比我们更大。所以他们关闭引擎，试图稳定反应堆，但是现在为时已晚。主屏幕上出现了一个传感器报警，莱顿号已经打开了外部舱门，然后传来了一条残破的声频信号。

“马上……关闭……不然……击沉你。”莱顿号肯定以为是我们在攻击他们。

我启动全区域广播，让所有人都能听到我说话：“莱顿号，我们并没有攻击你，是那艘钛塞提飞船。所有在黔州星和轨道上的人请注意，趁它还没进入作用范围，马上关闭你的反应堆。”

莱顿号并没有回复，但是向我们发射了一架重型无人机。

“糟了。”亚斯嘀咕了一句就开始加速，飞船航速很快就超过了抗加速力场的极限。

莱顿号用无人机来收拾我们，然后用主炮向钛塞提人的飞船开火，后者一时间被各种光束所笼罩。但是飞船依然稳定地放出光芒向着行星飞去，完全无视了莱顿号的攻击。

“他们这都算不上给它挠痒痒。”玛丽垂头丧气地说道。

虽然分裂分子的无人机还在向我们靠拢，但是巡洋舰的能量供应却出现了问题，它的光束和脉冲武器纷纷停火。莱顿号在绝望之下，向着钛塞提飞船又发射了一架无人机。无人机化作一颗白星飞向钛塞提人的飞船。在撞击目标之前，无人机发射了自己的静电弹头，但是撞在金色光晕的瞬间却爆炸了，没有造成任何实际伤害。

“咱们去哪弄个这样的护盾？”亚斯好奇地问道。

我专注于那架向我们飞来的无人机。它比我们的无人机更大更慢，而且加速度性能也不好，但是它肯定锁定了我们。

玛丽看着我控制台上的传感器数据说道：“也许我们可以甩掉它。”她打算在无人机追上我们之前，耗光它们的燃料。

我摇了摇头说：“这是系统攻击武器，也就会独立运行武器。刚好可以从主炮射程外攻击地球海军主力舰。如果我们还不跃迁，它能把我们追到下一颗恒星。”

莱顿号终于认识到当前绝望的形势，开始掉头脱离钛塞提飞船，但是它的引擎工作困难，出力很低。超相对论电子终于摧毁了能量反应堆的隔离力场，引发了大规模能量释放。爆炸吞噬了护航船的残骸和小巧的钛塞提飞船。有好几秒钟的时间，甚至看不到它俩。我们现在距离太远，不会被卷入爆炸，但是强光还是激活了过滤器，让我们根本看不到莱顿号。等屏幕又能看到东西的时候，莱顿号已经变成了一团漂浮在太空中的废铁。

分裂分子的舰队一下就变得活跃了。大型战舰启动护盾，给武器充能，齐射无人机。这些无人机看上去就像一群闪光的小虫子。钛塞提飞船甚至没有打算躲避或者击落这些无人机，而整个无人机集群就向着目标扑了过去，它们的速度足以击毁任何一艘人类飞船。钛塞提飞船被一阵爆炸所笼罩，但当爆炸消散之后，钛塞提飞船毫发无损，继续向着黔州星飘去。

“分裂分子的无人机现在距离我们太近了，船长。”相较于黔州星轨道上为了自己小命而战的舰队来说，亚斯更关心追在我们后面的无人机。

“埃曾，超光速泡泡情况如何？”

“情况不太好，船长。”埃曾在船内通话系统内说道，“干扰强度还是太大。我们至少还需要 3 分钟。”

亚斯皱着眉头说：“那时候我们可都是死人了。”

分裂分子的舰队开始用各种能量武器攻击钛塞提飞船。各种光束和脉冲洗刷着纺锤形的船身，钛塞提飞船周围亮起了一团白色的光球。随着这个光球逐渐靠近，舰队火力也开始减弱，他们也陷入和莱顿号同样的结局。光束和脉冲武器纷纷停火，能量系统开始崩溃，一艘巡洋舰爆炸了，其他战舰也开始爆炸，产生的冲击又波及其他飞船，黔州星的天空变成了一场烟火表演。

没有飞船、武器平台或人类能够幸免。

“冲击预计 60 秒后就到。”亚斯盯着屏幕紧张地说道。

“埃曾！”我吼了起来。

“还没准备好，船长。”

还没等分裂分子舰队爆炸的火光消散，地表相聚 600 千米的两个反应堆也爆炸了。火光冲天而起直达大气层，将殖民地的两个主要城市和周围农田烧成了一片白地。两团爆炸的边界合在一起，然后开始逐渐消散，最后只留下两片漆黑的圆形废土。

在殖民地的废墟之上，爆炸火光开始消散，几千片装甲板不是飞入太空，就是落入大气层变成燃烧的彗星。现在留在轨道上的，只有散发着金色光辉的钛塞提飞船。

玛丽看着眼前的一切：“所有人就这么死……”

“分裂分子被狠狠收拾了一顿。”亚斯抬头观察着这一切。

“不，”我说道，“是我们人类被揍了一顿，而敌人甚至没有开一枪。”

“我们马上也要死啦。”亚斯说道，“分裂分子的无人机马上就追上来了。”

“埃曾，我们现在就要进行跃迁！”

“我们距离干扰源还是太近，船长。”

“百分之五十功率如何？”我开始给时空扭曲装置充电，现在能救我们的只有进行几秒钟的超光速飞行了。只要我们脱离了接触，哪怕没有脱离无人机的射程，飞船的保险装置也会避免无人机再次锁定我们。

“船长，如果你现在启动超光速泡泡，那么我们所有人都得死。”

“我要是不启动，大家还是死路一条。”

无人机已经进入末端弹道，开始为弹头充电，准备击穿我们并不存在的护盾和毫无装甲的船体外壁。

“它启动弹头了！”战术界面已经开始放出警告，“需要我躲一下吗？”

“不用，继续直飞。”我们的速度太快，规避机动已经毫无用处。我让自动导航系统规划一条百分之五十功率下的超光速短途跃迁，这足够我们穿越南辰星系脱离危险。

无人机现在距离我们非常近，在引擎的映衬下，我们甚至能看到弹头顶部的高密度外壳。

“5 秒钟后进行跃迁。”我用船内通话系统通知了大家。

“这次可不会好受。”亚斯说着收起了我们的传感器阵列。屏幕上的图像被航线和弹道模拟结果所取代。“传感器回收锁定，引擎关闭。”他说着就关闭了推进器。

我又看了眼玛丽，她对我点了点头，然后抱住了我。我吐了口气，然后按了一下控制面板：“启动自动导航。”

我们正准备脱离正常空间，无人机就发射了细长的管状穿甲体，然后我们的超光速泡泡也成形完毕。银边号进入了跃迁状态，穿甲体飞过我们刚才所在的位置然后起爆。在我们的大屏幕上，计算机开始10秒倒计时。系统马上弹出了一个稳定性警报，然后倒计时6秒的时候警报大作，屏幕上出现了一个我只在模拟训练的时候才见过的警报：

警报！警报！警报！

时空扭曲力场失效！

座位启动了紧急束缚力场，我整个人都被摁进了坐垫里，银边号右舷的超光速泡泡开始坍塌。扭曲时空的强大作用力扯碎了船体，船舱内充斥着金属扭曲的声音，灯光熄灭后右舷引擎也发生了爆炸，带着整条船开始疯狂旋转。

强大的压力压在我们身上，内部的惯性保护力场也失效了。推进器和时空扭曲装置也纷纷爆炸，让银边号的旋转越发无法控制。警报还在响个不停，红色应急灯也开始工作，屏幕上的超光速飞行模拟也被损管系统提示所取代。现在系统提示有几百个损管点需要处理。

我眯着眼睛阅读着屏幕上的信息。我们正在泄漏空气和离子气体，而爆炸性失压破坏了部分的船体。右舷的引擎已经消失了，能量反应堆情况危急，等离子火焰已经吞噬了船内四分之一的空间。

左舷的推进器开始工作，试图降低我们的转速，剩余的两个维修机器人也被派到了飞船外部。鉴于损伤规模太大，它们能做的只有把自己吸附在船体外壁，观察损伤状况。维修机器人传回的图像分列在损管显示的两边，周围的群星因为我们的高速旋转，看起来就好像一条条细线。发着光的残骸因为惯性被甩入太空，逃逸的气体和发着光的等离子也一并进入了太空。

左舷的推进器温度持续上升，却无法让飞船减速。一个维修机器人脚下的外壳脱离飞船，带着机器人飞进了太空。机器人从船壳上起跳，用自己的光学探头对准银边号，一边飘向太空一边为我们提供最后的画面。飞船像一个陀螺一样旋转，同时还喷出红色和橙色的等离子、白色的气体和黑色的残骸。

亚斯在我身边呕吐起来。我回头看着玛丽，努力遏制住呕吐的冲动。她双手抓着凳子，闭着眼睛，努力保持意识清醒。

根据我现在看到的一切来判断，外壁上的推进器无法阻止 3000 吨的银边号继续旋转。它们就算耗尽推进剂也无法控制废船。现在能拯救飞船的只有我和亚斯，而他现在已经无能为力了。如果我不能稳定飞船，那么我很快也会变成他的样子。

我双手顺着座椅摸到控制台下面，然后努力往上拉。我的座椅探测到了我的动作，猜到了我想干什么，于是调整了压力场，好让我的胳膊能够到控制面板。我用手指选择显示模式，挑出驾驶模式，然后用手指摸到推进器控制选项。根据机器人传回的情况来看，我们的右舷引擎和至少三分之一的推进器都没了。现在，我们唯一的希望就是调整俯仰角。

我一个手指控制着船头的推进器，开始慢慢拉起船头，让飞船脱离滚转，进入水平旋转状态。当我们几乎进入水平旋转的时候，船头的推进器耗尽了推进剂，然后我的手开始向下滑，启动了左舷引擎。它开始用一个诡异的角度进行喷射，试图抵消旋转，虽然喷射角度还有些偏差，但是已经差不多了。飞船不停震动，引擎努力控制旋转，抵消作用力。等我们的旋转速度慢下来之后，固定我的压力场也开始减小压力，剩余的推进器也开始工作，努力稳定船身。

我座位上的控制力场停止工作，让我感到整个人轻飘飘的。我抓着控制台免得飞出去，而亚斯则疲惫地看着我。

“谁说遇到超光速力场崩溃就死路一条的？”他一边笑一边说道，然后扭头继续吐了起来。

我看着玛丽脸色苍白地坐在一旁，双手还紧紧抓着自己的座椅。我问道：“你还好吗？”

“等这宇宙不转的时候，我就没事了。”她虚弱地说道，“现在情况有多糟？”

“非常糟糕。”我说着，对着主屏幕上的一堆红色提示符点了点头。

玛丽抬起头看着这些损管提示，以及维修机器人传回的图像。右舷区已经成为历史，断裂的等离子火焰是我见过温度最高的火焰。

“我的天哪。”玛丽嘀咕道。她看着蔓延的大火，不敢相信我们还活着。

“现在这个情况没点天赋也是做不到的。”我难过地说道，“一天里干掉两艘船也不是一般人能干出的事。”

“是三艘船。”亚斯一边咳嗽一边说道，“你别忘了分裂分子的那艘护卫船。”

玛丽拍了拍我的肩膀：“起码你试着救过黔州星上的人。”

“但是我失败了。”

“你已经尽力了。”

亚斯脱掉满是呕吐物的上衣，擦了擦脸，然后把它扔到一边，看着衣服自己飞向舱壁。“起码我们还活着。”

“船长？”通话系统里响起了埃曾的声音。

“我在呢。”

“我关掉了反应堆，而且无法再次启动。备用发电机也被毁了。紧急电池能提供 90 分钟的电力。”

“我知道了。”我看着亚斯，心想自己不过是拖延了最终结局。“你刚才说什么来着？”

“没了动力，”玛丽说道，“这里很快会变得很冷。”

亚斯坐回到座位上，看着控制台上显示左舷的传感器阵列还收在船体内完好无损：“左舷传感器工作正常。”

传感器阵列能让我们对外部环境有更好的了解，但是启动它还要消耗几分钟宝贵的电力。

“还是看看外面什么情况吧。”我希望这时候恰好有飞船能来帮我们。

亚斯启动左舷的传感器阵列，对准星球表面爆炸的地方，这时候传来的光信号正好让我们重温了刚才的灾难。周围没有一艘人类的飞船，只有钛塞提飞船悬浮在黔州星上空。它的亚光速引擎已经启动，带着它脱离了星球的重力井。亚斯一直保持跟踪观测，直到飞船停下之后对准一颗遥远的恒星，然后启动了超光速跃迁。我看着它飞向核心星系，担心它会飞向地球，然后亚斯模拟了飞船的航线。

“哎哟！”亚斯厌恶地说道，“它这是飞回钛塞提星了。”

他的话让我吃了一惊。亚斯相信是钛塞提人害死了 300 万人类。我从没想过钛塞提人可能真的参与其中，处于某些不可告人的目的利用我们。

我的大脑飞速旋转，也许他说的没错。钛塞提人真的背叛我们了吗?

我们离开舰桥，顺着亮着应急灯的走廊前往工程舱。幸福号的非裔工程师欧玛利 · 张，这会儿失去意识飘浮在空中。她满是血迹的脸上盖着一个压力止血垫，骨折的胳膊上还有一个充气的树脂夹板。玛丽飘到欧玛利身边检查伤势。

“怎么回事？”她问道。

“她被甩到了屏幕上，然后又被甩到了甲板上。”埃曾看着沾满鲜血的破碎屏幕，“当时飞船一直在转，我没法帮忙。”

“我带她去医务室。”

“那可不行，大火已经蔓延到那了。”

“那厨房呢？”我盯着玛丽，“乌戈和安德烈当时还在那。”

埃曾在一个屏幕上调出飞船的平面图：“右舷三十一号龙骨上的传感器已经无法工作。”他指了指图纸上的一块灰色区域，“厨房和大火之间只有一道隔热障。另一头的温度已经超过了一万开氏度。”

“我们得把他们弄出来。”玛丽说。

“他们要是还在食堂的话，”我说道，“这会应该已经死了。”

玛丽想反驳几句，但是想起来这事没什么可争的。

埃曾说：“等舱壁隔离失效之后，整个区域就会完蛋。到时候，我们和大火之间只剩一道屏障了。按照当前温度，大火要不了多久就会烧到船体中线。”他指了指另外一个屏幕，上面显示一段舱壁因为高温开始变得滚烫，上面的涂层都融化流到了甲板上。

“既然如此，”我对着玛丽说道，“起码这里不会太冷，而是会变得非常非常热。”

“救生艇还能用吗？”亚斯问道。

“可以，但是必须现在出发。”埃曾回答道，“如果我们再不走的话，船体外部的热量太高，救生艇连发射阶段都撑不过。”

另一个显示屏上显示的是维修机器人传回的有关右舷的图像。现在右舷破损的地方因为等离子烈焰的高温而变成了明亮的橙红色。这可不是寻常爆炸引发的火灾，而且燃烧时也不需要氧气的参与。任何化学反应都不可能释放出这么多的热量，因为这是分子对撞引发的离子化反应。船体外壁上的隔热层让热量留在船内，船体温度可能要花好几周才能冷却。到了那时候，银边号就变成一堆融化的残骸了。

“我们现在距离黔州星一亿两千万千米。”这个距离差不多就是土星到地球的距离，“这下麻烦大了。”

玛丽叹了口气说："这和一亿光年没有区别。"

"我们唯一的机会就是救生船。"埃曾说道。

亚斯悲观地摇了摇头："这次可没有什么救生船了，他们全都爆炸了。"

走廊里传来一声呻吟，加登·乌戈飘过了舱门。他身上伤痕累累，双手因为滚烫的甲板而被烫伤。

"乌戈！"玛丽大叫一声，然后把他拉到了自己身边。

乌戈举起满是水泡的手，示意玛丽不要碰他。他呼吸困难的样子说明还断了几根肋骨。乌戈艰难地说道："安德烈死了。"

玛丽的脸因为悲伤一下子变得苍白："我很抱歉，乌戈，这事都怪我。"

"应该责怪给你卖这批货的人。"我说完就从工程舱的医疗包里拿出了烧伤喷雾，"这玩意应该能撑一会。"

我把罐子隔空扔给玛丽。她接住之后，就开始向乌戈的手上喷洒白色抗败血聚合物。这东西除了止痛，还能促进皮肤生长。

突然，隔热障失效了。埃曾的屏幕上出现了一股热浪顺着走廊蔓延，摧毁了船内传感器，推进器的爆炸让飞船陷入了不停的震颤。我们待在原地看着屏幕上的静电雪花，怀疑飞船是否会解体，但是爆炸的轰鸣声却逐渐消失了。

"紧急备用电池耗尽之后，最后的隔热障也会失效。"埃曾说道。

我点了点头，认为必须尽快远离银边号。"所有人进救生艇，只带必需品。"

玛丽问道："你能帮帮乌戈吗？"她正在失重环境下拉着欧玛利那条完好的胳膊，带着她慢慢前进。

"没问题。"我伸手去帮乌戈，但是他却摇了摇头。

他怒吼道："我自己能行。"然后这位在太空中生活了多年的硬汉，就用手肘、膝盖和双脚帮自己飞进了走廊。

“救生艇入口就在舰桥后面，亚斯会给你们带路。”我说完就向着自己的房间飞去。

我收起了自己的地球银行账户密匙、手枪和量子刀，然后从走廊进入救生艇发射器上方的房间。远处的爆炸让船体陷入不停的震颤，这说明大火正在向我们的方向蔓延，火焰的温度之高，人体会在接触的一瞬间被汽化。

我穿过一道增压门落到甲板上，然后穿过一个圆形的房间来到救生艇气闸。当我进去之后，我看到其他人都在拥挤的乘员舱里等我。欧玛利和乌戈在最后的位置上被束缚力场控制住，玛丽和埃曾坐在中间的位置上。我从她身边飘过的时候摸了摸她的手安慰她，然后坐在座位上，启动了束缚力场。

“这东西我就在模拟器里飞了一次。”亚斯不安地说道。

“模拟结果如何？”

他不安地笑了笑说：“我试了四次才没晕过去。”

“保持呼吸就好。”我说完就继续研究这里简陋的飞行控制系统。这没有启动程序，不过是几个简单的发射命令和基本的高度控制。

救生艇没有超光速引擎，没有粒子引擎，只有几个用于降落的推进器，但是却有足够六个人在太空中生活六个月的物资。整个救生艇被固定在船尾货舱的一个圆柱状发射架上，发射架的另一端还有一个圆形舱门。发射架整个结构类似我的 P-50 手枪，也是由一圈圈的电磁加速器组成的。胶囊状的救生艇有合金支撑的装甲保护，确保艇身能够挺过发射阶段。但是内部却没有惯性保护机制，所以我们能感受到每一次的颠簸。

船头的一个小窗户是乘员舱唯一向外观察的窗口。乘员舱之后是维生系统、回收处理装置、电池和储物间。尾部一次性的推进器负责将我们推离银边号，推进器脱离之后就露出一个简易传感器和通信器阵列。阵列上有一个自带独立供电的紧急信标，就算维生系统失效之后，信标还能工作很长时间，确保我们的尸体有朝一日可以被回收。

“起爆外部舱门。”我说完就按下了弹射按钮。

起爆装置将船尾舱门炸进了太空，我们透过发射管另一头的圆形舱门可以看到星空、漂浮的残骸和一缕缕逃逸的气体。启动起爆装置的同时，电磁加速器也开始充电。

“外面那么多残骸，我们怎么穿过去？”亚斯很担心救生艇在弹射阶段就被残骸撞毁了。

“这艇可是设计用来撞残骸的。”我安慰着他，等待着弹射装置提示准备完毕，然后我们就可以把救生艇弹入太空。

“我妈生我的时候，可没安排我用头撞残骸。”

他的悲观主义情结一下就逗笑了我，然后控制台上亮起了一个绿灯。

“准备发射。”我大声说着按下弹射按钮，然后向后一靠，让束缚力场把我固定在座椅上。

发射器上一道道蓝色的圆环开始亮出蓝光，磁力加速器开始带着救生艇飞向太空，我们能感觉到一股强大的压力压到了我们身上。蓝光在我面前变成一道幻影，我怀疑我的眼睛在重压之下都要爆开了。然后我们就进入了太空，速度比我的 P-50 手枪的子弹还快。等离子火焰的橙色光芒暂时笼罩了乘员舱，但是当我们脱离银边号之后，瞬间就进入了失重状态。

亚斯闭着眼睛张大嘴巴，然后深吸一口气醒了过来。他一脸尴尬地看着我，为自己失去意识而感到不开心。“我真讨厌这东西。”

当我们距离银边号够远，推进器的余波不会伤到救生艇的时候，推进器也开始点火工作，以三倍加速度开始带着我们进入深空。我们飞入一片不停翻滚的残骸和消散的气体中。每一次和残骸的撞击，船舱内都能听到撞击的闷响。过了一会儿，我们的正前方出现了一块巨大的长方形物体。

“那是什么东西？”亚斯透过观察窗打量着外面漆黑的宇宙，眼前出现了一个巨大的弧形物体向我们飞来。

我大喊道：“那是引擎的整流罩，撞击准备！”船尾的推进器正在把我们推向整流罩。

黑乎乎的整流罩挡住了我们的观察窗和群星的光芒，然后我们就和它结结实实撞在了一起。救生艇的合金船首直接撞穿了整流罩，船内的束缚力场可以避免我们因为撞击而飞出座位。过了一会儿，我们脱离了残骸区，进入了无障碍区域。推进器几秒之后终于耗尽了燃料，陷入了沉默。它从船尾脱离的时候发出巨响，控制台上亮起了提示灯，这说明我们的求生信标已经启动。

我关掉束缚力场，启动一个水平助推器，让救生艇掉头对准银边号。我们的银边号现在是天空中最亮的光源，不停闪动着红色和橙色的光芒，而且时不时还发生一次火山喷发式的爆炸。南辰星从远处看上去不过是一个耀眼的光斑，是黑色宇宙中第二亮的天体。

玛丽飘在我的身边，透过观察窗打量着外面的太空：“要是黔州星没有爆炸就好了。”

“我们有三个月的时间，如果我们仔细计划口粮的话，那么还能多坚持一段时间，”但是我忽略了我们没有上报飞行计划，没人会发现我们逾期未到港。

“除了黔州星，距离我们最近的人类殖民地是伽马印达斯四号星。”埃曾的回答对于当前形势毫无帮助，“他们要过 27 年才能收到我们的信号。”

“埃曾，你每次提供的情报总是那么有用。”亚斯在一旁闷闷不乐地说道。

“我们是最后一波送货的船。”乌戈悲观地说道，“没人会来了。”

我看着空荡荡的太空，看着银边号上的橙色火光渐渐退去，心中暗自期望他的推论是错的。

\\·\\·\\·\\·\\·\\

当银边号已经变成宇宙中的一个橙色小点，救生艇里响起了接近警报。所有人都围在观察窗上向外张望，而我操作着救生艇对准来自星系外部的访客。

“是艘人类飞船。”埃曾望远镜一样的眼睛已经看到了目标。

“谢天谢地。”玛丽叹了口气。

这艘飞船开始减速，救生艇的屏幕上也出现了一张肥胖的脸，脖子上的肉向外凸起。

“西瑞斯 · 凯德，”兰斯福德主席的口气中带着一种心满意足的意味，“你的船是不是遇到了点麻烦？”

“你难道不该是最清楚的吗。”我回答道，“这都是你干的好事。”

“你的遭遇和我没有任何关系。”他摆出一副无辜的样子说道，“这都是因为你那些钛塞提朋友干预了我们人类的事物，你不过是附带损伤罢了。我猜这下子你可不会杀了我了。”

“我可是说到做到。”

“到死都要嘴硬，不过你的死期也不远了。”

“最起码你把其他人带走，”我说道，“他们可不是你的敌人。”

主席假装思考我的提议，然后轻轻摇了摇头表示拒绝：“听起来这个主意不错，但是会惹来太多不必要的麻烦。”

他对着屏幕外的一名军官点了点头，然后伊斯塔纳号对着我们的船尾发动了一次精准的攻击。主席的头像被闪动的警报提示所取代：

通信阵列故障。

“他们干掉了我们的信标！”亚斯大喊道。

“他为什么要这么干？”玛丽问。

“因为是他雇用了你，”我说道，“这一切都是他的计划。”

伊斯塔纳号飞到了我们的下方继续开火，船内响起了更多的警报：

一号氧气罐压力异常！

水箱压力异常！

二号氧气罐压力异常！

水和氧气从船腹的储存罐里喷了出来，像小型助推器一样推动着救生艇开始转动。一团不断消散的云雾出现在飞船下方，控制面板显示我们的氧气和水储备完全被排空，维生系统只能坚持几天了。

“他们为什么不直接干掉我们？”乌戈问道。

“那就太利索了，”我回答道，“他想让我好好受罪罢了。”

“他为什么想让我也受这待遇？”亚斯质问道。伊斯塔纳号现在距离我们越来越远了。

“他就把我们留在这等死？”玛丽惊讶地问道。

随着时空扭曲装置开始充电，伊斯塔纳号的船体周围开始出现小型的闪电，超光速泡泡成形之后，整条船就从太空中消失了。

“要让我抓到这家伙，”亚斯恶狠狠地说道，“他就死定了。”

“那也得先等我把他收拾了再说。”我开始怀疑这位主席是否有可能说的是真话，钛塞提人真的干预了人类内战，对分裂分子采取行动了吗？

所以钛塞提人为了避免武器特征被人发现，才全程一枪未放吗？难道这就是人类秘密为钛塞提人工作的代价吗？这违背了观察者文明所有的原则。但如果这一切假设都是真的，那么希尔人和马塔隆人又是怎么牵扯其中的？整个事件中，最让人迷惑的一环就是兰斯福德。他一脸胜利者的样子，但是他的舰队已经全军覆没。

这一切完全都说不通。

我们宝贵的空气和水飘散在太空中，乘员舱里陷入了一种诡异的寂静。其他人慢慢从观察窗边退开，只留下我和玛丽两个人。

“我们还剩多久？”她悄悄问道。

“在没有氧气储备的前提下，单纯依靠净化器，也就是 50 到 60 个小时。”

她难过地说道：“很抱歉把你也牵扯进来。”

她的自责让我大吃了一惊。鉴于时日无多，我很想告诉她所有的真相，关于我、地球情报局和其他事情。但是，我只是看了看她，安慰道：“你不必道歉，咱们这不是还没死吗。”

玛丽和我在救生艇的储备物资里寻找任何可以用来汽化制水或是电解制氧的东西。但是我们很快发现船内并没有可以用来制水的东西，所有东西都是用来加入水中的。

“这家伙还真是聪明的混蛋。”玛丽一边说着一边挨个搜索食物储存柜。

“你这么说自己的前老板可不合适啊。”我努力让船内的气氛轻松起来。

她哼了一声说：“你该早点告诉我有关他的事情。”

“我跟你说过了，你正在为银河系中最大的犯罪集团工作。而且我也告诉过你他要害死你了，对吧？你就是不肯信我。”

“你可能说的没错。”玛丽一边在储物柜里搜索，一边问道：“就是他抢了你的货？”

我迟疑了下，重温了下我在艾扎恩人的飞船上给她讲过的故事：“差不多吧。”

“你也是要送货去黔州星？”

她问话的语气虽然很轻松，而且手上正专注于食品储藏柜，但是我感觉到这个问题背后的分量。

“贝尔格拉纳空间站。”这话说出口的瞬间我就后悔了。

她带着一种近乎控诉的口气说道：“就你？贝尔格拉纳空间站？”

“你没听错，有什么不行的？”我装作一副很无辜的样子，因为我知道贝尔格拉纳空间站是黑市天堂，从地球来的违禁品在那能卖个高价。

“就因为你从来不给海盗和分裂分子卖货。”

“我只是把货卖给出价最高的人罢了。”

“西瑞斯，到底怎么回事？”玛丽质问道，“那艘钛塞提飞船到底是从哪来的？”

“我也希望知道怎么回事。”最起码她知道我这句是真话。

“反正你知道的够多，跟我来了这地方。”

“当那位所谓的主席想干掉我的时候，他告诉我你处境很危险。”

“那为什么银河系中最强大的犯罪领导人想干掉你？”

“我俩有点过节，而且缺少点美好的共同回忆。”

“哦。是吗？”玛丽对此表示非常怀疑，“西瑞斯，有时候我觉得你在向我和其他人隐瞒些事情。”

我笑了笑，安慰道：“放心吧，反正不是一个老婆六个孩子之类的事情。”

“你要真是隐瞒了这事，我就只能动手干掉你了。”

我看着她感觉又回到了第一次见面时的样子，只不过当下我担心她只能再活几个小时了。

“怎么了？”她问道。

“没什么。”我努力把眼角的眼泪压回去。

玛丽飘到我身边，双臂搂在我的腰上，脑袋靠在我的胸口。她轻轻地说道：“西瑞斯。”

“怎么了？”我伸手抓住一个储物箱上的把手，免得在失重环境下继续漂浮。

“我很庆幸咱们能在一起。”

我搂着她，希望她此时此刻能在一个更安全的地方。

救生艇内的氧气消耗速度很快。净化器抽走空气中的二氧化碳，维生系统将水汽电离，二者能够提供少量氧气，但是远远不够我们用的。我们尽可能保持不动，只消耗尽可能少的食物和水。尽管如此，所有人还是因为缺氧而浑身无力，四肢麻木。

欧玛利短暂醒了一会，但是意识模糊，缺乏方向感。她嘀咕着一些不成语句的东西，然后又失去了意识。过了一会儿，乌戈也晕了过去。他是我们中体形最大的一个，对于缺氧也更敏感。过了一会儿，埃曾飘到了亚斯边上。

“我来值班吧。”埃曾说道。

“我没事。”亚斯无神地说道。

“一群人里面只有我能坚持到最后。”埃曾坚持道。

他的体形最小，拥有相对来说最大的肺活量，而且还能降低新陈代谢。亚斯想了想，同意了他的说法，然后就关掉了自己椅子上的束缚力场。但是，我挥了挥手，阻止了他。

“我来让位。”我说完就把位置让给了埃曾，然后坐在玛丽旁边的空位上。玛丽脸色苍白，眼神迷离，等束缚力场把我固定在座位上之后，她抓着我的手闭上了眼睛。

现在没什么好说的了。求救信标和传感通信阵列都没了，能被星系内飞船探测到的概率微乎其微。他们得在全星系范围内进行搜索，才能找到这艘渺小的救生艇，但是来这里的商船不可能装备所需的传感器。

过了几个小时，玛丽松开了手，进入了深度睡眠。

我被救生艇里金属碰撞的声音惊醒了。我因为缺氧头痛欲裂，玛丽和其他人还在沉睡。透过观察窗，群星因为救生艇自转而消失不见。我一开始以为是撞到了什么东西，但是看到埃曾伸手关闭了准备抵消自转的推进器。

“埃曾，”我挣扎着说道，“怎……么？”

他示意自己无法说话，然后我们就看到一个巨大的灰色船体出现在我们上方。我瞥见了圆形炮塔上的大型能量武器、厚重的装甲板和扫描周围环境的点防御炮塔。我们现在距离太近，看不出具体型号，但是肯定是人类的武器。

灯光透过一扇舱门照在太空船上，我们被拉进了一个装满轨道登陆艇和战斗机的机库。一盏大灯照在救生艇身上，点亮了救生艇的乘员舱，一道压力场包裹住了救生艇，终止了我们的自转，然后舱门也关闭了。

救生艇穿过一排炮艇，来到一个通用装卸机旁。装卸机用它纤细多节的机械臂抓住我们，然后救生艇外部舱壁传来小型金属足部行走的声音。一个还没我胳膊长的爬行机器人爬到了观测窗，打开探照灯打量着乘员舱。我想挥挥手，但是浑身无力抬不起胳膊，只好眨眨眼睛告诉他们我还活着。

机库加压完成之后，一条栈桥通过磁力吸附直接和救生艇对接，乘员舱内回荡着对接时发出的巨响。然后，我就听到脚步声和气闸外侧舱门打开时的声音。内侧舱门打开时，我听到空气流动的嘶嘶声和脚步声，然后一个梯子从头顶舱壁连到了甲板上。

新鲜空气吹拂在我的脸上，然后一名海军中尉用基因扫描仪扫描了我的脸。“是他了。”他对着身后看不清长相的医疗兵点了点头。

医疗兵向我伸出了手，但我对着玛丽点点头说：“她……先……”

“我们会救所有人的。”他说完就把我抬上了担架。

束缚力场把我固定在担架上，然后担架手就带着我穿过气闸，进入拥挤的机库。我的担架被放在一个带着吊架的医疗机器人上，纤细的机器臂为我扣上氧气面罩，在皮肤上贴了一个传感器，然后给我打了一针抗缺氧溶剂。

一名医生在我身边检查着健康读数，然后对着通信器说道：“凯德还活着……是，长官……我们马上就返回舰队。”

这是我失去意识前听到的最后一句话，然后我就陷入了深度睡眠，梦里回荡着船上各种命令，和带着甜味与金属味道的循环空气。

一只手按在我的肩膀上，轻轻把我晃醒了。

“西瑞斯，”一个熟悉的女性声音在我耳边低语，“快点起床，我们要出发了。”

“出发？”我强迫自己睁开眼睛，头疼已经消退，现在整个人分不清东南西北而且浑身无力。“我们要去哪？”

“钛塞提人在等我们。”列娜 · 福斯悄悄说道。

“钛塞提人？”我努力让自己清醒过来。“他们干掉了黔州星上的人。”我眨巴着眼睛，终于看清了列娜的脸。

“那不是他们干的。”

“我看到了他们的船。”

“我知道。你在这待了 6 个小时，头两个小时是我陪着你。”她不好意思地看着我，“这足够我为钛塞提人准备一份报告了。”

“报告？”一开始我以为她的意思是等我醒过来，然后我反应过来实际情况远比这更复杂。“你又用灵能窥探我的大脑了？”

“我必须弄明白你都知道些什么。”她说道，“我不知道你能不能醒过来，而且我们的时间也不多了。”

我看着病房里还在沉睡的玛丽、乌戈和欧玛利，他们身边还有两名民联军的士兵在站岗。在更远的地方，埃曾的一条小短腿挂在床边，而亚斯则双手捂着眼睛继续睡。

列娜看向我张望的方向，然后拉起外套，露出腰带上挂着的一个小东西，上面还有一个提示灯在不停闪动。“放心吧，这有个消音力场。你只要不喊，他们什么都听不到。”

我早就该知道事情会是这样子。列娜是个能够摧毁人精神的怪物，但处事却一丝不苟。“为什么玛丽要被人看着？”我沙哑的声音把自己都吓了一跳。

列娜一脸严肃地看着我，警告我事情的真相绝对不会让人觉得愉快。“她是个闯封锁线的走私贩子，西瑞斯。她和船员都被捕了。”我刚打算抗议，列娜就打断了我：“这事我可没参与。她现在归海军处置。这事我之前给你提过醒了。”

“放了她。”

“办不到，再说了，这是她罪有应得。”

“玛丽被人骗了而已。”

“海军才不在乎呢。再说了，我也不在乎。”

“我在乎。”我希望她明白这事还没完。“你都给钛塞提人说了些什么？”

“关于行动你知道的全部细节。”她耸了耸肩，“这可是他们的行动。”

“所以他们也知道你是个超级灵能者？”

“他们不知道，也不会怀疑。我告诉他们你恢复了意识，完成了报告。”

我看着船员和医疗机器人，又观察了一下光洁的甲板和闪闪发光的金属支架，然后问道：“这是什么船？”

“太阳宪法号。”列娜回答道。当我一脸困惑地看着她的时候，她补充了一句：“这是全新出厂的战舰，直接从地球出发的。”

“它跑到这来干什么？”这种精锐主力舰基本不会离开核心星系，新出厂的船更不会跑这么远。有大把不值钱的小型战舰能够胜任前线工作。

“它的舰队是去截击一支攻击我们位于乌拉罗四号星基地的分裂分子的舰队。”

“乌拉罗几乎是个要塞，他们绝对不可能冒险。”

列娜摇了摇头说：“现在不是了。那不过是我们吓唬他们的幌子罢了。乌拉罗四号星对于那里的战争极为重要，但是海军军力分散，核心星系又太过重要。乌拉罗的防御工作已经大大落后于时间表了。”

“我们的安全漏洞……”

“我知道，都是希尔人和马塔隆人干的。”她看了我一眼说道：

“我们知道他们会破译我们的密码，所以早有准备。”地球情报局一直以来都要面对这样的问题。虽然马塔隆人不过是银河系层面上一个中等文明，但是他们的历史比我们要长70万年，能够随意突破我们的安全设施。对于更先进的希尔人来说，这就更加简单了。“怪不得分裂分子发现乌拉罗没有设防。他们打算提前发动进攻，彻底把我们赶出060区，然后我们就只能撤回核心星系。所以我们决定提前发动进攻。”

060区是距离地球500光年的广袤星区，涵盖地球北方星空0至60度的所有区域。这里是列娜负责的区域，区域内部有上百万个星系，其中散布着几百个人类殖民地。这些星系中还居住着不少外星文明，其中不少都是人类外交的潜在目标。

“你们怎么找到我们的？”

“我们到了南辰星系之后，海军就扫描了整个星系，寻找分裂分子舰队的踪迹。但是我们找到的只有残骸和你们的救生艇。我们过来本是进攻黔州星，但是现在变成了一个救援行动。”

这里的幸存者应该没有多少，最多只有那些居住在远离城区的农场还有些人活着。这是一场看起来毫无理由的灾难，一切看上去根本没有逻辑。银河财团的主席、尼迪斯和马塔隆人都知道了地球海军的计划。他们肯定站在同一条战线上，但是兰斯福德却帮着希尔人偷运了一条钛塞提人的飞船上了幸福号，然后被摧毁的反而是分裂分子的舰队，而不是地球舰队。这简直是在帮人类的忙，而不是人类的敌人。

“我不明白为什么兰斯福德要摧毁自己的舰队？”我说道，“这突如其来的背叛是怎么回事？他在为你工作？”

“不，他还是那个他，而且比以前更可怕。他很清楚自己在干什么，并不存在什么出卖自己人的情况。”

“但是我们赢了，他们输了。”

列娜的脸色阴沉了下来："不，西瑞斯。我们输掉了一切。地球从来都不是目标。我们不过是大棋局中的小棋子罢了。"

我还是不明白到底怎么回事："那么谁才是真正的目标？"

"钛塞提人。"

我眨了眨眼睛，这番话让我大吃一惊。马塔隆人和希尔人都不足以击败钛塞提人。"这不可能。他们一定是疯了才对钛塞提人动手。"

列娜看了看埃曾和其他人，然后凑过来说道："分裂分子的领导人已经向银河系议会提交了针对钛塞提人的抗议，他们声称钛塞提人干预了我们的内战。希尔人作为中立方为分裂分子提交了抗议，兰斯福德是分裂分子的代表。他们发出了声明，正式指控钛塞提人违反了准入协议。这可是货真价实的背叛。如果这事成功了，那后果不堪设想。"

钛塞提人是银河系中为数不多的观察者文明之一，他们代表银河系议会执行并保护准入协议，指控他们犯下了行星级种族屠杀，将对银河系文明的根基造成极大的影响。

"会有什么后果？"

"我也不知道，但是司亚尔说后果非常严重，可能会在未来几个世纪里削弱钛塞提人的实力。"

我看着她，说不出话。数百万年来，从人类最早的祖先到我们建立星际文明，钛塞提人的存在确保了我们能够自由发展。当然，很长时间里我们都不知道他们的存在。如果希尔人的声明最后获得了其他议会成员的认同，那么猎户座最强大的守护者，将在我们最需要他们的时候毫无用处。

"他们不可能成功吧？"

"所有证据都对钛塞提人不利。一个叫作德科拉的种族已经到达南辰星系进行调查。"

“德科拉？”我想了想说：“我听说过他们。”

“他们是银河系另一边的超级文明。”列娜说道，“根据司亚尔的说法，他们的历史比钛塞提人还古老，而且非常工整。他们所说的一切都将有据可循。”

“他们什么时候来的？”

“就现在。”列娜说道，“所以我们的动作必须快一点。你要去作证，司亚尔让你去作为证人参加辩护。”

“作证？去哪作证？”

“去银河系议会作证。明天整个银河系都会看到你。”

“他们要来这？”

“不，是我们过去。到时候听证会会在中枢星举行。那可在银河系中心呢。”

“26000 光年以外？”我现在认为她一定是疯了。即便太阳宪法号是一艘新船，整个航程也将消耗几千年。当然，前提是有可供导航的星图，但我们并没有这种东西。

“钛塞提人会带我们过去。我们现在就在他们的一艘跨银河系运输船的货舱里。”

我深吸一口气，努力理解在我睡过去的几个小时里发生的一切。“所以，他们把我们最新最强大的战舰当成货柜处理？”

列娜笑了笑，让我赶快起床：“来吧，司亚尔还在等我们。”

06
中枢星

外交领地

泰克莎星系

银河系中心

1.08 个标准地球重力

距离太阳系 26160 光年

无常住人口

我们经过战舰的大型气闸，路过 2615 年 6 月 15 日太阳宪法的复制品，然后登上一个飘在飞船表上的悬浮平台。在 100 米外，是一面带有弧度的墙壁，上面还有一排排亮着灯的窗户，偶尔从中可以看到钛塞提人。

在平台上等我们的是一个熟悉的身影，她有着蓝色的眼睛，黑色的头发，而且身材非常匀称。她用近乎完美的人类笑容向我们问好：“你好，西瑞斯，很高兴又和你见面。”

“麦塔。”我惊讶地说道，“你大老远从安萨拉来这地方。”

“你就是麦塔？”列娜也是吃了一惊，她完全没想到眼前的就是我 8 个月前提交的安萨拉报告中的那个机器人。

“我从没去过安萨拉星系。”钛塞提机器人回答道，“但是从各个方面来讲，我就是麦塔。”

“你是个复制品？”

麦塔的复制品说道：“我是个同态复制品。”我们脚下的悬浮平台从太阳宪法号身边飞走，向着巨大圆柱状机库中部飞去。在我们左边，一艘钛塞提飞船停在太阳宪法号前方，它的尺寸只有人类战舰的一半大。而在我们前方有一艘更大的纺锤形飞船，则是钛塞提人的仲裁者级战舰。这艘主力舰体态修长，周围有许多维修机器人。它们把光打在飞船船身上，为飞船进行抛光。“自从你上次去过安萨拉，我也成长了不少。我现在有四个模拟外形，但是还分别是单独的个体。由时间和距离造成的数据不统一，可以通过周期性同步来解决。”

“类似于更新记忆？”

“记忆不过是数据而已。同步可以确保我的所有分身在实体不能统一的前提下，还能保持统一的合成意识。当前你看到的是我的第二个替身，所以也许你可以叫我麦塔二号。”

“好吧，那就是麦塔二号。”我说完就环顾着这个庞大却空洞的机库，“列娜说这是一艘货船。”

“这是艘银河运输舰，绝不只是一艘货船那么简单。”她回答道，“设计它是为了支援我们的舰队在曼娜西斯星团的行动。它可以运输很多战舰，而且还可以兼任强大的工业和工程基地。现在封锁已经被突破，运输舰也都返航了。”

“这船有武器吗？”列娜问道。

“它有防御系统，但是没有武器。仲裁者级负责进攻。”她指了指那些距离我们越来越近的大型主力舰。这些船至少是太阳宪法号 10 倍大小，船头呈针状，流线型船身上没有其他任何明显特征。这些仲裁者级和太阳宪法号前面的那艘船都有光亮的反光镜面涂层，和我们在幸福号上看到的一模一样。

“另外一条船是什么船？”我指了指那艘小一点的船。

“那是我们的哨兵。”麦塔二号说道，“它有着强大的火力，但是主责还是侦查和护送。哨兵是我们舰队的耳目。”

我们距离仲裁者级越来越近，我看着船身上的倒影问道：“为什么船身像镜子一样？”

“我们所有的飞船都装有多光谱装甲，具有全电磁频谱反射的能力。”麦塔二号说道，“它能有效防御能量武器。”

我们也试验过反射式防御，但是从来没成功过，主要问题在于反射镜面只能在很窄的一个频段内有效，对于其他频段的攻击却无能为力。钛塞提人肯定已经找到了解决方案，让镜面装甲能有效对付全电磁频谱的攻击，不得不说这是个了不起的成就。

“这东西对于爆炸防御如何？”我很清楚镜面防御的弱点是对于爆炸防御不足。

“我们的多频谱传递对于动能杀伤的防御能力远在你们的烧蚀性装甲之上，但是和众海孤子使用的超密度色动力装甲相比相差甚远。”

“那你们的飞船岂不是防御不足？”列娜问道。

“动能攻击速度很慢，但是我们的飞船速度很快。”

我伸手去摸船身，但是马上缩回了手，因为船身温度非常低。这不仅仅是镜面装甲，而且还是瞬间释放热量的超导体。我在船身上留下了一个手指印，维修机器人马上飞过来，对着手指印放出一道光，手指印就在我眼前消失了。

“可以看，不可以动手哟。”列娜笑着说。

仲裁者级光滑的船身上打开了一道圆形的舱门。麦塔二号带着我们进入一个传送间，然后来到一间黑洞洞的圆形房间。房间的墙上显示的是外面的星空，这些图像都来自运输舰的传感器。在我们前方是一个深灰色的世界，旁边一颗红色的恒星让行星昼半球沐浴在一片红色的光芒之下。这颗恒星的尺寸和大角星差不多，但是这里和牧夫座不同的是，周围空间里有几百万颗历史悠久的恒星。

在房间的中间是一个薄薄的圆形平台，平台上方是圆形的沙发。平台随着飞船的运动而略有倾斜，但基本保持对准星球的位置。在房间的地板和天花板上，还有类似玻璃材质的小球提供照明。房子中间还站着八名钛塞提人，他们穿着深绿色的无领制服，胸口还有信息的银色标记，他们一边看着星辰一边窃窃私语。

“这里就是你们所谓的舰桥。”麦塔二号小声说道，“整条船处于全自动控制之下，有自己的意识，而且你可以从船上任何一个位置进行指挥，但是这个房间能提供对战术环境最清晰的理解。”她指了指其中一团小球说道：“这些小球直接接受舰桥船员的指挥，它们能和飞船的人工智能进行更有效的沟通。”

“所以你们进行心灵感应吗？”列娜装模作样地问道，想必她对这个话题非常感兴趣。

“这种能力不是与生俱来的。”

我想起麦塔一号在安萨拉星为钛塞提人做翻译，没有用钛塞提语重复我的回答，这说明麦塔和钛塞提人之间存在心灵感应。

“你们也用心灵感应技术？”这个问题还是由我替列娜问好了。

“我进行信息和意识交流的技术，与互动装置和飞船交流的技术一模一样。我们已经大量使用这种技术。众海孤子通过使用植入物也可以达到类似的目的，但是我们并不是很喜欢这类技术。我们在安萨拉见面的时候，我不过是刚刚出厂，各项功能还处于整合阶段。我只能传输钛塞提人的思想，但是不能检测他们的意识。现在，我的功能已经完善了。”

“你能看清我在想什么吗？”我问道。

“不行，我只能理解钛塞提人和我们飞船的思维模式。”

“但是，只要把你设定成人类的思维模式，还是可以做到这一点的。我的理解没错吧？”列娜问道。

“思维转换是很复杂的跨感知科技。”麦塔的回答没有直接否认我们的假设。

“瑞格尔人的翻译器可以直接把信息传送到我的大脑。”我说道。

“那不过是一种电磁数据传输技术而已。”她说道，“二者之间还是有很大区别的。正如你之前所说，他们无法阅读个体的思维。在猎户座范围内，只有乌维人才能够阅读他人思维。”

其实，乌维人和列娜都可以做到这一点，但是列娜是经过基因强化的结果，而不是先天的产物。

“你们在安萨拉对埃曾的意识进行扫描的时候，也是用了这种技术吗？”我想起当时他们对付埃曾，简直就像处理数据板一样简单。

“这些技术之间存在一些共同点。”麦塔二号很明显不希望讨论钛塞提人的拷问技术。“这条船远比我更为复杂，它能保持和所有指挥官、船员之间不间断的共生关系。”

我说道：“用‘关系’这个词来描述一个指挥构架还真是奇怪，更别说这条船还能够进行心灵感应。”

“你可以理解它是一种合作关系，而不是众海孤子偏好的僵硬的等级结构。”

我问道：“他们的飞船也有自我意识吗？”

“他们的飞船当然有自我意识，但是和我们存在极大差别。我们和飞船之间类似咨询，而他们则是独裁和专职。我们重视个人和团体之间的合作。正是因为麦塔一号之前和你有过交集，所以我今天才能站在这里。不然的话，今天站在这里的可能就是另外一位联络人了。”

“另外一位？我还以为你是独一无二的。”

她一脸好笑地看着我说：“西瑞斯，我们可是从人类出现伊始就对你们进行了密切观察。”

当列娜明白麦塔二号的意思之后，整个人吓了一跳：“在地球上也有你们的伪装机器人？”

“那是当然，而且从几十万年前就开始了这项行动。不然我怎么可能如此了解你们的方方面面和各种语言呢？我是个跨种族联络人，设计目的就是建立了解和友谊，而不是一个单纯的人形翻译机。二者之间还是有很明显的差别的。”

麦塔二号转身看着圆形的屏幕，我们正在进入一颗毫无生气的偏远星球的上层大气。恒星的辐射轰击着行星的磁场，在我们的周围激起了绿色的光波，这种灯光秀只能在少数世界上看到。

在距离中枢星更远的地方，各种恒星和围绕其周围的发光气体点亮了太空。在这一片星空之中，我紧紧盯着其中最明亮的一处光源。

列娜顺着我看的方向望过去：“那个是？”

“肯定错不了，”我带着一种近乎敬畏的口气说道，“那是天马座 A。”

位于银河系中心的超级黑洞是太阳质量的 400 多万倍，而且半径等于从太阳到水星的距离。这个黑洞提供了将整个银河系固定在一起的重力，吸积盘放出的光芒犹如探照灯划破星空。

我略带敬畏地说道：“这么近看它让人感到有点不舒服。”

“我们现在非常安全。”麦塔二号说道，“中枢星绿洲距离银河系中心还有 650 光年，正好处于无尽光晕之外。”

“那是什么东西？”列娜问道。

“整个所谓的光晕就是环绕着黑洞的尘埃区，它的形状类似于你们的无限符号。我们对它有自己的称呼，但是人类的语言无法表达其中的含义。”

“你们为什么管它叫作绿洲？”列娜注视着星球表面荒凉的平原

和参差不齐的山脉问道，“这里看起来根本不适于居住。”

“中枢星有一个快速旋转的铁制核心。”麦塔二号指了指飞船上方的光晕说道，“因此这颗星球拥有强大的磁场，所以能够保护星球表面免受银芯辐射的伤害。”

“下面看起来死气沉沉的。”我说道。

“表象具有欺骗性。星球表面有大量的蓝藻，这些单细胞生物可以进行光合作用，它们占据了星球总质量的五分之一，而且产生的氧气足够大多数物种呼吸。你们人类也可以在这里自由呼吸。”

随着飞船速度开始慢慢减慢，星球表面一个巨大的轮形建筑映入了我们的眼帘。建筑中央是一座荒凉的大山，高山上还有一个城墙高耸的城堡。高山周围是一片荒原，数千年来飞船的起降让地面一片焦黑。除此之外，还能看到生锈的龙门架、废弃的机器和古老的废墟。这里曾经是银河系中最大的太空港，但现在不过是一片被人遗忘逐渐腐烂的废土。

运输用的管道自山上的居住区向外延伸，穿过焦黑的荒原，直达一道直径几百千米的环状结构。山上居住区一片黑暗，但是灯光却照亮了运输管道和圆环，越发凸显出这些建筑的悠久历史。

几万艘飞船停在圆环之外的停机坪上，每一艘飞船的设计和技术水平都不尽相同，圆环和飞船之间都有一条密封的栈桥相连。在圆环之上，还有上百艘飞船在空中准备降落。

“这是我见过的最大的太空港。”我说道。

“这不是太空港。”麦塔二号回答道，“这里是万意之环，议会成员在这里可以交换意见。银河系中类似这样的设施还有很多，但是中枢星的万意之环规模最大、历史最久。随着议会成员数量逐渐增加，山上的中枢星之殿无法容纳这些人，所以才修建了眼前这个万意之环。中枢星之殿现在兼任博物馆和考古挖掘点两个功能，部分区域已经变成了废墟。现在那里还能看到建立银河系文明的 100 个先驱文明的雕像，但是他们现在都不再参加银河系议会事务了。”

“这又是什么情况？”列娜问道。

“有些种族消亡了，有些种族离开了银河系，还有些可能还在银河系中，但是拒绝和更为年轻的文明保持联系。”

一名钛塞提人从前面打开的地方进入了舰桥。他飘到了中间的沙发上，打量着屏幕上的数据。眼前的这个钛塞提人和他的同类别无二致，浑身上下没有毛发，宽宽的脸盘上有果仁状的眼睛，小小的嘴巴下面是短短的下巴，浑身皮肤布满斑点。唯一可以做区别的就是胸前的徽章，舰桥船员的徽章都比他的更小，装饰更少。

这名钛塞提人身后还跟着两名地球海军的军官，他俩穿着黑色的制服，而且我从来没见过他们。其中一名凶巴巴的军官挂着少将军衔，胸口还挂着三排级别资历章，他的灰色眼睛目露寒光，身板挺直得就像古时候推炮弹的推弹杆，不过四十出头的年纪在海军将官中算是很年轻的。另外一个人挂着上校军衔，比少将矮一头，看上去来自东亚。她的头发在脑后扎成一个发髻，整个人看上去颇是文静，让人感到更加平易近人。

钛塞提人走上一个圆形的平台，然后示意我们也靠过去。

麦塔二号说道：“走过去就好啦。”然后走下平台，直接从空中飘了过去。

我和列娜打量着彼此，然后模仿着麦塔二号的动作。我并没有发现任何压力场，也没有感觉到失重，没有任何东西支撑着我，但是我却能轻松地跟在她身后飘向沙发。等我们落在平台上，钛塞提人轻轻点了点头问好。虽然他没有发出钛塞提语的嗒嗒声，但是从他脖子上的银色圆碟里传来了一个颇有教养的人类说话声。看来这个银碟也采用和麦塔二号一样的技术，可以直接读取他的思想然后直接发声。

“西瑞斯 · 凯德，欢迎你。很高兴能再见到你。”他说着指了指沙发，“请坐吧。”

在过去几年里，我和司亚尔打过几次交道。他曾在特里斯科主星战役中指挥钛塞提舰队，鉴于他的军事声望，我怀疑他也代表了某一派政治势力。

我们刚刚就座，列娜就说道：“少将，这就是西瑞斯 · 凯德。”

“哦。”那位少将咕哝了一声，眼睛死死地盯着我。

“西瑞斯，这位是乔丹 · 塔利斯少将。”列娜继续说道，“他是太阳宪法号特别部队的指挥官，以及 060 区的海军总指挥。”

我感觉背后的汗毛都要立起来了。我听说过这个人，他是海军历史上最年轻的将官。塔利斯纪律严明，性格残暴，而且和“幽默”两个字绝缘，绝对不是惹得起的那种人。

“少将先生。”我努力让自己在说话的时候不要颤抖。

列娜说：“这位是西田裕子上校，太阳宪法号的指挥官。”

西田对着我点了点头，同时献上一个微笑，看来她负责为整个团队提供人性化的一面。

“船长，你好。”最起码她看着我的时候，我感觉自己不是显微镜下的小虫子了。

西田绝对是民主联合体的人，而不是亚洲人民联邦的公民，这说明太阳宪法号也是少数几艘全部由民联公民驾驶的战舰，地球上其他几个联合政府绝对不可能在这条船上安插眼线。地球上几个主要政治势力之间依然缺乏互信，而且并不是地球议会的所有成员都知道现在到底发生了什么。

“谢谢你能同意为听证会作证。”司亚尔通过翻译器说道。“鉴于人类还处于观察期，你的证词作用可能并不明显，但是我们将竭尽所能让其他人相信你们的话。”

“如果最后结果对你们不利的话，会有什么影响？”

“最终处罚结果将由银河系议会理事会和投票的有效性决定。”司亚尔说道，“听证会将首先听取希尔人的声明。他们会说明情况并做出指控。然后，我将提交我们的反证。但是这些都不过是走个流程而已。德科拉人将提交关键证词。”

“他们会说些什么？”列娜问道。

“我们也不知道。”麦塔二号说道，“在听证会开始前，我们不能和他们讨论这些事情。德科拉人会提交他们的证据，然后听证会才会接纳辅助证据。你和希尔人支持的人类会在这个阶段发言。”

“兰斯福德。”

“对，是叫这个名字。”

“议会成员可能会对证人发动交叉询问，所以任何人都可能对你们提问。”麦塔二号警告道，“一旦提交证据和证词环节结束，成员将对是否接受希尔人进行投票。投票的权重取决于每个文明的评分。越先进的文明，投票权重越大，反之亦然。”

“你指的是银河系文明分级？”

麦塔二号点了点头：“是的，银河系文明分级系统决定了投票权重，因为它反映了每个文明的实际实力。”

“所以并不是一个文明一票？”列娜问道。

“那样就无法体现每个文明的相对实力和科技发达程度。”司亚尔说道。

“其他成员难道不会认为像你们这样的文明能够多次投票是很不公平的事情吗？”西田船长说话时完全不带任何口音。

“你的假设完全不成立。”司亚尔说道，“你的假设是要求像我们这样伟大的文明屈服于弱小文明，乃至于那些野蛮人的无病呻吟。银河系中的超级势力绝对不会同意这种情况。诚然，确实有些人认为，让小型文明具备发言权，是对烦琐的银河系律法和更高等社会的道德标准的妥协。正义，可不是依靠这些东西就能实现。”

“这套系统在地球上效果一定不错。”塔利斯少将说道。

地球依然沿用着古老的每个实体可以投一票的系统，不论这个实体是一个人、一个国家，还是一个文明集合体，实体的实力差距也忽略不计。如果采用银河系议会的这套体系，那么民主联合体将占据地球议会三分之二的投票权重，议会其他成员绝对不会同意这种局面。

“与之相对的是众海孤子使用的体系。”麦塔二号说道，“他们为了自己的利益会毫不犹豫地动用自己的综合力量，完全不考虑弱小文明的权利。所以，整个银河系才会联合起来对抗他们。”

“但是现在情况不同了。”我说道。

“是的。”麦塔二号说，“现在有些议会成员因为封锁而感到疲惫不堪。”

我补充道：“所以希尔人提出的中立化方案才会让那些较弱的文明感到很有前途。”

“我们发现希尔人的大使在银河系内到处活动。”司亚尔说，“他们会见了几千个文明，但是其中没有银河系中的超级文明。凯德船长，多亏了你的努力，我们现在知道了他们的计划。”

“分而治之。”塔利斯少将生气地说道。

“这是个聪明的计划。”司亚尔说，“众海孤子不希望和整个银河系开战，就算是他们也不能赢得这样一场战争。所以希尔人为他们工作，通过外交手段对我们发动打击。”

我问他：“如果希尔人最后得逞了，你们会接受处罚吗？”

“这要取决于是怎样的处罚。”司亚尔的回答出奇的直接，这说明看似友好的表象之下隐藏着强大的力量。

“如果你们不接受处罚，你们会和德科拉人开战吗？”

“这倒不太可能。我们已经和他们合作很久了。”

我发现他并没有明确声明二者之间是朋友还是盟友关系。也许这就是银河系政治游戏中的残酷真相，超级势力之间不存在真正的朋友，有的只不过是共同利益。

“希尔人到底能从中捞到什么好处？”塔利斯少将问道，“和你们作对风险太大。”

“我们一直以来就在怀疑，他们和众海孤子存在秘密合作。”司亚尔回答道，“如果和众海孤子赢得最终的胜利，那么希尔人会成为他们的从属势力。也许这对他们来说就够了。”

“如果你们输了，兰斯福德和马塔隆人就能得到想要的东西。”我说道，“兰斯福德希望能让银河财团随意掠夺人类空间内的财富，但前提是先让地球政府出局。而马塔隆人乐见你们的实力削弱，如果哪天他们又想摧毁地球的话，也没人可以阻止他们。该死，说不定兰斯福德还想让马塔隆人攻击地球。”

“他希望摧毁人类文明的地球政府。”司亚尔小心翼翼地说道，这说明兰斯福德已经引起了钛塞提人的注意，人类的未来再一次和钛塞提人联系在了一起。我们无法选择自己的邻居，更不能在银河系的权力斗争中选择盟友。命运在数十亿年前已经为我们做好了选择，毕竟我们的家园世界距离钛塞提人太近了。

“听证会什么时候开始？”我问道。

“希尔人将在明天早上递交声明。”麦塔二号说，“至少三分之二的成员都已经表示会派领导人参加。而且你也看到了，大多数人已经来了。”

我看着下方的万意之环，现在我们的飞船已经进入了悬停模式。我问道：“我们在哪降落？”

“运输船无法降落。”司亚尔说道：“飞船会停留在轨道上，我坐瑞利西姆号去万意之环，你跟着太阳宪法号行动。我会为你们在瑞利西姆号旁边获得停船的位置，除此之外还有你们自己的房间，房间内的环境可以按照要求随意调节。你们可以在房间内观看听证会和陈述自己的证词。”

“西瑞斯什么时候出庭作证？”列娜问道。

“明天下午。”

我紧张地吞了下口水，紧张而又害怕地看着列娜，一想到这是人类第一次登上这个银河系最大的舞台，就突然感到很害怕。

我们回到太阳宪法号过夜。我被安排在列娜房间隔壁的一间上尉级房间，亚斯和埃曾则在下一层的一间低级军官用房。第二天早上，我去病房探望玛丽，却发现她和乌戈、欧玛利都被转移到了禁闭室。

我去看她的时候，纠察长看着我穿着平民衣服，于是大声说道：“这可不存在探望囚犯的说法。”

看到他这么不讲理，我就退回到最近的通信面板，然后呼叫列娜。

“这事已经不受我的控制了，西瑞斯。”她说道，“玛丽现在归海军处理。”

“我只需要 5 分钟，我确保玛丽安然无恙。告诉塔利斯，我需要掌握玛丽所知道的所有事情，我可能在出庭作证的时候用得到。”

“我昨天已经和她聊过了，”列娜意味深长地说道，“她什么都不知道。”

“把她的脑子抽出来和让我跟她聊聊不是一回事。”

“不，前者更可信。”列娜相信玛丽绝对不可能对她撒谎。

“塔利斯不需要知道这事。”

列娜叹了口气说：“好吧，西瑞斯，我去和他聊聊，但是不确保他一定会同意。”

过了几分钟，通信面板“嗞嗞”作响，我转身返回禁闭室。

“那个电话应该是找你的。”我带着点希望地说道。

纠察长不耐烦地看着我，然后接通了面板，塔利斯大理石一般消瘦的脸出现在屏幕上。

“你好，少将先生。”纠察长利落地说道。

“凯德船长要探视犯人玛丽 · 杜伦，只需要 5 分钟，不必监视谈话。记住，只有 5 分钟。”

我指了指自己，示意我就是凯德。

“是，长官。”他说完，少将的脸就消失了，然后纠察长对我说：“这边走。”

他带我来到玛丽的禁闭室，然后用加密钥匙打开房门，说：“现在开始计时。”

我进去的时候，玛丽正在床上看书。她一看到我，扔下全息阅读器，冲过来抱住我，禁闭室的房门也在我身后关闭。玛丽说道：“他们告诉我你还活着，其他什么都没说。到底发生了什么事？”

“他们还没起诉你？”

“还没，明天早上军法处的人会来看我。”她看着我说道，“我知道，你警告过我。”

“我会想想办法的。”我说，“你要是先告诉我自由城这笔生意到底是怎么回事，我说不定还能帮你。”

玛丽局促不安地说：“这得从咱们在伊甸星见面前，我在西斯达空间站遇到的事情说起。”

西斯达是一个采矿辅助基地，那里盛产杀手、走私犯和亡命徒。“你在那干什么？”

“我得去给赖皮矿工酒吧送货。”

“我知道那家店。”那地方脏得要死，斗殴是每晚的保留项目，楼上是妓院，楼下是卖兴奋剂的店。

“店老板是我的一个客户，甚至算不上是一个朋友。他的存货因为战争已经快耗光了，所以为了一千箱新巴顿的好酒付出了双倍价格。我收了钱之后，一个从没见过的自由商人来找我，手上还带着一份新工作。”

“所以这活儿不是互助会的合同？”

“不，完全是一份暗箱交易。他当时非常的绝望。按照他的说法，三个船长已经回绝了这份工作，所以报酬才会这么诱人。他让我去自由城签订合同，收取导航包。”

导航包内包含货物的坐标、航线和交货地点。这个自由商人肯定认为愿意在交战区躲着海盗送酒到西斯达的船长，也一定会去自由城赚大钱。

“导航包里有什么不寻常的东西吗？”

“只有艾扎恩人的识别码。我从来没见过这东西，但是我在自由城的合同说我需要这东西，有了它，艾扎恩人才知道该让幸福号去哪里提货。里面还有分裂分子的识别码，但是类似的东西在这种买卖中已经司空见惯了。”

“分裂分子的识别码呢？”我就知道她肯定不会把这么有用的东西留在幸福号上毁掉。

她一脸愧疚地看着我：“识别码芯片被我塞到救生艇的抗加速座椅下面了。”

“留着它当作筹码吧，还有你在西斯达和自由城联络人的名字，以及赖皮矿工酒吧客户的名字也可以当作筹码。”

“不行。”

“你真想下半辈子去敲冰吗？他们害你丢了你的船，还陷害了你。你现在根本不欠他们一毛钱。”

她想了想，发现我说的没错：“好吧。”

海军情报人员会开始监视赖皮矿工酒吧，跟踪她的联络人，确定所有牵扯其中的人。最终，他们会渗透目标组织，然后用来对付分裂分子，不过玛丽不需要知道这些事情。

禁闭室大门打开，门口出现了纠察长的身影：“时间到了。”

玛丽和我吻别，然后说道：“别让乌戈和欧玛利出事。”

我点了点头，但是完全不确定自己还能做些什么。“记住我说的话。”我说完就被纠察长拉了出去。

我回去找到列娜，然后一起穿过迷宫般的一层层甲板，向着四号气闸前进。

“我猜你也知道识别码的事情吧？”我在空荡荡的走廊里问她。

列娜点了点头：“是的，西斯达和自由城的事情也一清二楚。”

也许列娜说的没错，用她的灵能把玛丽脑子里在想什么都抽出来，真的要比问话简单。我继续问道：“那你告诉海军了吗？”

“还没呢，不过是早晚的事情。”

“给我卖个人情如何？让玛丽告诉他们。”

列娜想了想我的提议。她完全没有理由给玛丽留下任何可供讨价还价的筹码，但是我知道她不想让海军知道她的真实实力。

“好吧，但是让她快点。海军早晚都会扫描救生艇，然后发现芯片。”

“没事，她的律师会先找到芯片的。”我们穿过气闸，进入一条有窗户的栈桥。

我们在夜间着陆，把运输舰留在轨道上。闪闪发光的瑞利西姆号，停在太阳宪法号的旁边，它的船头和万意之环对接，用自己的栈桥和一栋三层白色建筑对接。万意之环向着地平线延伸，下面有二十多米高的柱子支撑。在天空中还有几条船正在进入最后的着陆轨道，基于让自己的代表能够准时参加听证会。

麦塔二号在一旁等着我们，我和列娜打量着窗外的景象。“万意之环很少这么繁忙了，”麦塔二号说道，“这是几个世纪以来最大的一次集会。”

“我猜并不是每天都有观察者文明坐上被告席。”我说道。

“很久没有这种情况了。”麦塔二号赞同我的看法，“所以这次听证会大多数代表都是各个文明的领导人，而不是大使。这意味着这次听证会非常重要，这不仅关乎钛塞提人或地球人，这关乎许多文明对于是否保存银河系文明的态度，投票结果代表着大家是否同意当前体系还有存在的价值。”她带着我们一边走向万意之环，一边说道：“司亚尔正在钛塞提人的房间准备反驳证词。你们可以观看开场词，但是在凯德船长出庭作证之前，议会其他成员是看不到你们的。”

我们进入一间宽敞的房间，里面的空气和重力与地球的一模一样。房间的一侧有一个可以直达万意之环交通系统的电梯，通过这个交通系统可以直达环带上的任意一个位置，还能通过中间连接的辐条直达中枢星之殿。在电梯前面还有几排变形座椅，可以根据客人的需求变成任何形状，为工作人员提供办公的位置。每个座位上都有保密的通信系统，可以让代表们进入万意之环的历史数据库，数据库里的资料甚至包括中枢星建立伊始的数据。

“鉴于你们还不是官方代表，”麦塔二号说，“房间内的通信系统已经关闭，但是座位将按照你们的体形进行调整。”

在办公区前方，是一排对着半球体墙面的椅子。随着我们靠近座椅，墙面上出现一幅巨大的圆形大会堂，里面布满了一排排半圆形的小阳台，每一个文明都能获得属于自己的位置，每一个文明的代表看起来都不一样。在大会堂的中间是一个巨大的平台，平台被三束灯光点亮。乍一看上去这很壮观，但是细看之下才发现这不过都是幻影。这里根本不可能有这种建筑，不然的话它完全有几千米高。

“这是个虚拟会议厅。”我说道。

“没错。”麦塔二号回答道，“每一位代表都是货真价实的，但是他们的具体位置却是虚拟的。万意之环能够满足各个种族的需求。你可以选择环形、圆形、水平或者垂直的座位排列，你可以展示自己的个人形象，而且议会不会强制要求你这么做。”

鉴于各个代表适应的大气成分、重力和热能环境各不相同，所以虚拟会议将确保所有代表都能获得舒适的参会环境。这里所有的阳台上都坐满了代表，而且不断有新的代表加入会议。席位排列不断变动，墙面因此看起来像在不断流动一样。

“我们可以看到他们，但是他们看不到我们。”麦塔二号说道，“等到明天该你发言的时候，他们就可以看到你了。”她指了指座位前方半圆形的区域说道：“你将站在这里，你的形象将投放在大会厅中央的平台上。”

“这么多种族啊。”列娜扫视着数不清的阳台。

“这还不包括那些处于排外不想被其他人看到的种族，但是他们的数量不到总数的百分之二。”

在我们的右边还有一个被透明压力场挡住的大门，它可以避免两个房间的大气成分不会混合。在隔壁房间内，司亚尔正坐在变形座椅上通过自动翻译系统和其他人交流意见，而司亚尔的图像也出现在半圆形的会场阳台上。

“我们的代表正在呼吁投票，”麦塔二号解释道：“尤其拉拢猎户座地区的投票。”

“那么情况如何？”列娜问。

麦塔二号倾听着司亚尔的谈话内容，然后说道：“并不乐观。”

两个长着红色泡泡眼，深绿色皮肤的外星人出现在司亚尔面前。

他俩站在司亚尔面前，身高只到我的腰部，光秃秃的脑袋上挂着红色的肉坠。我可以透过门廊勉强看到他们的身影，而不是透过阳台。

“他们是芬纳里人。”麦塔二号解释道，“他们是我们可靠的盟友。他们来自天鹅座旋臂，所以他们对希尔人没有任何好感。”她让我们坐到半球形墙面旁的椅子上，等我们就座后问道：“现在的观看模式还满意吗？”

“很好。”列娜说道。

我好奇地问她：“现在怎么办？”

麦塔二号松了口气说：“我们现在只能等了，等希尔人完成声明。”

\·\·\·\·\·\·\

“尼迪斯代表希尔环带世界发言。”我们的房间里响起了标准的通用语。

希尔大使的身影出现在圆形的虚拟发言台上，看上去就像一个僵硬的黄色雕像站在聚光灯下。大会厅里的各位代表都把注意力放在他身上，窃窃私语也瞬间消失了。

“类似的会议多久举行一次？”我问道。

“类似这样的声明很少见。”麦塔二号说道，“上次还是 1500 年前马塔隆人做出的声明，那时候可是人类违反了互不侵犯条约。更早的一次是 16 万年前的黎迪安声明。”

“那次结果如何？”

“对于欧斯人来说，非常糟糕。”

“那就只能希望最终结果对钛塞提人不算太糟吧。”列娜说道。

“黔州星死了几百万人，”麦塔二号说，“必须有人为此负责。”

尼迪斯开始用手腕上的振动器摩擦胸口，开始了自己的发言。在我们的房间内，万意之环的翻译机使用的是很有教养的人类语音，但是配上希尔大使非人形的外形，就让一切变得非常奇怪。

“根据准入协议的第六号条款，希尔环带世界在此向鸟形钛塞提人发表声明。我们指控钛塞提人对于哺乳类双足种族 2496，简称人类，银河系文明分级评分 6.1 的观察期文明，银河系所在坐标 204D83T9-0w82-2A6b 的干预行为。钛塞提人的行为已经违反了第三和第四法则。鉴于人类当前还不能代表自己出席会议，我们在此代表人类，就钛塞提人的违规行为发表声明。”

尼迪斯的双手在胸口上下摩擦，就好像一位娴熟的音乐家。不论他发出怎样的声音，翻译机都会在翻译结果中介入人性化的成分，这是尼迪斯所发出的那种噪声中绝对不可能存在的。

“我们认为鸟形文明联合体之所以策划 MB2496 事件，是因为他们和人类起源世界地球，二者之间的距离很近。为了确保鸟形文明联合体在猎户座旋臂地区的霸权，类似的干预活动已经持续了几十万年。

“我们所代表的人类认为，鸟形文明联合体动用武力干预了他们和地球政府间的内战。这次干预，是为了确保地球政府能够继续控制自己的殖民地。这次干预不仅违反了互不干涉原则，还违反了准入协议的发展原则。

“我们认为，为了给地球政府部队扫清夺回殖民地的障碍，鸟形文明联合体在银河系坐标 73g5-22i9-66q140e3，摧毁了一支人类叛军舰队和一个人类殖民地。鸟形文明联合体的科技让人类能源反应堆变得不稳定，并最终造成灾难性影响。鸟形文明联合体为了不留下武器痕迹，所以没有使用自己的武器。德科拉人的证据将证明这一点。

“人类飞船将造成此次灾难的钛塞提飞船送入位置，从而避免产生任何可用于证明鸟形文明联合体干预的证据。虽然进行了详细的搜索，但还是没有找到这条船。我们认为钛塞提人为了避免处罚，已经将这条船藏了起来。

“鉴于这些违反准入协议的行为，我们要求大会在一段时间内取消钛塞提人的相关权限，并平衡此次事件中所涉及文明之间的差距。”尼迪斯说完就从平台上消失了。

周围阳台上的外星文明领导人开始窃窃私语，就算不能读懂他们的表情，我也能理解他们的不安，这说明他们高度重视希尔人的声明。

“他所谓的巨大差距指的是什么？”列娜问道。

我不安地说：“银河系文明分级？”我又想起了阿尔拉 · 斯努 · 迪曾经说过指数级的银河系文明分级系统。

麦塔二号回答道：“是的，文明之间的银河系分级评分差别越大，那么违规情况就越严重，处罚也越严重。”

“我们和钛塞提人之间的差距已经是天壤之别了。”我现在明白人类为什么成了别人的目标，打击人类就能对钛塞提人造成最大化伤害。

“差不多是这个意思。”

“既然钛塞提人是观察者文明，那么处罚结果会非常糟糕吗？”列娜问道。

“那就取决于执行委员会了。”

观察者文明有权监视并向议会通报任何违反准入协议的情况，执行议会判决决议，并有权在无法获得议会指示的情况下，独立采取行动。为了自己的利益，而对弱小的文明采取单边行动，是对这种信任的背叛。

“身为观察者也是一面双刃剑，”我说道，“他们有权做任何想做的事情，但是如果违规使用手中的权力，那么整个银河系都会与他们为敌。”

麦塔二号点了点头说：“不论文明社会规模大小，强者不该欺负弱者。在一个高度发达的社会，只要律法公正，那么道德标准也会越发规范，压迫和不公也越发成为不可能。”

“但是事关入侵者，情况就不一样了。”我说道。

“万事都有例外，”麦塔二号总结道，“所以封锁才会持续这么久。”

列娜问道：“如果他们真的这么强大，那么何必在意判决结果呢？”

“不论一个文明多么强大，总有比它更强的存在，这可能是一个文明，也可能是若干文明组成的联盟。德科拉人就是这样。在我们的历史中，银河系中从没有出现过恃强凌弱的情况。”

“这可不是图卡纳。”

“这里确实不是。”麦塔二号说，“如果我们不能获得多数投票，那么最终处罚结果会非常可怕。钛塞提人可能在很长时间内都无法介入任何银河系事务。”麦塔二号做出一副很担心的样子。

这就是希尔人、马塔隆人、银河财团主席和入侵者一直以来计划的结果，不费一枪一弹就能解决自己最大的敌人，而且还是借我们之手完成了这项壮举。

合成的通用语又在房间里响了起来：“现在由司亚尔代表鸟形文明联合体发言。”

我对麦塔二号悄悄说：“联合体也是一种政治结构吗？”

“我们所居住的世界上也分成很多派别。”她回答道，“但是我们尊重彼此间的差异并平等合作。这和你们的文明所采用的权力分享手段相比更为随意，但是不容易发生冲突。”

经过了 2500 年，我们还有很多东西要向神秘的邻居们学习。我注意到列娜认真聆听着麦塔二号的回答，她肯定把一切都记在心里，希望借机能了解钛塞提人的文明。

司亚尔出现在虚拟的发言台上，开始了自己的发言。“鸟形文明联合体拒绝承认希尔人的所有指控，我们没有以任何形式干预 2496 号哺乳类双足文明。不可否认的是，我们之所以和他们保持密切的外交关系，是因为人类距离钛塞提很近。从这一点上来说，我们和其他与自己邻居保持良好关系的文明别无二致。

“我们反对任何试图干预人类内战的行为。我们一直在监视这场冲突，但是从未施加任何干预。如果当前事件中确实使用到了钛塞提科技，那也是在没有经过我们允许或在我们不知情的情况下使用的。

“最后，我们认为人类中的分裂分子、马塔隆主权国、希尔环带世界联合制造了这场闹剧，让钛塞提人看起来像罪魁祸首。鉴于这场阴谋对于人类内战的影响，希尔人和马塔隆人已经违反了他们指控我们所违反的条约。

“我们长时间参与银河系中各项事务，从未违反准入协议内的任何规定。我们现在更不会违反准入协议。稍后提供的证据和目击报告将证明我们无罪。”

司亚尔大义凛然地站在大会厅里，然后就消失了。

过了一会儿，房间里又响起了合成通用语：“现在是里格图里斯 · 菲拉尼奥代表德科拉帝国发言。”

虚拟发言台上出现了一个健壮的熊形生物。他比人类高一点，肩膀倾斜，四肢粗壮，脑袋呈椭圆形，额头很高，说话的时候耳朵也在不停抖动，一双大大的绿眼睛将一切尽收眼底，但是别人却看不透他在想什么。眼睛下面还有一个圆鼻子和大嘴巴，方方的下巴给人一种力量感，甚至还有点固执的感觉。身体上一层粗短的棕色和黑色毛发形成了天然的伪装色，而胸口和耳朵上还有些灰色的毛发。

来自德科拉的观察者脖子上挂着一条宽大的金色带子，上身赤裸，下身穿着直达脚面的围裙。

麦塔二号靠到我们身边说起了悄悄话，这个动作对于一个机器人来说十分奇怪。“里格图里斯已经1200多岁了，他是银河系中最受尊敬的领导人之一。他能出席听证会，证明了德科拉帝国非常重视这次调查。”

“这个人可靠吗？”我问道。

“他见什么说什么，是个可靠的人。”

这位来自南十字座－盾牌座联盟的老者，一举一动都非常得体，这在整个银河系所有文明都等他提交证据的情况下尤为难得。他的话也被翻译成了通用语，但是这次音调更为低沉，也许是为了体现德科拉领导人某些特质而有意为之。

“根据希尔人在声明中所提到的案件，”里格图里斯说道，“德科拉科技部门在银河系坐标73g5-22i9-66q140e3，也就是当地人所谓的南辰星系，进行了一次颞叶重建工作，对周围0.7个天文单位内的亚原子活动进行了标记，同时还确认了所有粒子残留和其他能量残余。

“科技部门在整个星系空间内发现了由暗物质虹吸技术产生的超相对论电子，只有文明分级评分10分及10以上的文明才能拥有这样的技术。”

麦塔二号悄悄说道：“这就排除了人类、马塔隆人和希尔人。”

里格图里斯继续说道：“我们还检测到2496号文明发射定向能武器和自主性武器残留后的粒子，检测结果显示残留痕迹符合攻击七级破坏性护盾的特征。银河系文明分级评分10.7的文明才能使用这种护盾。”

听到这句话时，听众席上传来了一阵骚动。我悄悄问麦塔二号：“我要是没猜错的话，你们就是那个10.7的文明。”

她回答道：“是的。”然后对着观众席点了点头，“而且他们也知道这一点。”

里格图里斯等待观众席安静下来，然后继续说道：“护盾的特征符合钛塞提科技，但也有可能是格兰人。但是，格兰人七万年来都没有离开南十字座外部地区。”

麦塔二号凑过来解释道：“格兰人对于银河系政治抱有一种非常矛盾的心态。”她指了指虚拟的大会厅说，“这一切都不过是浪费时间。”

“科学部门还检测到了来自55个新星元素反应堆爆炸时产生的颗粒物，这符合六级银河系文明科技。残余颗粒分析显示，超相对论电子导致三台反应堆隔离力场失效，其中两台因为堆芯释放的冲击波而被毁，另外一台反应堆因为受到多个2496号文明的自主性武器攻击而爆炸。”

“他们调查的还真是细致。”列娜垂头丧气地说道。

“最后，是最让人感到困惑的部分。”里格图里斯说着看了一眼司亚尔，“根据推进系统残留显示，当时星系内只有来自2496号文明的飞船。”他停了一下，让大家慢慢理解其中的含义，“这就和已检测到的虹吸科技残余能量和破坏性护盾不符。所以，我们认为，导致这一切的飞船，甚至可以让我们都无法检测到推进行动的能量残留。”

“等等！什么情况？”我惊讶地凑了上去。“我亲眼看到了那条船，它肯定是钛塞提人的飞船。”我转头看着麦塔二号，她紧紧盯着里格图里斯，避免和我直视。“他们怎么可能检测不到它？”

“这我就无法解释了。”她小心翼翼地回答道。

一开始，我以为麦塔二号不知道其中答案，然后反应过来是她不能回答我的问题。

“以上就是我们的调查结果。”里格图里斯说道，“但是，我们有问题要问钛塞提代表。”里格图里斯面前出现了一个虚拟平台，然后司亚尔走进了墙面前的半圆区域。后者的图像马上出现在里格图里斯身边，他和德科拉帝国领导人一比，个头显得小了许多。

合成的通用语宣布：“司亚尔将代表鸟形文明联合体回答问题。”

里格图里斯走到司亚尔的全息图像身边问道：“你已经听到了我们的护盾分析了。你认为破坏性护盾是钛塞提人的技术吗？”

“在看到护盾谐波特征之前，我不会确认这一点。”

里格图里斯看着司亚尔，对于他的答案很不满意：“你能解释一下，为什么在事情发生时，有一艘装备了钛塞提护盾的不明飞船在星系里吗？”

“事情发生的时候，星系内不存在钛塞提控制的飞船。如果那里有一艘钛塞提设计风格的飞船，那一定是仿制品。”

列娜和我不解地看着彼此，好奇他为什么要撒谎。

“仿制品？”里格图里斯问道：“那又是出自谁的手笔呢？”

“众海孤子。”

虚拟大厅里又响起了一片窃窃私语。我不确定这是否是因为他们害怕入侵者，又或者是因为他们已经厌倦了钛塞提人不停地将入侵者描绘成银河系的公敌。

“众海孤子缺乏仿制钛塞提护盾技术的科技。”里格图里斯说道。

“现在情况和以前已经不一样了。”

“他们的飞船也不可能躲过我们的传感器。”

“我们的飞船也做不到这一点。”司亚尔说道，“里格图里斯，我需要提醒你，入侵者在特里斯克主星击败了我们的舰队。他们的技术水平和上一次战争时相比，已经获得了显著的提升。我们对他们当前的技术水平一无所知。”

“我们已经在特里斯克扫描了他们最新的护盾、武器和推进系统的技术特征，和我们在南辰星系发现的数据和扫描结果完全不符。”

“那就别急于为众海孤子洗脱罪名，更不要急着谴责我们。”

我悄悄问麦塔二号：“他为什么不直接告诉里格图里斯，那是一艘被捕获的钛塞提飞船？”

“他不能那么做。”

“为什么？”

“因为那条船根本不存在。”

“我可是亲眼看到的。”

“不论你看到了什么，那都不是真的。”

里格图里斯对着讲台挥了挥手，然后南辰星系的画面出现在两个平台上方。虽然太远的拍摄距离让画面看起来不够清楚，但是纺锤形的船身让人一眼就能看出是钛塞提人的飞船。这艘小船离开幸福号不久就爆炸了，而分裂分子的舰队对着这艘小船不停地开火。

“这是关于这次事故的视频记录。”里格图里斯说道，“虽然分辨率很低，但是我们还是进行了检验，确认了真实性。希尔环带世界为我们提供了这份记录，但是最早是由 2496 号文明的一艘飞船完成的记录。”

视频的摄像机视角让我困惑了一下，然后明白摄像机位置是自救生艇四十度的地方。“是伊斯塔纳号拍下的视频，”我说道，“所以它才会一直待在那，从安全距离拍摄整个事件。”

列娜愤怒地说：“所以，兰斯福德从一开始就知道这一切。”

参会的代表们全神贯注地看着钛塞提飞船一边接下分裂分子的火力，一边从容地从舰队阵形中间穿过。他们看着分裂分子的飞船炸成一团团火球，当看到行星表面反应堆爆炸，数百万人化为灰烬时，又不禁深吸了一口冷气。

里格图里斯看着纺锤形的飞船飞离行星，继续说：“德科拉科技部门已经确认，这艘飞船符合钛塞提飞船的所有特征，但是具体设计却还不得而知。”里格图里斯在飞船跃迁之后继续说，“根据相对矢量分析显示，这艘飞船的目的地是钛塞提星系。”他盯着司亚尔说：“你现在还要拒绝承认这是一艘钛塞提飞船吗？”

议会成员们一言不发，等着司亚尔的回答。

“我无法从这份粗劣的视频数据中确认任何事情。”司亚尔说道，“这艘飞船看起来像钛塞提人的飞船，但是在座的某些人也可以复制它的外形。不论这艘船到底是怎么回事，它肯定不是我们的飞船，也不处于我们的控制之下。至于最后的撤离航线，它肯定在离开星系后转向了，因为它从来都没有到达钛塞提。”

里格图里斯 · 菲拉尼奥认真听着司亚尔的发言，然后在讲台上挥了下手，关闭了所有的全息图像，司亚尔的全息图像也消失了。

“德科拉科技部门现在可以确认的是，虽然这艘飞船外形符合钛塞提人的设计风格，但是隐身科技远超他们的技术能力。所以，我们无法肯定这就是一艘钛塞提人的飞船。以上就是我们的调查结果。还有人有什么问题吗？”

一时间没有一个人发言，然后又一次响起了合成通用语：“哈孜力克 · 吉塔尔代表马塔隆主权国发言。”

弧形的墙壁上出现一个阳台，上面站着一个身着黑色盔甲的爬行类生物。哈孜力克是黑蜥部队的大剑师，指挥着一个暗地里操纵马塔隆政治的隐秘教派。他还是我的“好朋友”，截至目前，他已经好几次想干掉我了。

“原来是他啊。”列娜一下被勾起了兴趣，“大名鼎鼎的哈孜力克 · 吉塔尔。”

“我该猜到他会来这里。”

哈孜力克说道：“德科拉帝国代表已经说明了情况，”翻译器将他的话变成了流利的通用语，我一下听不出来他的声音，“但是还没有陈述他最后的结论。你真的认为这是一次钛塞提人违反准入协议的行动，一场高度发达的文明针对弱小文明发动的权力滥用行为吗？”

我看不透哈孜力克的表情，但是他的语气中带着一丝幸灾乐祸的意味。马塔隆人一直以来对钛塞提人怀恨在心，因为后者在 1500 年前阻止了马塔隆人摧毁地球。马塔隆人一直因为在钛塞提人面前的无力而怀恨在心，但是现在情况不同了。

里格图里斯 · 菲拉尼奥犹豫了一下，他非常明白自己的回答会对银河系各个文明领导人造成深远的影响。他回答道："当前证据还不够充分，但是根据当前证据确实可以认为钛塞提人参与其中。"

"谢谢你，里格图里斯 · 菲拉尼奥。"哈孜力克说道，"至于这个参与其中，指的是钛塞提人非法干涉 2496 号文明内战吗？那么针对钛塞提人的指控就是属实的喽？"哈孜力克说完就心满意足地坐了回去，虚拟阳台也滑回原位。

"这可真是太糟了。"我说话的时候，大会也进入休息阶段，"我们得和司亚尔谈谈。他不能让这事就这么结束。"

麦塔二号说道："我会通知他安排会面，但是现在他也无能为力。"

在休息期间，司亚尔独自进入了我们的房间，单独和我们见面。

我问他："到底是怎么回事？就连我都要以为你们是罪魁祸首了。"

他慢慢地回答道："我们确实有错。攻击南辰星系的这艘船确实是我们的飞船。众海孤子在 6 个月前把我们赶出了曼娜西斯星团，这艘船就是在那时候被他们捕获的。这艘船当时在监视众海孤子的一个舰队基地，但是触发了一颗潜行者空雷后就无法行动了。自从特里斯克主星战役后，入侵者在他们的主要星系周围布置了几百万颗类似的设备，就是为了防止我们反击和打乱我们的侦查计划。"

"所以那是艘间谍船？"列娜问道。

"你可以这么说。"

“这很好。”我说道，“你可以告诉那些领导人，你们正在监视入侵者。”

“监视不是问题，问题在于我们是怎么做的。你们所谓的间谍船，使用了德科拉帝国的伪装技术。”

“德科拉？”我先是迷糊了一下，然后马上反应了过来，“你们偷窃了他们的技术？”

“我们的伪装技术对众海孤子已然无效。”

“你可以寻求德科拉人的帮助啊。”列娜说道。

“他们肯定会拒绝的。”

“德科拉人比我们还不乐意移交技术。”麦塔二号说道。

“现在我们已经从曼娜西斯星团撤退了。”司亚尔解释道，“我们少数几艘装备了德科拉扩散抑制器的飞船，正在全银河系范围内监视入侵者的同情分子。正是这种间谍船在 P9361 星系发现了马塔隆人正在密会希尔人，才让我们寻求你的帮助。”

“德科拉人知道这事吗？”我问道。

“他们会有所怀疑。就算现在这种时候，他们也会设法弄明白我们是如何取得这种技术突破的。”

“你们为什么要想出这种办法？”

“我们的存亡在此一举。众海孤子已经在军事技术领域和我们形成了技术均势，现在正在缩小其他领域的技术差距。”

“德科拉人肯定可以理解这种威胁。”列娜说道，“在阻止入侵者这件事上，你们的利益是一致的。”

“德科拉人总是自鸣得意，”司亚尔失望地说道，“他们根本看不到入侵者对于帝国的威胁。”

“德科拉帝国在银河系的另一边。”麦塔二号解释道，“正是因为距离问题，所以众海孤子更担心我们，而不是德科拉人。”

列娜意味深长地说道："我明白了，德科拉人把你们当作缓冲区了。"

"也不是完全如此。"司亚尔说，"他们总是象征性地向议会舰队派遣部队，同时保存自己的主力。不幸的是，我们不是亲密的盟友，只能算得上是合作关系。我试图向他们警告过这么做的风险，想让他们加入我们，但是他们却满足于现状。虽然德科拉人的技术水平远在入侵者之上，但是舰队规模却比较小。"

"他们会被船海战术淹没吗？"我问道。

"有可能，但是德科拉人并不这么想。"

"钛塞提人的其他盟友呢？"列娜问道。

"其他超级文明都已经厌倦了花费几个世纪来封锁入侵者。他们之所以坚持到现在，完全是因为我们在向他们施压。如果众海孤子再次发动攻击，我们和其他超级文明将成为战争中的主力。上一次战争时，入侵者毫不犹豫地摧毁了所有敢于抵抗他们的人，为自己树立了太多敌人。这次他们不会犯下同样的错误。"

"这时候尼迪斯就派上了用场。"我说道。

麦塔二号说："鉴于你对希尔人活动的报告来看，我们相信很多昔日的盟友已经选择在下一次战争中保持中立。"

司亚尔继续说道："我们上次在特里斯科主星战役的失败，让他们感到不安。而入侵者的傀儡造成的骚乱，削弱了所有人的实力，逼迫他们选择更安全的解决办法。这些动乱中，就包括你们的内战。"

"我几乎有点不敢相信他们居然对人类动手。"

麦塔二号说道："你们距离我们很近，扰乱你们可以让我们分散注意力。"

司亚尔看着虚拟的大会厅，若有所思地说："如果没有强大的技术优势或强大的盟友，入侵者的数量优势将无人可敌。"

这种悲观的情况很好地解释了钛塞提人为什么要去偷窃德科拉帝国的技术，并向我们求助。

我问他："你们的间谍船当前位置在哪？"

"我们也不知道。"麦塔二号说，"德科拉人如果检测不到那条船，我们就更不可能发现它了。"

"入侵者为什么不直接把船交给德科拉人？这样就可以证明是你们的所作所为。"

麦塔二号说："众海孤子生性多疑。他们认为是德科拉人悄悄向我们移交了这些技术，而且入侵者希望能使用这些技术。幸运的是，随着船体尺寸增大，伪装技术的可靠性也就越低。入侵者的飞船尺寸都非常巨大。通过利用人类飞船将我们的间谍船偷运到南辰星系，他们希望能够让德科拉人相信，我们正在和地球政府一起密谋攻击分裂分子。"

我总结道："所以你们不能承认是入侵者俘获了你们的间谍船，因为德科拉人会发现你们偷取了他们的技术。这样一来，他们就会变成你们的敌人。但如果你们持续否认这一切，那么你们看起来还是有罪。"

麦塔二号说："不论如何，我们都输了。"

我说道："我们必须争取到别人的投票。"

司亚尔悲观地说道："现在已经太迟了。"

麦塔二号解释道："在一个权重投票系统的体系下，以德科拉帝国为首的南十字座－盾牌座联盟，占据了总票数的百分之九。他们打算加入那些签署了希尔中立条约的中小型文明，然后一起投下反对票。我们在此毫无胜算。"

我说："我们得让他们改变主意。"

麦塔二号说道："你不明白，德科拉人已经做出了决定。"

"你也在窃听他们？"

"我们在德科拉帝国内部有线人，他是卡鲁代表团的人。他已经告诉我们，里格图里斯在听证会之前就已经做出了决定。虽然里格图里斯的助手，加斯特李恩 · 卡兰图匹斯，倾向于支持我们，但是里格图里斯认为我们偷窃了他们的科技。”

列娜悲观地说道：“看来我们确实输了。”

“现在的重点是我们输得有多惨。”司亚尔说道，“我们输得有多惨，取决于我们要接受多严重的处罚。”

事情远不止这么简单。这将决定自人类数十万年前走出非洲平原之后，人类在没有保护者的情况下，将要孤军奋战多久。鉴于远在英仙座环带世界之外，还有强大的敌人虎视眈眈，马塔隆人在距离地球167光年外等待时机，现在可以算得上是人类最危险的时刻。

“肯定有什么办法可以让里格图里斯改变主意。”

司亚尔说道：“德科拉人的固执是出了名的，想让他们改变主意可没那么简单。”

“我在提供证词的时候，可以提问吗？”

麦塔二号说：“人类还不是正式成员。”

司亚尔补充道：“但是，发言人确实可以提问。等你开始发言的时候，就是一名银河系议会的正式成员，拥有所有的法律责任和权利。”

“我可以对目击证人进行交叉询问吗？”

“只要和你的证词相关，你可以问任何问题。”

“如果我想问问不在场的人呢？”

“为了以防他们会反驳你的指控，所有和你的证词相关的人都已经到场。”

我问道：“所有人吗？”

列娜的脸上浮现出担忧的表情：“西瑞斯，你想干什么？”

“我想差不多是时候让整个银河系看看，一名议会的人类官员是如何把证人当成敌人的。”

\\·\\·\\·\\·\\·\\

合成通用语宣布："曼宁 · 苏洛 · 兰斯福德三世将为希尔环带世界补充发言。"银河财团主席臃肿的身影出现在虚拟平台上。他一只手里拿着小型数据板，穿着一身紫色的西装，西装里面还有一套外骨骼支撑他超标的体重。

我对麦塔二号说："他怎么会代表希尔人发言？"

她回答道："这只不过是让他提交证据。等你发言的时候，你也是在为我们发言，而不是代表地球。"

兰斯福德清了清喉咙，然后读起了一份早就准备好的发言稿："人类独立运动代表着 2496 号文明很多世界的共同心愿，我们希望摆脱母星，也就是所谓地球的残暴统治。自从人类内战爆发以来，鸟形文明联合体秘密资助地球政府，为他们提供关于我方部队分部的情报，这已经让我们的军队遭受了多次败仗。我在此向议会提交相关证据，地球海军曾 16 次在预先不知情的地点对我们的部队发动截击。"

在我们的座位前，十六个星系的名字和战斗爆发时间并排显示，同时显示的还有被击毁的分裂分子的战舰和地面单位，最后还有损失人数。

我看着列娜，她的眼睛根本无法从列表前挪开。我问她："我们是怎么打赢这些战斗的？"

"这是机密。"

"我们总得说点什么。"

"不论你说什么，必须说实话。"麦塔二号警告道，"德科拉人会确认你们所说的是否属实。如果他们发现你们撒谎，那么他们就会对你们的议会席位投反对票。"

我发现列娜还在打量着眼前的名单，然后她很不情愿地说："我们已经破解了 SN-4，也就是分裂分子舰队的海军密码。事情就是这样。”

“兰斯福德听到这话，就一定会下令修改密码。”

“西瑞斯，密码早晚都能被破解。”列娜说，“但是我们不能让钛塞提人受罚，或者让德科拉人阻挠我们获得议会席位。”

兰斯福德继续说道：“钛塞提人对内战的干预不仅仅是为我们的敌人提供战术情报，他们还为地球海军提供技术支持，改进武器和护盾技术。只有在更为先进的文明支援下，地球方面才可能取得如此的技术进步。这种技术援助让地球政府能继续跟随鸟形文明联合体。”

海军行动的列表被两个护盾和三种武器所取代，这些装备都是最近两年才武装舰队。

列娜摇了摇头说：“这不对。”

兰斯福德继续说道：“最后，鸟形文明联合体回绝了人类独立运动的所有外交沟通，但是他们同时和地球政府保持密切的关系。如果他们真的对人类内战持中立态度，那么在战争结束前应该中止和地球政府的所有外交联系。”

麦塔二号说：“我们从没有和分裂主义分子进行过沟通。”

兰斯福德主席放下手中的数据板，然后看着大会厅说道：“这份证据证明了钛塞提人通过一系列支援，确保地球政府能够消灭独立运动。对我们在南辰星系的舰队发动攻击，不过是又一次对人类内战的干预罢了。你们之前看到的图像是由我亲自录制的，我向各位保证视频的真实性，并希望各位能够重视这份证据。

“银河系议会的建立初衷就是处理发展差异巨大的文明之间的关系，确保银河系中的平衡并保护弱小的文明。如果说需要它履行这个使命并采取实际行动的话，我认为现在就是最佳时机。钛塞提人屠杀了我几百万的同胞，我不希望他们毫无意义地死去。”他说话的时候努力摆出一副颇有尊严还极富正义感的样子。过了一会儿，他的全息图像就消失了。

“他的同胞！”我跳起来大喊道，“他说话的样子就像他亲手从轨道上把他们炸死了一样。”

“代表们可不知道这些。”列娜说话的时候，眼睛死死盯着几万个虚拟阳台，上面坐满了银河系中最敬业的领导人。

我们的椅子前面亮起了一个光圈，麦塔二号说：“该你了。”

我朝前走了几步，然后合成的声音说道：“西瑞斯 · 凯德代表鸟形文明联合体进行补充发言。”

我忽然站在了虚拟的发言人讲台上。在我上方高处的阳台上，麦塔二号和列娜坐在那里，这也是议会其他成员第一次能看到她们。我朝着身后瞟了一眼，希望她俩能出现在我身后，却发现我周围只有虚拟的大会厅。几万名外星领导人好奇地打量着我，他们中有些是熟悉猎户座文明的，但是大多数我之前并不认识。

在大会厅的另一头，一个虚拟阳台向前飘出了一段距离，哈孜力克站了起来，然后合成的通用语大声宣布：“马塔隆主权国请求抗议。”

哈孜力克说道：“这个人类证人是马塔隆主权国的死刑犯。我们希望马上逮捕他，然后转移到我方管制之下，等候执行死刑。”

大会厅内响起一阵惊讶的窃窃私语，钛塞提人的座位飘到前方，司亚尔也站了起来。

合成仲裁人宣布道：“鸟形文明联合体反对马塔隆主权国的抗议。”

司亚尔一脸平静地看着哈孜力克：“马塔隆主权国并没有就一名2496号文明的犯人向银河系议会执行理事会提交移交请求，相关法律记录更是无迹可寻。所以，这份抗议无效，并同时回绝马塔隆主权国的引渡请求。”

大厅里又响起一阵困惑的讨论，合成仲裁人说：“通过查阅理事会的工作记录，可以证明钛塞提方面的声明准确无误。再次回绝马塔隆主权国的请求。补充发言人请继续。”

哈孜力克回到了自己的座位上，司亚尔低着头打量着我，他歪斜的脑袋示意我所有阻碍都已经扫空。大会厅中的各位代表再一次打量着我，让我感到弱小又无助。我现在感觉，他们正在怀疑我是个被判了死刑的犯人。

我深吸一口气，打算自此也盯死他们。

“人类内战不是钛塞提人干预的结果，而是在众海孤子煽动下的马塔隆人干预造成的。”

大厅里窃窃私语瞬间停止，所有人都全神贯注听我说话。

“马塔隆主权国和希尔人，都是入侵者的傀儡，他们共同致力于毁灭我们的银河系联盟。他们和其他正在银河系各地散播混乱的入侵者傀儡一样，正在致力于破坏人类文明。”我指着哈孜力克的阳台，“钛塞提人并不是叛徒，他们才是叛徒。”

很多人一脸狐疑地看着哈孜力克，但是他却毫不退缩，只是死死盯着我。

“地球政府确实是收到了秘密情报，所以才能对分裂分子的部队发动有效截击。但是，我们并不是从钛塞提人那里获得了这些情报。是分裂分子自己把这些情报送给了我们。地球政府已经破译了他们的海军密码，而且正在解读舰队间的通信。我之所以在这里公布这个秘密，完全是因为今天的指控太过重要。”我转头盯着德科拉人的位置，眼睛死死盯住里格图里斯：“如果你们想要证据，就去地球吧。我们会向你们展示如何破译他们最机密的情报。”

大会厅中所有人都听出了我提议中的挑衅意味，但是里格图里斯却没有任何回应。他坐在原地，但是兰斯福德主席肯定找自己的海军指挥官去更换密码了。等德科拉人放弃回应的时候，我继续陈述证词。

“至于之前提到的技术进步，完全是我们自己努力的结果。你们中的某些人应该明白，我们在某些方面取得突破性进展的时间远早于你们的预期。我们在发明这件事上颇有天赋，不需要钛塞提人来帮助。”

我让他们好好思考一下这些发明成果是如何推动人类进入新兴文明阶段，而且这远早于他们的预计时间。我们的科技水平虽然远远落后于其他文明，但是他们也知道我们的发展速度非常快。

我转头看着里格图里斯：“我们欢迎德科拉帝国检查我们的研究项目，这也能证明钛塞提人没有帮助我们的科技发展。”

固执的里格图里斯依然没有回应。

“地球政府和钛塞提之间的外交关系，不过是两个主权独立的国家正常的交流罢了。如果钛塞提和分裂分子建立外交关系，就意味着承认分裂分子是一个独立政权，这才是对我们内部事务的干预。

“至于对南辰星系的攻击，完全和钛塞提人没有关系。我之所以这么说，是因为我当时就在现场。这场灾难是由希尔人和马塔隆人共同策划，旨在陷害钛塞提人和分裂银河系议会，削弱在场所有人。我在艾扎恩人的飞船上看到兰斯福德的飞船和希尔人的飞船停在一起。他们将一艘外星飞船偷运到人类飞船上，然后送往南辰星系。他们希望货船上的船员和其他人都会在爆炸中丧生。兰斯福德对事件前后的经过了如指掌，所以他才会在恰当的位置上录制你们之前看到的视频。”

我的周围又响起一片窃窃私语，然后一个虚拟阳台从我上方三十层的位置飘了出来，一个螳螂一般的外星生物问道：“你有什么证据可以证明你的说辞呢？”

事情总是会变成这样，我和希尔人、马塔隆人吵成一片。

“我有一个证人。我在此传唤阿尼 · 哈塔 · 贾，艾扎恩人位于猎户座的大供应商。”

我以为哈孜力克会抗议，但是他知道相关规定，明白当我站在发言台上的时候，完全可以发号施令。虽然马塔隆人没有任何动作，但是另一个阳台开始移动，然后尼迪斯站了起来。

合成的声音再次说道："希尔环带世界提出异议。"

尼迪斯用手腕上的发声器摩擦着胸口，然后耳边又传来颇有教养的通用语翻译："希尔人请求删除这名人类提出的虚假指控，同时取消他的发言权。凯德不过是一个传声筒，为他的钛塞提主子传话而已。"

这时，发言台正对面飘过来一个虚拟阳台。一个长着十条腿的甲壳类生物站在上面，他有着青铜色的外壳，向外突出的黑眼睛。这个生物用后腿撑起身子，等待着大会厅的虚拟仲裁人向大家介绍他。

虚拟仲裁人宣布道："欧瓦尼联合体请求调节。"

然后，这只大虫子就开始说话了。"我们想听听他的证言。如果强行取消人类的发言权，那么我们将单方面传唤艾扎恩人，然后进行询问。"

大会厅里的所有人都吃了一惊。我对于欧瓦尼联合体一无所知，唯一就知道他们也是参与联盟舰队的观察者文明之一，而且在特里斯科主星也吃了败仗。我转头看着尼迪斯，他的六只眼睛盯着欧瓦尼代表。

过了一会儿，他又开始嗡嗡嗡地摩擦起了胸口。他说道："希尔环带世界放弃之前抗议。"希尔人和欧瓦尼人的阳台退了回去。

我的面前出现了一个虚拟平台，上面出现了一个熟悉的四足生物。虚拟仲裁人宣布道："阿尼 · 哈塔 · 贾代表艾扎恩联邦回答问题。"

猎户座的大供应商向前走了几步，他的眼睛紧紧盯着我。

我说道："阿尼 · 哈塔 · 贾，在南辰事件发生之前，人类分裂分子的飞船伊斯塔纳号，希尔飞船洛拉克号以及人类货船幸福号，是否都停靠在位于小乌苏鲁斯星系的 266 号独立巡回商会？"

身形巨大的艾扎恩人做了个坐下的动作，找了一个舒服的坐姿，然后开始回答："艾扎恩隐私承诺禁止我泄露客户活动细节。泄露客户信息将影响我们的最古老也是最为核心的基本法则之一。"

我就担心这一点。对于猎户座的大供应商而言，艾扎恩人的商业利益要远高于钛塞提人的麻烦、几百万人类的死亡或银河系的安危。

“你的承诺已经无效。我已经在之前证词中说明以上三艘船都曾停靠在你的商会中。现在没有什么秘密可言，只有事实等待验证。你为他们提供了秘密会面的地点，所以说是你们让希尔人和人类分裂分子有机会策划针对南辰星系的攻击。”

他平静地回答道：“我无法为我的客户所做的事情负责。”

我对着大会厅里的代表们说道：“拒绝承担责任不是回避，而是承认事实。”我接着用一种近乎聊天的口气问阿尼 · 哈塔 · 贾：“你们和人类文明之间的交易量有多少？”

“银河系议会技术移交协议针对你们种族所设定的严格限制令，艾扎恩联邦严格执行了这一限制令，所以二者之间的交易量几乎为零。”

“你们和马塔隆主权国之间的交易量又有多少呢？”

“不到我们在猎户座地区总交易量的万分之一。”

“那么和希尔人之间的交易量呢？”

“我们之间不存在任何贸易关系。”

这和阿尔拉 · 斯努 · 迪在兰尼特诺尔上告诉我的情况完全不一样，我过了一会儿才反应过来，他是在和我玩弄文字游戏。“你说的不过是猎户座范围内的贸易，我没猜错吧？”

“猎户座是我的负责范围，在猎户座没有希尔人控制的世界。”

“那么从整个艾扎恩联邦的角度来看呢？”

艾扎恩代表的脸色一下严肃起来，因为他明白我已经看透了他的把戏，于是又玩起了刚才的把戏：“鉴于隐私方面的考虑，我不会再次讨论客户的生意。”

“但是你已经讨论了有关人类和马塔隆人之间的贸易量。难道说你们的法律只是由于个别客户吗？”艾扎恩代表抿着嘴唇，下巴肌肉紧绷，看来我已经把他惹毛了。我又补了一句：“我不过是问问贸易量大小罢了。”当他没有回答的时候，我说道：“如果是欧瓦尼人来问这个问题，你又会是什么反应呢？”

阿尼 · 哈塔 · 贾冷冷地看着我，然后说道：“不到十亿联盟贸易单位。”

看来他确实知道实际交易量。鉴于艾扎恩人的客户数量众多，他肯定还知道很多不为人知的秘密。

“艾扎恩联邦是否试图和希尔环带世界达成贸易协定？能给你们带来多少利润？一千倍？一百万倍？还是十亿倍？”

他小心地回答道：“我还没有看到预期数据。”他说的可能是真话，因为未来的天鹅座环带世界的大供应商可能会夸大这些数据。“你们现在和希尔人的谈判已经到了哪一个阶段了？”

“这种东西和听证会有什么关系？”

我毫无保留地说道：“它可代表着你们的利益所在，到底偏向于希尔人还是真理。”

艾扎恩人哼哼了几句，大会厅的系统无法完成翻译，但是之后的话翻译了出来：“人类，我们自己的事情不用你管。”

德科拉帝国代表的虚拟阳台开始向前移动。有那么一会儿，我以为是里格图里斯 · 菲拉尼奥站在那，但是很快发现眼前的这位熊形生物并没有灰色的毛发。

虚拟仲裁人说道：“加斯特李恩 · 卡兰图匹斯代表德科拉帝国发言。”

这位年轻的代表从高处俯视着我们：“阿尼 · 哈塔 · 贾，我希望你回答人类的问题。”

大会厅里的代表们被这一切吓了一跳，因为他们发现年轻的德科拉代表还没决定钛塞提人是否有罪。

阿尼 · 哈塔 · 贾在加斯特李恩的注视下不安地扭动着身子，不想拿艾扎恩人在南十字座－盾牌座地区的优惠去冒险，于是他转头回答我的问题。“我们已经和希尔人达成了协议，他们将确保我们在环带世界和其他希尔人控制的星系中获得转售权。”

“谢谢。”加斯特李恩说完，德科拉帝国代表所在的阳台就缩回到大厅的墙壁上。

我让代表们回味着阿尼 · 哈塔 · 贾的回答，然后说：“所有的希尔人世界？听起来是一笔不错的买卖，当然，前提是你们不惹毛希尔人。”

这位猎户座的大供应商很不自在地说道：“我们从不食言。”

“你们用所谓的诺言作为幌子，大赚特赚填满自己的口袋。”我看了眼他挂满各种小工具的挂带，继续说道：“我姑且认为你们的文明中有‘口袋’这个概念吧。所以让希尔人屠杀几百万人类然后再陷害钛塞提人，对你们来说也就是理所当然的事情了吧。”

阿尼 · 哈塔 · 贾直起身子说道：“我们艾扎恩人的承诺是古老……”

我打断了他的发言，大喊道：“你们是否在帮助希尔人攻击钛塞提人？是还是不是？”

“艾扎恩联邦不参与政治事务。我们是……”

“鉴于你拒绝回答这个问题，我且认为你们确实在帮助希尔人。”为了让在场的所有人能够听清楚，我把这句话喊了出来。

“你不能代替我回答……”

“你们帮助希尔人，就是在帮助众海孤子。等他们杀过来的时候，可不会在乎你们是否参与政治事务。他们可不会放过你们，一个都不会放过。”我说完就看着在场的各位领导人，这些人都愣在原地一动不动。

阿尼 · 哈塔 · 贾对我大吼道：“你怎么可以这样对一名……”

“我对这名证人的提问到此结束。”我说完就把他的全息图像关闭了，看来现在地球政府不可能和银河系中最强大的商人集团保持良好关系了。阿尼 · 哈塔 · 贾试图抗议，但是他和他的虚拟平台已经消失了。“我现在传唤曼尼 · 苏洛 · 兰斯福德三世。”

过了很长时间之后，我的面前才出现一个供证人发言的虚拟平台，上面是兰斯福德主席臃肿的身躯。他看起来非常镇定，但是绝对没有想到自己也会被传唤问讯。

“兰斯福德主席，”我说道，“你是人类独立运动的领导人，还是银河财团的主席，我说的没错吧？”

“我在此代表人类独立运动，”他冷静地说道，“但不是实权领导人。我确实和不同的组织保持商业往来，但是其中没有一个组织叫作银河财团。”

“你可以解释一下，为什么要和希尔人飞船洛拉克号在人类的殖民地世界瓦尔哈拉上见面吗？”

“我当时是为希尔代表团提供些货物，以便他们能送给在兰尼特诺尔上的瑞格尔人。”兰斯福德装出一副很无聊的样子，“要是我没记错的话，那都是些瓦尔哈拉当地的水果。”

“你给尚处于铁器时代的当地人提供了先进武器，然后从他们手上换来了这些水果吧。”

“瓦尔哈拉是个人类世界，我是个人类商人，我不过是满足我同胞的需求罢了。”

“地球为了保护瓦尔哈拉原始的文化，早就实施了技术禁运。”

兰斯福德洋洋得意地说道：“我又不承认地球政权。”

“你也就没在乎过银河系议会吧？所以你才帮助希尔人屠杀了几百万自己的同胞，然后陷害钛塞提人。”

“胡说八道。我不过是按照要求，把我船上的数据上交银河系议会罢了。”

“你的飞船，也就是伊斯塔纳号，当时停在南辰星系的边缘，正好在安全位置。你当时在那干什么？”

“我们在飞船反应堆的隔离力场上检测到了不稳定现象，于是就撤退到了安全距离。”

“为了转移伊斯塔纳号，必须先启动超光速力场。我的飞船也启动了超光速力场，但是整条船都毁了。实际上，你的船是唯一一艘逃出南辰星系的飞船。唯一可能的解释就是，你在整个飞船出现不稳定现象开始之前，就已经撤退到了安全距离。你只有提前预知了这一切，才能做到这一点。”

“这简直太荒唐了。”他不屑地说道，“我们肯定是在安全距离才启动超光速力场。”

“在我的飞船被毁之后，你并没有营救幸存者，反而破坏了我的救生艇，让我们自生自灭。”

“你可是敌方战斗人员，我大可以直接杀了你，但是我选择让你继续活下去。”

“慢慢去死。”

“众人皆有一死，”他漠然地说道，“怎么死其实无所谓。”

我现在明白根本无法撕下他虚伪的假面，他对于这一套太熟悉了。我无视大会厅中的各位代表，凑过去问道：“你真的以为，在入侵者手下能过得比钛塞提人当老大的时候活得更好吗？”

兰斯福德的脸色变了一下，然后很快恢复原状：“我们走着瞧。”

他在这一点上确实没有开玩笑，虽然我们都清楚入侵者是怎么回事，但是兰斯福德还是赌上一切铤而走险。我真想伸出手，然后捏断他肉滚滚的脖子，但是眼前的不过是一幅全息图像。真正的曼尼 · 苏洛 · 兰斯福德身处万意之环某处，距离这里可能有几百千米。

我大吼道：“我和这个……叛徒没什么好说的了！”当兰斯福德的全息图像消失之后，我以为眼前会出现列娜和麦塔二号，但是合成仲裁人却用通用语说道:“哈孜力克 · 吉塔尔代表马塔隆主权国发言。”

我的面前再次出现一个平台，上面站着一个瘦高的爬行生物，他的个头足足比我高出一米。他穿着贴身的黑色护甲，一把仪式用量子刀斜挂在胸前，一双燃烧着对异族仇恨的黑色眼睛紧紧地盯着我。

“西瑞斯 · 凯德，你声称人类并没有接受来自钛塞提人的援助。”他说道，“但是，我这里有证据。”他伸出一只捏紧的拳头，然后缓缓打开，露出躺在手掌上的一发灰色子弹。“你可识得此物？”

弹头因为撞击而扭曲，顶端已经溶解，但是底部紫色细线说明这是一发列娜准备的反马塔隆人子弹。他只有从阿尼 · 哈塔 · 贾那里才能搞到这颗子弹，看来艾扎恩人并不喜欢被我讯问。

“这是发八毫米子弹。”我说道。

哈孜力克用细长的手指夹起子弹，让代表们看个清楚。“这发子弹装有一个静力发生器，足以穿透马塔隆护盾。就是这个子弹在 266 号独立巡回商会杀死了一名马塔隆公民，吉利坎 · 尼特尔。”他放下子弹，转过来对着我说：“我猜是你开的枪吧？”

我可不想让他知道他的特工死在埃曾手上，于是我说：“是我开的枪，但是你的特工先动手想杀了我。”

哈孜力克环视着在场的代表们，然后说：“这颗子弹就是钛塞提人帮助人类的证据，这颗子弹击穿了我们的个人护盾。人类必须先掌握动态力场控制，但是人类完全还没有接触到这种技术。但是，现在这里却有一发使用了超越他们科技水平的微缩静力弹头。”哈孜力克转过头看着我：“你从哪弄来这东西的？”

我面无表情地说道：“匹兹堡。”

哈孜力克停在原地，问道：“这颗叫作匹兹堡的星球又在哪里？”

“你居然不知道？”我装出一副难以置信的样子，“你们花了那么大的力气监视我们，却漏掉了匹兹堡星？我们所有的超级秘密武器都是在那生产的。”我失望地摇了摇头说：“你这个样子干活，到时候要怎么回卡法塔给你的老板报告？”

哈孜力克轻轻哼了一声，压着怒火继续说道：“那你怎么解释如何获得这项技术的？”

“很简单。你们对我们的了解程度，远不及你们所想的那么多。我们在地球完成了研发工作，而且我们完全可以证明这一点。我们随时欢迎德科拉帝国派人前去参观视察，但是你们马塔隆人不行。至于我们如何研发这种技术，我们天生就有做研发的天赋。”

德科拉人的阳台飞了过来，然后加斯特李恩 · 卡兰图匹斯说道：“我会检查马塔隆大使提交的弹头，同时接受人类的邀请，检查地球的工业设施。从理论角度来说，在不理解动态力场控制的前提下就能研究出静力发生器弹头是不可能的事情，但是通过一些粗陋的试验倒也有可能得出这样的成果。”

钛塞提人在向我们移交这些技术的时候，就已经料到会发生这种情况，所以留下一些不确定因素，以便让我们摆脱嫌疑。加斯特李恩可能会对此事保持怀疑，但是我感觉他是支持我们的。而且多亏了哈孜力克的干预，他现在为我的证词提供了来自德科拉帝国的背书，这对于我们争取议会席位也有好处。

德科拉人的虚拟阳台返回原位。我转头对着哈孜力克说：“你说完了吗？”

哈孜力克的手按在量子刀的刀柄上，话语中带着威胁的意味：“现在没事了。”

他的全息图像消失后，我又可以看到列娜和麦塔二号，于是如释重负地吐了口气，说：“终于完事了。”

“你在很多领导人的心中埋下了怀疑的种子。”麦塔二号说，“而加斯特李恩因为你而做出的干预，也对我们意义重大。司亚尔向你表示感谢。”

我抬头看着德科拉人的位置，发现加斯特李恩和里格图里斯正在激烈的争吵。很多人都在看着他俩，试图弄清楚德科拉人在此事上的态度。

虚拟仲裁人宣布道：“议会成员现在将对希尔人发起的指控进行投票。”我坐在列娜身边，看着面前浮现的赞成、反对和弃权三个选项。每一个选项下面都是百分之零。随着权重较低的文明开始投票，前两个选项所占的百分比开始慢慢提升。每个选项旁边开始显示已经投票的文明名字，随着时间的推移，投票的文明越来越多。

列娜问道：“投票要持续多久？”

“一会儿就好。”麦塔二号说道，“有些文明会单独投票，其他文明会作为集体一起投票。地区联盟正在进行讨论，选择应该支持哪一边。”

过了几分钟，赞成和反对所占的百分比开始提升，而且赞成票略占优势。钛塞提的名字也出现在名单上。然后司亚尔走进房间，直接对我说道：“你的证词为我们争取到了一些古老文明的支持。”

“那么那些较为年轻的文明呢？”我问道。

“所有加入了希尔中立协议的文明都投了赞成票。”

我问道：“那么德科拉人呢？”

“南十字座－盾牌座联盟还没有投票。”他回答道，“我们的卡鲁盟友说，他们内部爆发了争吵。德科拉帝国的领导人和其他盟友内部产生了分歧。”

我问道：“希尔人去过南十字座－盾牌座地区了吗？”

“去过，但是收效甚微。”

麦塔二号补充道："弱小的文明必然会在希尔人和德科拉人之间做出选择。众海孤子距离他们很远，但是德科拉帝国就在旁边。虽然德科拉人不会因为小型文明给我们投票而进行报复，但如果众海孤子确实已经兵临城下，他们可能不会保护小型文明免受众海孤子的攻击。"

"所以，如果南十字座－盾牌座地区的弱小文明投票反对你们，"列娜总结道，"那么他们就可以得到希尔条约和德科拉人的保护。如果选择支持你们，他们就什么都得不到？"

"这还是毫无胜算。"司亚尔似乎已经接受了失败的结局。

投票计数已经慢了下来。赞成票已经达到了49.5%，而反对票已经接近了51%，现在就等南十字座－盾牌座联盟投票。我抬头看着德科拉帝国的阳台，但是上面空无一人。德科拉帝国的代表已经退到一旁忙于争论。其他代表已经完成了投票，只能看着德科拉人空荡荡的阳台，等待他们最后的决定。

列娜说："他们也知道南十字座－盾牌座联盟还没有确定最终意见。"

麦塔二号聆听着钛塞提人的通信，然后说："德科拉人并不是完全相信我们，但是他们对于希尔中立协定非常不满，因为它煽动了很多德科拉帝国的支持者。现在他们的重点不是我们，而是地区忠诚和希尔人带来的干扰。"

"我猜他们最终会投票的。"我刚说完，在投票计数器旁边就出现了一个从100开始倒数的计时器。

麦塔二号说："他们必须做出最后决定。倒计时结束的时候，投票也会结束。"

司亚尔和我们道别之后，就回到钛塞提人的房间等待最后的结果。当倒计时到20之后，里格图里斯和加斯特李恩出现在了阳台上。南十字座－盾牌座联盟的文明纷纷投票，弃权选项下的数值一下涨到了 9.1%。

我惊讶地说道：“他们弃权了！他们全都弃权了！”

列娜问道：“这意味着什么？”

麦塔二号倾听着钛塞提人的通信，然后回答道：“我们输了，就连卡鲁人也弃权了。”

“但是他们并没有占到一半，”我说，“他们应该输了才是。”

“现在只能接受这个结果了。”麦塔二号说道。

我问她：“我们可以上诉吗？”

“这不可能。执行理事会今晚就会讨论针对我们的处罚结果。不论最终结果如何，理事会都将立即执行它。”

列娜悄悄地嘀咕道：“就差一点点了。”

我们做了这么多的努力，希尔人、马塔隆人、兰斯福德手下的分裂分子和入侵者还是如愿以偿了。

\·\·\·\·\·\·\

等我们回到太阳宪法号之后，我回到亚斯和埃曾暂住的拥挤房间。在走廊站岗的民联军士兵让我进去后，我看到亚斯躺在床上，而埃曾在同时看着两份数据板。

“船长！”亚斯大喊一声坐了起来，“情况如何？”他对着舱壁上空白的屏幕点了点头，自从降落之后，上面就再没有显示任何信息。亚斯说：“他们简直是把我们当成囚犯了。”

我安慰他说：“很快就不一样了。”我说完看了看埃曾：“你还好吧？”

“船长，我还好。他们给我们提供了足够的水和食物。”埃曾指了指两个吃了一半的干粮包，“我们是不是被捕了？”

“你们没事，被捕的人是玛丽。船上的人只不过是不想让你们在战舰上到处闲逛罢了。”

“我们有什么值得他们害怕的？”亚斯冷嘲热讽地问道。

“他们不相信我们。”我说，“而且情况马上会变得更糟。议会认为钛塞提人要为南辰星系的事情负责。”

“我就知道是他们。”亚斯说道。

“这都是兰斯福德和希尔人干的。”我说。

“船长，现在怎么办？”埃曾问道。

“我们再等几个小时就知道了。到时候就会宣布处罚结果，然后我们就可以回到人类的空间。”

“回到人类的空间？”亚斯问道，“那我们现在到底是在哪？”

我苦笑道：“要是现在给你一扇舷窗，你就能看到天马座A星了。”

亚斯吃了一惊：“你是在开玩笑吧。”

我朝着房门走去：“我们明天就离开这里。我来就是看看你们情况如何。我现在去睡一会儿。今天是漫长的一天。”

我回到自己的房间，脱掉靴子，穿着衣服躺在床上。现在银河系的命运已经完全不受我的控制了，我很快就睡着了。

“西瑞斯……帮帮我！”

在我的梦中，一个女性的声音在夜幕中呼唤着我。我的梦里全是大理石建造的走廊，巨大的外星人雕像和一座被时间所遗忘的庞大废墟。我在黑暗中被拖过冰冷的走廊，双臂被强健有力的大手按住，甲壳一样的脸上六只大眼睛恶狠狠地盯着我。

不，这不是在看我，是在看她。

“我……在宫殿里……快点！”

列娜的声音脆弱无助，我反应过来这并不是一场梦。我在黑暗中摸索寻找着通信面板，阴影重重的幻觉也从脑海中消失了。

“列娜 · 福斯。”我说话的同时，努力让自己保持清醒。

“列娜 · 福斯在 2000 时离开了飞船。”船内通信系统回答道。根据通信面板上的时钟显示，那已经是六个小时以前了。

“她为什么要离开飞船？”

“列娜 · 福斯去会见钛塞提人。”

“她现在在哪？”

“列娜 · 福斯当前位置不明。”

我翻身下床，穿好靴子，暗自咒骂船上的安全人员收走了我的武器。列娜从来不用灵能感应联系我，但是作为一名高级灵能者，她什么都干得出来。

“列娜？”我心里暗自期望她还能继续联系我，但是什么都没有发生。我走进走廊，冲向下一层甲板。执勤的民联军卫兵好奇地看着我，然后我指了指房门。

“我要见我的船员。”

他不置可否地看着我，先想了想，但还是打开了房门。当房门打开的一瞬间，我抓着他的脸往怀里一拉，然后用手肘砸在他的后脑勺上，把他拖进了漆黑的房间。

“什么情况？”我把昏迷的卫兵放在甲板上的时候，亚斯从床上跳了起来。

我说道：“休息时间结束。”埃曾从上层床上跳了下来，我把卫兵的 K7 步枪扔给他：“你得带着这玩意躲过警卫。”

埃曾一言不发地拿过步枪，检查了下弹药和多光谱瞄准镜，穿上自己的兜帽外衣，把步枪藏了起来。他一言不发地从卫兵的腰带上拿走了弹夹，然后塞进了自己的口袋里。

亚斯满心希冀地问道：“咱这是越狱吗？”

“不，这是营救行动。”我说着就从卫兵的枪套里拿走了TN75型手枪。这种手枪比我的P-50口径小一点，射速低一点，而且初速也更慢。这枪弹夹备弹15发，鉴于卫兵并没有带备用弹夹，这倒算是个优势。

亚斯问道：“给我准备了什么武器吗？”

我收起手枪，然后把卫兵的战斗短刀递给了他：“这是你的。”

他紧握着战斗刀，脸上冒出一副厌恶的表情：“这玩意也算武器？”

“当然算啊。谁敢挡你的道，你就用这玩意刺他。”

他看了看埃曾背后凸起的步枪问道：“为什么他总能拿到大枪？”

埃曾回答说：“因为我枪法比你好。”

“做梦吧你！”

“而且还有夜视能力。”

亚斯张嘴准备反驳，但是想起来埃曾说的没错，于是就把战斗短刀插在裤腰带上，然后穿好了靴子。

埃曾做好了战斗准备，问道：“船长，下一步去哪里？”

“我们去宫殿。”

“难道我们要去觐见国王吗？”亚斯笑了笑，他肯定以为我在开玩笑。

“去救女王。” 我希望列娜不会介意被降格成一位皇室成员。我对着走廊里瞟了一眼，确认外面空无一人。

我悄悄说：“出发。”然后带着他们穿过走廊，来到四号气闸。我们在路上遇到了一名低级军官，他对着我们点了点头问好。等我试图启动气闸内侧舱门的时候，控制面板上弹出了一名上尉的面庞。

“早上好，先生。我没有发现你要离舰的登记。”

“我要去见列娜 · 福斯指挥官，她有急事找我。”

“好的，先生。”他说完就打开了内侧气闸舱门。

我们穿过气闸登上栈桥，埃曾和亚斯是头一次看到中枢星的真实面目。红巨星和天马座 A 星都还在地平线之下，这让它们发出的光芒比平常更加耀眼，红色的废土也变成了绿色的沙漠。

亚斯看着天空，他可能从来没见过这么多的星星。“这简直就是一场灯火表演。”他惊讶地说道，“黑洞在哪呢？”

我指了指地面：“就在星球的另一边。”

亚斯露出一脸失望的表情。埃曾打量着周围停着的飞船，然后看着漂浮在太阳宪法号后面的瑞利西姆号，问道：“钛塞提人把我们带过来的？”

“差不多吧。”我说完就带着他们进入了万意之环。

设定为地球大气环境的房间里空无一人，半球形的显示屏也一片空白，这说明万意之环现在已经停止工作。我们坐着电梯进入一个宽阔的走廊，两边的墙上布满了窗户，可以从一边看到停在万意之环外侧的飞船，从另一边可以看到内侧耸立的大山和山上的中枢星之殿。现在没有一艘船离开这里，因为各个文明的领导人都在等最后的结果。这一层中央是一个加速人行道，可以从这里到达万意之环任意一个地方。

“上人行道。”我说着就踩了上去。

人行道带着我们来到一个从中枢星之殿延伸出的结构——和万意之环的交界处。这里是个休息区，可以找到带靠垫的椅子和通信设备，在另一边，是另外一套贯穿圆环的加速人行道。通往神殿的人行道上方，有一个圆形的屏幕，屏幕上各种外星人齐聚在一张圆桌周围。钛塞提代表和德科拉代表的位置上空无一人，是桌子周围仅有的空位。之前在听证会上发过言的欧瓦尼人站了起来，向其他人阐述自己的观点。

他洪亮的声音在休息区回荡，眼睛不停地转来转去，强调自己的观点。当亚斯和埃曾来到我身边的时候，埃曾饶有兴趣地打量着屏幕上的虫形生物。

埃曾说：“真是个有意思的生物。”

“他是欧瓦尼人，来自盾牌座－半人马座地区，”我开始解释道，“也就是靠近天鹰座环带附近。”

“要是天鹰座那里都是这玩意，我还是待在猎户座好了。”亚斯不安地说道。

“他们正在讨论对钛塞提人的处罚方案。”

当加速扶梯带着我们靠近屏幕的时候，传感器检测到了我们的存在，于是自动将欧瓦尼语转换成了通用语。

“鉴于希尔人的指控以最低多数票通过，结合量刑原则，议会认为鸟形文明联合体的行为符合二级违规的构成条件。虽然在此不会取消他们的星际航行权，但是永久中止他们的议会投票权。

“理事会同时也注意到对于观察者文明而言，应当高度遵守准入协议的相关要求。虽然南辰星系究竟发生了什么尚不明确，但是理事会认为，鸟形文明联合体没有尽到一个银河系律法的守护者应尽的义务。我们在此决定，取消钛塞提人观察者的身份，并撤销他们对联盟舰队的指挥权。取消准入协议赋予他们的干预和执法权，同时取消理事会席位。以上为听证会最终处罚结果。”

“到此为止了。”我看着已经空无一物的屏幕，“钛塞提人再也不是猎户座的老大了。”

“那谁是？”埃曾问道。

“反正不是我们。”我们登上加速扶梯，然后来到一个漆黑的石廊，石制的天花板距离地面足有几百米高。

这是一个巨大拱廊，它沿着山体开凿完成，直接暴露在星球的大气中，从这里刚好可以看到运输用的管道。这里曾经有个巨大的压力场将整个拱廊封闭，但是现在早已年久失修。大理石和墙角堆满了来自荒原上的灰尘，冰冷的空气在拱廊里流动。空气中有种丁香的味道，这一定是星球土壤中的微生物发出的气味。除此之外，它们还能生成氧气，让星球上的大气除了可供呼吸，还带着些香味。

在石廊两侧还有高大的外星人雕像，这些都是第一批在这里聚首议事的外星文明。现在，这些雕像布满裂痕、破败不堪，在阴影中看上去让人毛骨悚然。大多数雕像都是两足生物，毕竟这是外形进化中通用性最高的形式，但是其中不乏多足或者长满触手的样子。他们中有些可以像人类一样行走，还有些则可以飞翔、爬行或是游动。这些雕像中反映的形象有些皮肤光滑，有些皮肤表面覆盖着毛发、羽毛或鳞片。总的来说，可以通过这些雕像看出他们的祖先长什么样子，感受进化的道路上都有哪些选择。

一直以来，星球的沙暴都在侵蚀这些壮观的雕像。有些雕像的头部不见了，有些雕像的胳膊碎成几节，散落在地板上，而那些距离外部环境较近的雕像已经破碎，只剩雕像的底座还在原地。

“这些种族我一个都不认识。”亚斯小声说道，就好像我们是在墓地之中。

“你当然认不出来。”我说道，“他们在这里见面的时候，地球上的生命还没成形呢。”

我们绕过地板上雕像的碎片，然后从那些被脚手架和平台所环绕的雕像旁经过。在走廊的尽头，石墙上微弱的灯光照亮了一个宽敞的楼梯，楼梯两侧还有黑暗的走廊。我们顺着台阶进入中枢星之殿，一道列娜留下的灵能记忆碎片进入我的脑海，我看到希尔人拉着列娜经过黑暗而狭窄的走廊。

“我们走错了，”我返回石廊，按照记忆提供的线索，指了指通向大山内部的走廊，“得走这边。”

我们一边顺着走廊前进，埃曾一边问道：“我猜这位指挥官列娜·福斯，就是我们去年在杜拉尼斯星系遇到的那位列娜女士。”

“是她，没错。”我忽然想起来，我从没向他们解释我和列娜到底是什么关系。

他狐疑地说道：“这个巧合还真是奇怪呢。”

“列娜和我是老朋友了。”我含糊其词地说道，我不想对他撒谎，但是无法告诉他真相。

“船长，她为什么在这？”埃曾不依不饶地问道。

“她和我们一样，都是钛塞提人请来的。”

“所以，她是海军的人？”亚斯问道。

“列娜只是个普通人，但是有些特殊关系。”

埃曾盯着我，对我的回答并不满意。我们来到一个磨损严重的螺旋台阶前，顺着它可以进入山体内部。我正准备开始爬楼梯，脑海中又出现一段记忆。列娜被希尔人抬上台阶，希尔人全程都在注视着她。列娜的脑袋向后仰着，后面还有更多的希尔人，他们抬着一动不动的麦塔二号。

我掏出民联军的制式手枪，说：“希尔人就在上面。”

埃曾从衣服里掏出 K7 步枪对准台阶：“船长，咱们来这可不是为了聊天的。”

“咱们来这是为了救列娜。要是希尔人碍事的话，只管开火就好。”

“明白了。”埃曾说话时带着那种让我感到不安的冷静。这种口气一部分要归功于发声器对于语调的控制，但是更多是因为他对于杀戮已然习以为常。

亚斯掏出战斗短刀，嘲讽地说道：“我会用这刀给他们修脚的。”

我们静静地顺着楼梯往上爬，当快爬到顶端的时候，我们听到了轻微的脚步声和希尔人交流时发出的嗡嗡声。

“埃曾，”我悄悄说着，示意他去看看前面的情况。

他端着枪从我身边摸过去，把头探进门廊，用自己的生物声呐侦查前方。埃曾的生物声呐比 K7 步枪上的多光谱瞄准镜都要精确，而且因为频率特殊，很难被发现。

埃曾扫描了走廊，然后爬了回来，小声说道：“他们就在走廊尽头的房间里。”

“房间里有多少人？”

埃曾指了指门廊说：“我也不知道，但是地板上有个人奄奄一息。”

我蹑手蹑脚绕开埃曾，然后进入黑洞洞的走廊。走廊尽头房间里昏暗的灯光照进走廊，房间里时不时还传来一阵阵希尔人的嗡嗡声。一个希尔人穿过了门廊，我等了很久，但是他却没有再出现。我向前爬去，发现石墙墙边躺着一个人类。

是列娜。

我在她的脖子上摸了一下，发现脉搏跳动很慢，但很平稳。我的指尖在她脖子根上摸到了湿润的东西，我凑近一看，发现是从希尔人造成的伤口里流出的血液。看来她也是用自己的插件保持清醒，同时用灵能呼叫我。我轻轻拍了拍列娜的脸，试图让她醒过来。她哼了一声当作回应，但是无法睁开眼睛。

我轻声说道：“我带你离开这。”然后就收起手枪，准备伸手扶她起来，但是她的手却抓住了我的手腕。

列娜努力睁开眼睛，看着走廊，有气无力地说道：“不行，去找麦塔。”

“她不需要我们操心。”我悄悄说道，尽量避免和希尔人为了一个钛塞提机器人而大打出手。

“阻止……麦塔。”列娜努力保持自己意识清醒。

“阻止她干什么？”

她的脸开始扭曲：“暗杀……领导人。”

我晃了晃列娜，努力让她保持清醒。我问道：“麦塔要去暗杀议会执行理事会？”理事会的成员就在我们上方的宫殿里，现在正准备返回自己的飞船。

列娜一边和希尔瘫痪性毒素搏斗，一边虚弱地点了点头。

当她的意识又开始模糊的时候，我问道：“为什么？”

列娜嘀咕了一句：“陷害……钛……”然后又晕了过去。

虽然现在我无法叫醒她，但是我已经知道得够多了。希尔人真正想要的是麦塔二号，而不是列娜。他们打算用麦塔二号暗杀银河系文明领导人，然后让一切看起来是钛塞提人为了报复失去投票权，如此一来，就可以让银河系中所有人反对钛塞提人。

“走吧，船长。这地方让我感觉怪怪的。”亚斯说道。

“我们不能走。”现在已经由不得我们做决定了。列娜下达了一道我无法拒绝的命令。

“这根本不是我们该管的事情。”埃曾说道。

“现在是了。”我站起来说道：“希尔人要把这地方炸上天。”正因如此，希尔人才需要麦塔二号。制造麦塔二号的材料是延展碳，也就是钛塞提人所制造的最坚硬的材料。不论发生了什么，麦塔二号的外壳都能完好无损，正好就变成了对钛塞提人不利的证据。

我对着亚斯下令：“你陪着列娜。”然后转头问埃曾：“你来吗？”

“当然了，船长。”

我俩一起向着传来希尔人说话声音的地方走去。我从门廊偷偷向房间里张望，长方形的房间里是一排排石棺，每一个石棺上都有一个外星人的雕像。这里是一间历史悠久的墓室，在这里休眠的都是那些当初为银河系的团结打下基础的外星领导人。

在房间的正中，是一群全副武装的希尔人。其中几个人用手中的仪器对准麦塔二号，麦塔二号头上飘着一个黑色的机器，而她则飘在一道黑色机器发出的光柱中。她头上戴着一个黑色的金属带，每当她要挣脱的时候，金属带就会发出深红色的光芒，而当她放弃抵抗的时候，红色的光芒也就消失了。

麦塔二号的衬衣被切开，外皮组织也被划开，露出了延展碳组成的内部结构。一种深蓝色的液体从切开的外皮组织中流到了她的腿上，而一个带着面罩的希尔人工程师正在用融合喷枪在她的肚子上切出一个拳头大小的洞。

麦塔二号看着希尔人在自己身上切出一个洞，这说明她还有意识，但是身体却无法动弹。当希尔人工程师完成切割作业之后，就用磁力钳拿走了一块圆形的外壳，然后一股浓稠的胶质物混杂着金属丝，从切口处流了出来。在这名工程师旁边还有几个工程师专注于手头工作，互相通报进度情况。

我悄悄问埃曾：“你用这玩意能干掉几个人？”

他看了看手中的 K7 步枪，想了想，然后说：“全都能干掉。”

我就喜欢他的乐观，但是现在他能引开希尔人的注意力就够了：“你从右边上，先干掉卫兵。我去对付尼迪斯。”

“那机器人呢？”

“除非她攻击我们，不然不要开火。”

“好的，船长。”

我掏出民联军的制式手枪冲进墓室，穿过一排石棺，来到房间的另一头。埃曾跟着我一起行动，然后在入口附近寻找掩护，用两发点射向所有拿着武器的希尔人倾泻火力。每一发子弹击穿希尔人外骨骼的时候，都只留下一个很小的伤口，但是随着冲击传遍他们全身上下，子弹从另一头飞出去的时候，都能造成一个巨大的伤口。黑色的血液和甲壳碎片漫天飞舞，然后希尔人浑身僵硬倒在地上。在我开火之前，埃曾已经有条不紊地干掉了三个希尔人。

虽然被打了个措手不及，但是剩下的希尔人很快就反应过来是怎么回事，于是扔下手中的扫描仪，用手上的小型能量武器对准了我们。每当他们开火的时候，橙色的脉冲好像超声速炮弹一样打穿了石棺，墓室内到处都是碎石。

我一枪打在一名希尔人脸上，子弹炸飞了他的后脑，然后在另一个希尔人向我开火的瞬间，我俯身躲到了一边。我身后的一个石棺被击中爆炸，墓室瞬间扬起一股白色的粉末，一位银河系文明的先驱此时彻底化作了历史的尘埃。

墓室里现在只有希尔人能量武器的闪光和埃曾 K7 步枪震耳欲聋的嗒嗒声。埃曾依靠坦芬人与生俱来的速度，一边开火一边转移位置，不慌不忙地屠杀着希尔人。我从一个石制头像后面开火，击中了那个切开麦塔二号腹部的工程师，他的后背像蛋壳一样被子弹打得粉碎。麦塔二号看着那个工程师倒在自己脚下，然后惊讶地看着我，但是身体还是动弹不得。

剩下的希尔人寻找掩护，相互配合算好时机，从石棺上方向我们开火。他们的能量武器要比我们的枪支更先进，但是，埃曾无情的精度和人类动能弹对甲壳造成的可怕效果，让希尔人印象深刻。

尼迪斯没有加入战斗，而是直接从墓室另一头的走廊逃跑了。当他在走廊入口处看着麦塔二号，后者还像雕像一样站在光柱下，然后尼迪斯摸了一下头上的带子，麦塔二号便动作僵硬地向他走去，全然没有之前人类女性那种优美，只剩一个希尔人遥控下的机器人的僵硬。

还没等我开火，一名希尔人保镖就瞄准了我，迫使我不得不俯身寻找掩护，而我之前的掩体在我身后被炸成一团粉末。我绕到石棺的另一边，佝偻着身子等待向尼迪斯开火的机会。但是，尼迪斯已经消失在黑暗的走廊里。我看到麦塔二号跟在他身后，双臂垂在身体两侧，然后就彻底看不到她了。

一名希尔人保镖绕到了我们进来的那道门，然后向我们开火，能量冲击从我身边擦过。他从掩体后面探出头瞄准了我，亚斯从门口冲过来，用刀子扎在他持枪的那只手上，这一发打在了地板上。亚斯的刀嵌在希尔人的外骨骼上，希尔人扭头看着亚斯，用枪对准了他。还没等希尔人开火，我就把两颗子弹送进了他的胸口，子弹打碎了他的后背，飞溅而出的黄色液体铺满了墙面。希尔人保镖向后倒去，身子重重地砸在石头地板上，胳膊上的武器也掉了下来。亚斯激动地拿起它放在自己的小臂上，这把枪自动固定在他的胳膊上了。

“哎哟，看看这什么宝贝！”他咧着嘴开心地笑着，试着握紧拳头，对着天花板开了一枪，然后一大堆破碎的石块砸在了石棺上。他很开心地伸出胳膊握紧拳头，然后用能量脉冲轰炸房间里的石棺、墙壁和希尔人。

我跳起来大喊道：“掩护我！”

亚斯立刻跳到一个石棺上，用自己的新“玩具”开始破坏墓室，而埃曾的 K7 步枪也在我的耳边不停嘶吼，我在他们的掩护下不断在纪念碑中间转换位置。我对着一个希尔人脑袋开了一枪，然后穿过囚禁麦塔二号的光柱，向着尼迪斯撤退的走廊冲去。在我身后，亚斯在石棺上跳来跳去，炸碎希尔人的掩体，而埃曾则在阴影中转移位置，趁着希尔人瞄准亚斯的工夫，对着他们背后开火。

在我冲进黑暗的走廊的同时，希尔人的能量冲击打在我旁边的石壁上，我把刺耳的枪声和能量武器的轰鸣声抛之脑后。我快步登上走廊尽头的一个狭窄石梯。一扇腐蚀严重的安全门已经被炸开，希尔人已经把各种设备都搬进了墓室，他们在这里可以对麦塔二号进行秘密改造。在门廊之外明亮的绿色天空下，有一个从山体中开凿出来的平台。平台的一侧是小型雕像，雕像下方就是直达平原的陡峭悬崖，平台的另一侧是几百米高的石墙，可以顺着墙一直爬到中枢星之殿的院子里去。穿过庭院就可以看到白色的中枢星之殿，白色的墙体在岁月的洗刷下显得格外沧桑。

平台上停着一艘黑色的双引擎小型炮艇，气泡驾驶舱后面有一个炮塔，机鼻下方还有一个短炮管。尼迪斯站在炮艇和墓室入口之间的位置，一根手指按在眼睛上方的带子上，看着麦塔二号迈着僵硬的步伐走向宫殿下方的石墙。

我见尼迪斯没有注意到我，就冲上平台发动进攻。可我还没冲到他身边，他就转过头盯住了我。尼迪斯没打算逃跑，除用武器瞄准我以外，另一只胳膊护住了自己的胸口，一个金属制的护手挡住了他的躯干。

我抬手开了一枪，但是发现子弹从他护手延伸出的力场上弹开了。护盾在子弹命中的瞬间闪了一下，然后尼迪斯也开始还击。我闪到一旁的同时，他发射的能量冲击从我耳边擦过。我起身的同时又开了一枪，子弹从他护手产生的护盾旁飞过，然后擦伤了他的肩膀。子弹的冲击力太过强大，以至于他的枪都从胳膊上飞了出去。如果被打中的是一个人类，那么只不过会造成皮肉伤，但是对于并没有那么灵活的希尔人来说，子弹打飞了他的部分肩膀，瘫痪了整个关节。

现在尼迪斯的胳膊动弹不得，他转头看着墙角下的麦塔二号，然后用能动的胳膊摸了摸头上的环带。麦塔二号立即跳到空中，在石墙三分之一高度的地方用自己延展碳制成的手指抠住砂浆层，完全不在意外皮组织被撕得粉碎。麦塔二号开始沿着饱经风霜的墙面向着宫殿庭院爬去，她的手指现在完全就是撕裂岩石的钻头。

我向前冲去，用民联军制式手枪开火，但是尼迪斯用护盾挡开了子弹。一会儿，我的子弹也打光了。他看到我耗尽了弹药，于是走向自己的爆燃枪。就在他要拿到武器的瞬间，我依靠自己超级反应力把手枪扔了出去，把爆燃枪打飞到了一旁。尼迪斯朝前走了几步继续捡枪，看都没看我一眼，我对准他的腿，用靴子狠狠地踹了上去。这一下让尼迪斯脸朝下摔在地上。

趁着他慢慢爬起来的时候，我又冲了上去，但是尼迪斯这次用护手产生的护盾砸在我的胸口上。我感觉整个人好像被十根电棍击中，从平台的一头飞到了另一头。我重重地摔在地上，一时间失去了知觉。等我慢慢起身的时候，尼迪斯已经向我冲了过来。为了避免尼迪斯用护手攻击，我就绕到他瘫痪的胳膊那边。等他接近我的时候，就开始用完好的胳膊攻击我。一根毒刺向我袭来，但是多亏了超级反应力，我向后一闪躲开了它。

尼迪斯迈着沉重的脚步向我袭来，但是我的腿已经受伤，只能勉强躲开。他再次发动攻击，整个人跨立在我身上，用毒刺向我的脸上疯狂攻击。

我一边躲避他的攻击，一边向后爬，但是尼迪斯紧追不舍，不停地向我的头部发动攻击，毒刺不断地从我耳旁擦过。我抓住他的手腕，希望借此迫使他能抽回胳膊，但是他的力气实在是太大了。我能做的只不过是控制住他可以活动的那只胳膊，但是尼迪斯不停地扭动着身子，试图把我甩开。虽然外骨骼为他提供了强大的力量，但是非常不灵活，而我则可以在他周围像水一样自由活动。

我对准他的一条腿用力踹下去，尼迪斯仰面摔在了地上。他的脑袋像重锤一般砸在石头地板上，脑袋上的环带也掉了下来，叮叮当当地摔在一边。普通人类吃下这一击应该会失去意识，但是尼迪斯不过是趁着我躲开的工夫就站了起来。他看着麦塔二号，发现她马上就要爬到庭院，于是扭头跑向炮艇。

我知道他害怕的并不是我，而是麦塔带的东西，于是紧紧跟在尼迪斯身后。就在我马上要追上的时候，他纵身一跃跳进炮艇，然后关上了舱门。我在船体外壁摸索着进去的办法，但是引擎马上就响起了刺耳的轰鸣声。我头顶的推进器开始工作，一股强大的推力向我袭来，皮肤上瞬间鸡皮疙瘩都起来了。

“该死。”我说完就开始夺路而逃，但引擎喷出的气流把我吹上了天。

我摔在石头地板上，希尔人的炮艇开始爬升，气流吹着我不断翻滚。尼迪斯透过驾驶舱看到我站了起来，就压低机鼻，用短管炮瞄准了我。

“妈的。”我说着就跳到一边。希尔人的武器开火的时候犹如打雷，我刚才站着的位置被炸得粉碎。

我一边跑，一边盯着炮艇，然后一股从平原吹来的冷空气拍在了我的脸上。我赶紧停下，整个人在平台边缘摇摇晃晃。我看着下面漆黑的停机坪，然后在炮艇开火的瞬间反向跳了回去。

能量冲击炸飞了一大块地板，碎落的石块顺着岩壁掉了下去，而我则跳回了平台。就在我跑到希尔人炮艇下方的时候，一道金属反光吸引了我的注意力。麦塔二号的控制器依然还躺在地上一动不动。我趁着炮艇飞到我头顶的瞬间捡起控制器，然后在开火的瞬间跳到左边，尼迪斯只能驾驶着炮艇飞离山体。

我站起来继续逃跑，把环带放在自己的头上，但是这东西对我的脑袋来说太大了。我可以从上面看到麦塔二号看到的图像。图像的旁边还有希尔文字，但是对于我来说毫无意义，然后我的脑海里出现了麦塔二号的意识。

“麦塔，可以听到我说话吗？”我一边顺着石墙奔跑一边说道，希尔人的炮艇已经飞回来准备再次攻击我。

“我听到了，西瑞斯 · 凯德。”她说话的声音非常奇怪，完全没有之前模拟出的人类说话的感觉。

“关闭炸弹！”我大喊道，回头看着炮艇闪到一旁开火，在我身后的石墙上炸出了一个大洞。

麦塔二号回答说：“这是计时引爆装置，我无法关闭它。”

“还有多久爆炸？”我说话的时候炮艇从我头顶飞到了一边。

“20 秒。”

“你能做点什么吗？”我从墙边跑开，希望能躲在炮艇主炮的下方。

“你有指挥权。”麦塔二号说话的时候，尼迪斯再次开火，我不得不卧倒在地。我看着她在石墙高处，不明白她说的是什么意思。麦塔二号用毫无感情的语气说道：“我在这，西瑞斯 · 凯德。”在希尔人束缚意识的牢笼之下，麦塔二号的意识依然保持运行。“你必须下达命令。”

“什么命令？”我一开始不明白她在说什么，然后明白了她的意思。“不行！我做不到。”

“你是唯一有指挥权的人。还剩 15 秒。”

希尔人的炮艇进入巡艇模式，然后压低机鼻主炮，而我只能无助地躺在地上。

“麦塔二号。”我知道现在别无选择。

“是，西瑞斯 · 凯德。”

“跳！”

麦塔二号从墙上纵身一跃，飞入空中。我看着尼迪斯，他在驾驶舱里注视着我，以为自己已经赢了，就准备用主炮彻底解决我。

我悄悄说道：“掌出，刺出。”然后我抬头看着麦塔从天而降，四肢伸展控制着下落方向。

尼迪斯注视着我看的方向，刚看了一眼麦塔二号，就被她砸了个正着。麦塔二号发出一声闷响砸在两个引擎中间，装甲板被砸出了一个大坑。麦塔二号用自己延展碳制成的手指击穿装甲板，然后把自己死死固定在炮艇上。

麦塔二号面无表情地俯视着我，她的意识已经被希尔人的思维束缚装置所抑制。炮艇向侧面翻滚了一下，然后引擎全功率运作，机鼻指向天空。炮艇飞上高空，在高速下不停旋转，试图把麦塔二号摔下去，但是她还是牢牢锁定在炮艇上。

当希尔人的炮艇变成天空中的一个黑点时，麦塔二号体内的炸弹也爆炸了。中枢星之殿上方 10 千米处爆出一团明亮的火球，我不得不捂住了自己的眼睛。爆炸的火光将万意之环和停在周围几千艘飞船点亮，随之而来的狂风掀起了荒原上的尘土。

当冲击波消散之后，一个黑色的物体从天上的火球中掉了下来。我一开始以为是炮艇，但是随着它的距离越来越近，我才看清那是一具被烈焰烤得焦黑的人体。它从平台旁边擦过，砸到了废弃的停机坪上。

我跑到平台边上，看着一股青烟从麦塔二号黝黑的延展碳骨架上徐徐升起。她的外皮结构和内部组织被完全汽化，但是骨架却完好无损。要是炸弹在中枢星之殿内部爆炸，那么等待钛塞提人的又将是一波铺天盖地的指责。

在寂静的早上，我看着机器人冒着青烟的残骸，为她的自我牺牲而感到悲伤，同时却很庆幸这一切已经结束。我面前是中枢星宁静而又荒凉的平原，远处的高山和绿色的天空相映成趣。泰克莎星马上就会升起，将这片干旱的平原沐浴在一片红光之下，而银河系各个文明的领导人将回到各自的家乡，对于即将到来的危机一无所知。

在远处，一艘三角形的飞船从万意之环升空，第一批领导人已经开始撤离。现在议会执行理事会已经做出了决定，各位领导人开始撤离中枢星。在石墙上方某处，理事会成员也准备返回自己的飞船，对于曾经近在咫尺的危机全然不知。

我好奇那艘三角形的飞船来自哪里，归属于哪个文明，又做出了怎样的投票决定。随着引擎开始加速，飞船一侧开始泛起光芒，船头也抬起对准了天空，随时可能飞入太空。忽然，从天上射下一道白光，击中船身正中央，飞船马上就爆炸了。爆炸摧毁了万意之环的一部分，同时把周围的飞船也变成了烈焰滚滚的残骸。

我不敢相信自己的眼睛，急忙抬起头搜索攻击的来源。在蜿蜒的极光之上，是几十艘巨大的黑色长方形战舰，银芯的星光将他们照得清清楚楚。他们穿过极光俯冲而下，就好像沉默的猎手攻击无助的猎物。

他们开始向停靠在万意之环的飞船开火，从高空摧毁他们。许多飞船开始爬升逃离。有些还没等脱离就被摧毁，有些脱离了大气层，却没有逃过被击毁的命运。还有些飞船意识到了危险，试图保持低空机动，但是还是被击毁了。在这场大屠杀中，还是有些飞船安全爬升脱离了中枢星，入侵舰队看都没看他们一眼。

万意之环周围燃烧的残骸越来越多，万意之环也在燃烧，一股股浓烟扶摇直上直达云层。有些飞船启动了护盾，却马上变成了高空舰队集中开火的目标。护盾在密集的火力下闪着耀眼的光芒，等护盾超载之后，整艘飞船就被火力撕碎然后引发大规模爆炸。几艘在地面上的船开始发射各种闪光的实弹、脉冲或者光束武器攻击在高空的舰队，但是这种反击很快就被优势的火力所压制。

我沿着地平线扫视着万意之环，无助地寻找着太阳宪法号，害怕它也被摧毁。现在有这么多熊熊燃烧的残骸，它完全有可能是其中之一，因为它在这样的攻击下毫无还手之力。我想到玛丽还困在太阳宪法号的禁闭室里，她是否也已经死在了残骸里了呢？

埃曾出现在我身后的走廊里，在他后面是抱着列娜的亚斯。他们来到我的身边，看着黑色的巨舰有条不紊地摧毁着整个银河系的领导层。

“怎么回事？”亚斯不敢相信眼前看到的一切。

“第二次入侵者战争，”我被自己颤抖的声音吓了一跳，“现在正式开始了。”

我看着埃曾，不知道他正在想什么，因为天上操纵着舰队的正是他的远方亲戚。埃曾一言不发地看着残骸不停地爆炸，烈焰将万意之环吞噬。

“我琢磨着咱们是走不了了。”亚斯一脸愁容地说道。我们现在困在银河系的中心，无处可去。

“看起来是这么回事。”我现在只希望能活到钛塞提人来救我们。

我看着石墙，知道银河系的最高领导人们正在看着这一切。现在刺杀已经失败，我好奇为什么入侵者的舰队不直接摧毁他们，但是没有一发炮弹飞向我们这边。

我们可以看到有人从燃烧的残骸里逃了出来，奔跑着穿过平原。他们是少数能够逃出这场大屠杀的幸存者，但是他们肯定也知道这里无处可逃。在天空上，虽然入侵者巨型战舰还在攻击那些启动了护盾的飞船，但是一部分已经转移火力攻击万意之环，摧毁着这个代表银河系文明的标志。

“船长，我们该找掩护了。”埃曾说着看了看中枢星之殿，估计它可能就是下一个目标。

我点了点头，开始朝着墓室走去，然后废弃的停机坪上空响起了熟悉的超声速引擎的怒吼。

“他们来了。”亚斯一边把列娜扛在肩膀上，一边准备好了希尔人的能量武器。

“我留下，船长。”埃曾说道，“你走吧。”

“要么一起走，要么一起死。”我说道。

“我不会让他们活捉的。”他说着举起了自己的民联军战斗步枪。

相比于人类，他更害怕自己的远方亲戚。入侵者会杀了我和亚斯，但是会把埃曾变成奴隶，搜刮一切关于地球上坦芬人的信息，然后让他为入侵者工作。

不一会儿，一艘圆鼻子平直翼的运输艇无声地从我们头顶飞过，消失在山的另一边，只在我们头顶留下轰鸣声。

“是自己人！”亚斯呼喊着向前跑去，双手不停地挥来挥去。“我们在这呢。”但是飞机上的人似乎完全没听到他的呼喊声，飞到了山的另一边。

亚斯停下脚步望着天，然后民联军的运输艇沿着山体高速绕了一圈，向我们这边靠了过来。它放下起落架直直飞了过来，然后用尾部坡道对着我们，降落的时候发出金属撞击石头的巨响。

一个穿着轻型护甲，腰上挂着手枪的民联军下士从坡道上跳了下来：“我们在找烈娜 · 福斯指挥官。”眼前的士兵肌肉发达，表情严肃，肩膀上带着一个我从来没见过的臂章：一个带着装甲的拳头套在血红色的三角形里。

我指了指瘫在亚斯肩膀上的列娜说：“她在这呢。”

“她还活着吗？”

我点了点头：“她会恢复过来的。”

当他看到埃曾是个坦芬人的时候，手摸到了手枪上。

“他是自己人。”我说着走到埃曾前面，免得这位下士情绪激动开枪走火。

下士一脸狐疑地看了眼埃曾，然后指了指运输艇：“快点上去。”我们冲上了运输艇，下士跟在后面，对着通信器说道：“我们找到她了，中士。快点起飞。”

运输艇快速爬升，根本不给我们找座位的机会，尾部坡道收起来的时候，亚斯把列娜放在了地板上。运输艇的引擎开始咆哮，然后顺着悬崖开始俯冲，再在平原拉起。运输艇进入超声速的速度太快，我们不得不抓着座椅，免得被扔出去。

下士看着我们一脸的不适：“中士不喜欢浪费时间。”

在这种情况下，我倒是不介意，所以起身去驾驶舱，看看他要带我们去哪。驾驶舱里非常拥挤，四周都是装甲板，除此之外就是两个驾驶员座椅和周围厚厚的玻璃窗。坐在驾驶座椅上的中士和刚才的下士一样，都长了一身健壮的肌肉，棱角分明的下巴，肩膀上挂着一个铁拳标志，看起来俩人就好像从一个模子里刻出来的一样。他的左胸口用黑色字体印着自己的名字“鲁贝克”，腰上挂着一把大口径手枪，而不是民联军的制式手枪。

“介意我在这坐会儿吗？”我问道。

“什么都不许碰。”鲁贝克中士说话的时候看都没看我一眼。

我爬进副驾驶的座椅，鲁贝克中士保持运输艇在超低空飞行，带着我们飞向熊熊燃烧的万意之环。

“自动驾驶不好用了？”我虽然不想指手画脚，但是在距离地面两米的高度使用超声速手动飞行，明显违背了民联军的安全规定。

“自动驾驶工作正常。”他哼了一声，继续观察着前方的地形。

“我就是问问。”我怀疑他不是找死，就是在卖弄技术。

“你是不是怕我害死你？”

“我从没在这么低的高度飞到五马赫。”

“人工智能总是很好预测。但是，我就不一样了。”他心不在焉地说道，“只要我们飞出停火区，他们就会攻击我们。”

我把安全带扯了下来，牢牢系好，免得自己被扔出座椅。“这还有个停火区？”

“他们没有对大山周围两千米内的目标开火。”他一边说话，一边很有规律地左右晃动着操纵杆。

“你这是重复飞行动作。”

“是的，没错。我就是故意给他们的人工智能提供可以预测的数据罢了。”

我回头看着中枢星之殿，它在摇晃的运输艇上依稀可见。入侵者的舰队还没有对那里开火，这说明只有保证能够栽赃钛塞提人，他们才会消灭执行理事会。现在希尔人的阴谋已经破灭，入侵者在给其他超级文明一个不加入战争的机会。

一道明亮的光束击中我们左侧的地面，让运输艇抖个不停，我们立刻往侧面躲避。鲁贝克驾驶飞船靠向刚才爆炸的方向，躲开了击中我们前面地面的攻击，爆炸掀起了一片尘土。他带着运输艇冲进尘土之中，用它当作掩护，之前有规律的动作也变成了随机的转向，这样正好可以躲开来自轨道的打击。

“他们可以透过尘土追踪我们。”

“我知道。”鲁贝克似乎完全不受周围轨道炮击的影响，依然显得非常镇定。他开着运输艇偏向左舷，一发炮击刚好打在刚才右舷的位置，他紧接着反向做了个滚桶动作，机翼几乎擦到了地面。

我吞了一口气，免得自己把胃都吐出来。“多亏你们能及时出现，我还以为自己要困在那了。”

“我们是为了列娜 · 福斯才来的，救你不过是凑巧罢了。”

我慢慢点了点头：“她也很庆幸你们能来，或者等她醒来之后也会这么想。”

鲁贝克似乎完全忽视了我的存在，全神贯注地执行规避动作。他忽然做了两个滚桶动作，机翼几乎擦过地面！鲁贝克要么是疯了，要么就是太过走运，但是他鲁莽的驾驶风格却让我们活到了现在。

轨道炮击在我们周围不断落下，我们争分夺秒地冲向燃烧着的万意之环。太阳宪法号和瑞利西姆号的泊位上空无一物。

“飞船去哪了？”我问道。

“藏起来了。”又一发炮击打在我们前方的地面上，然后运输艇穿过飞溅的泥土和岩石，一切就好像在冰雹中飞行。“就藏在大山里。”他补充了一句，对着地平线点了点头。

鲁贝克猛地向左偏移，又躲开了一发攻击，眼前的万意之环距离我们越来越近。支撑万意之环的白色柱子虽然不至于被土壤中的微生物污染，但是剩下的空间对运输艇来说太小了。能量波束正在将万意之环切成碎片，攻击那些依靠护盾苟延残喘的飞船。

“你怎么知道什么时候该躲避攻击？”我问道。

“钛塞提人提前通知我们了。”他看了眼屏幕，检查了一下哪里的入侵者的攻击最密集，然后向右舷规避，又躲开了一发攻击。“他们现在已经进入高空了。”

“开始交火了？”

他点了点头：“是的，钛塞提人不喜欢听天由命。”

我抬头打量着飘在天上的那些巨型战舰，在南边更远的地方，天空中的闪光说明正在进行一场太空战，但是我不确定是否是瑞利西姆号。不论谁在那里，他们的火力都处于劣势。

鲁贝克盯着万意之环，选好位置贴地平飞，但是飞行的高度太低，要是中枢星有花的话，我都能顺手捡两朵了。我深吸一口气，估计前面空间不足，但我们还是从万意之环下面钻过去了。运输艇上方传来一声金属撕扯的声音，传感器阵列彻底从船体外壁脱离，一个红色的警示灯开始不停闪动。

“你弄坏东西了。”

“没事，反正不用它。”鲁贝克说完就关掉了警示灯。

我打算告诉他，传感器在别人冲他开火的时候是非常关键的设备，但是我注意到他几乎没看显示器，却成功测算了万意之环和地面的距离。我可从没见过这种只靠直觉飞行的本事。

“有望远镜吗？”我问道，“我可以当你的观察手。”

“从不用那玩意。”

“不信任科技产品？”

“当然不信那玩意，你想变傻吗？”

我看着窗外，万意之环已经被我们远远抛到了身后。一艘飞船的护盾崩溃之后，爆炸产生了刺眼的闪光，战术适应性窗口不得不暂时启动遮光功能。

“这些运输艇都有规避专用人工智能。”我知道这些人工智能的设定就是让规避动作无法预测。

鲁贝克似乎忘记了最基本的战术教条：机器永远比人快。当你被机械智能控制的火力攻击时，唯一能够快速应对的办法就是使用另一个机械智能。

“我相信我的直觉。”

直觉？他有一个价值几百万，能以光速运算的超级人工智能，这东西可是几千年来技术研发的结晶。但是，他却相信自己的直觉？我正打算说明这一点的时候，他却躲开了一发人工智能无法躲开的攻击。鲁贝克开着运输艇向左侧躲避，然后又一个滚转返回原位，躲开了一发落在我们前面的炮击。鲁贝克中士成功完成了一次不可能的动作。

“干得漂亮。”看来他的直觉还是很准的。

“我自己都不知道下一步怎么飞，他们又怎么可能猜得到呢？”我们周围爆炸四起，鲁贝克捏着操纵杆，估算着每一个威胁，然后掉头朝着远处一座6000米高的山峰飞去。

“下一步什么计划？”

“把列娜 · 福斯指挥官送回船上。然后，就让海军去处理你吧。”

他向右舷猛地一偏，然后沿着山体飞行，炮击不断击中平原和山体，我们完全处于火力覆盖之下。鲁贝克对着舱内对讲机说：“下面请看高速转弯。”

“多快的速度？”我问道。

“要是运气好的话，也就是 22 个 G。”

但是他完全没有启动自动驾驶的打算。“人体可没法在那么高的作用力下继续驾驶飞机。”我说道。人在这种状态下可以存活一段时间，但是不可能保持控制飞机。

“其他人也这么说过。”

我现在确认我们的驾驶员是个疯子，于是让脑袋贴在座椅上深吸几口气，希望能保持意识清醒。鲁贝克忽然把操纵杆一拉，沿着峭壁高速爬升。我感觉仿佛一台巨大的货车从我脸上开了过去，鲁贝克浑身肌肉紧绷，带着我们飞进了一道狭窄的山间缝隙。引擎轰鸣着调整出力方向，运输艇侧着身子在缝隙中飞行。

一发炮击击中了山体，引发了一场滑坡。鲁贝克瞟了一眼，估计了下距离，继续镇定地驾驶，赶在滚石砸到我们之前离开了滑坡区。现在敌人开始对山顶发动饱和炮击，看来他们打算活埋我们。

缝隙变得宽敞了一点，运输艇恢复平飞状态，我终于可以正常呼吸。但是鲁贝克并没有减速，继续在缝隙中保持超声速。针对山顶的轨道炮击都落在了我们的身后，看来入侵者的人工智能低估了鲁贝克的鲁莽。

我从牙缝里挤出一句：“他们肯定会调一艘船到我们头顶，然后把我们摁死在山谷里。”

“已经有一艘船飞过来了。”就算他的传感器已经落在了万意之环的废墟里，鲁贝克对这一点却非常肯定。

“这也是你的直觉告诉你的？”

鲁贝克点了点头，然后前方拐弯处的峡谷里，一个小山洞映入我们的眼帘。我等着他减速，但是鲁贝克却俯冲贴地飞行，直直冲向山洞口。

“太快了！”

“我教官以前也这么说的。”他说完就带着我们飞进了山洞，四周的岩壁距离机身不过几米而已。

鲁贝克开始全力减速，然后打开了探照灯。艇身在不断颤抖，装甲板和岩壁刮擦不断，激起的火花在岩壁上上下飞舞，一块倒悬的巨石让我们不得不贴到洞穴地面飞行。我们躲开了那块石头，然后拉高高度，飞行速度也降到了一个可以接受的程度。

我缓缓吐了口气，还是不敢相信居然活了下来。“你怎么做到的？”

“高度自信。”

我觉得能够展现这种操作，绝对不是油腔滑调就能做到的。“他们还会追踪我们。”

鲁贝克一边驾驶一边回答：“在这可不行，他们无法侦测山体内部的情况。”

我看着他肩膀上奇怪的装甲拳臂章，在数据库里反复搜索，却一无所获。我的数据库里有民联军所有现存单位的标志，但是，眼前的这支部队却是个例外。我开始打量起他的脸。鲁贝克表现得非常放松，完全没有疲惫的迹象，但是刚才的机动动作完全可以把他的胳膊扯下来。

“你接受改造了？”对士兵进行基因改造确有先例，但是现在机械技术这么发达，这种改造的实际效果已经大不如从前了。

“娘娘腔才玩改造呢。”

我没有提到自己也接受了改造，但依然仔细打量着他。他肌肉发达，身材魁梧，和那些使用兴奋剂的家伙完全不一样，所以这家伙肯定也不是接受了药物改造。他的注意力堪称举世无双，就连轨道炮击都不会让他分心，而且他的战术判断和空间感知简直堪比超人。

“我不认识你这个肩章啊。”

“你永远都不会知道的。”

他没有流汗，而且没有显露出任何紧张的迹象。要不是他在喘气，我还以为他是个机器人，但是我们并没有钛塞提人的机器人技术。如果他是个人类，那么肯定不是合法的那种。

“你是个人造人？”

受精卵改造，这种从受精之后就开始改造人类的技术在几个世纪之前就被判为非法技术，如果是用于军事目的，那更是罪加一等。这种技术比基因改造成年人类更为强大，但是却威胁到了种族基因稳定性，可能会把人类拖入一场种族社群的分裂危机。

他好奇地看了我一眼：“你到底什么权限？”

“够我在这等你来救我。”

他点了点头，认为我说的是实话。

“你是人类吗？”我问道。

“算是吧。”

鲁贝克是超级战士，从他还是个细胞起就开始接受改造，出生之后就一直在接受训练。他的存在就是对《染色体稳定协议》的侵犯，但是他看上去却非常正常。

“你能有孩子吗？”

“我才不会去搞出一群超人种族呢。”看起来部分协议还是得到了遵守。

“你们有多少人？”

“不是很多。”他皱着眉头说道，“从今天起，就是完全不够用了。”

“你觉得你会被派去对付入侵者？”

他摆出一副听天由命的样子看着我：“你怎么就觉得我不会去呢？”

我一直以为对付众海孤子是钛塞提人的工作。鲁贝克的想法确实让我大吃一惊。

“除了爆棚的自信和空间感知，他们还给你什么了？”

“你真以为那就是空间感知？”

我看着他驾驶着运输艇在山洞里穿行，好奇他还有什么超级能力。他对于时空的感知堪称完美，但是鲁贝克的话暗示着事情绝对不是这么简单。我回想了刚才的飞行画面，鲁贝克每次躲避攻击的样子就好像预先知道落点一样。

“你也是个超级灵能者？”

他一脸疑惑地看着我：“听都没听说过那玩意。”

“你有第六感。”

“我知道什么时候卧倒，什么时候开火，什么时候逃跑。我不过是个生存主义者。”

他和列娜完全是两类人。列娜可以随心所欲地控制自己的能力，但是鲁贝克却服从于自己的能力，毫不犹豫地依靠它活下去。虽然二者不同，但还是存在一些共同点。

“你打得过入侵者吗？”

“在这可不行。”他指了指天空，示意入侵者的技术太过先进，他们的战舰太过强大。

“但是，你在陆地上还是有一定胜算的吧？”

鲁贝克上下打量着我，好奇我到底是谁，来这到底干什么，然后悄悄说道：“我就是干这个的。”

原来地球上的某些人一直冒着坐牢的风险，在进行着秘密筹划，以防钛塞提人被消灭，地球海军无法拯救人类的那一天。到时候，战斗将演化成一场在地球上的泥水草根间爆发的生存之战。鲁贝克就是地球上的指挥官们对这个问题的解决方案。他不需要科技，而是用更加人性的方式战斗。鲁贝克和他的战友们都是人类历史上前所未有的超级战士，将让入侵者们在夺取我们每一个世界的道路上付出惨重的代价。

鲁贝克看我明白了他的话，就面对黑暗的洞穴闭上了眼睛，一只手操作飞船。我看着运输艇朝着石壁飞去，不由深吸一口气，但是他却把操纵杆一转，飞进了旁边的洞穴。他绕了几个弯之后，睁开了眼睛。

“你闭着眼睛也能看见洞穴？”

“我什么都看不到。 我就是知道怎么飞。朝左再朝右，脑子里自动冒出的点子，我也不知道怎么回事。”

我现在明白了他在万意之环说的话是什么意思：“你相信直觉。”

“反正直觉从来没错过。”他说话的时候，前方出现了光亮。

“所以你才认为他们不会把飞船开到洞穴里？”

“我只知道必须快点进入洞穴。”

“你就是这么找到我们的？”

“我也不知道那有什么，就是有那么种感觉。”

我们从洞穴飞出，一头扎进一个群山环绕的荒凉峡谷中的巨大洞穴。在洞穴中间是张开起落架的太阳宪法号，它现在保持最低功率运转，免得被高空的巨型入侵者战舰发现。

船体侧面打开了一扇舱门，可以看到其中黑洞洞的机库。这里也没有引导光束可供鲁贝克跟随，他不过是手动飞进了机库，不过万幸的是这次他没有闭上眼睛。等我们着陆之后，地勤人员冲出来查看运输艇状况。

“上将在等你。”鲁贝克说道。

“多谢你带我们回来。这飞得还真是……惊心动魄。”

他微微一笑，说道：“我叫山姆 · 鲁贝克。”

“西瑞斯 · 凯德。”我说完就和他握了握手。

鲁贝克笑着说："直觉告诉我，以后咱们还会见面。当然了，前提是咱们活着离开这地方。"

"下次，我负责驾驶。"我说完，揉了揉还在翻腾的肚子。

\·\·\·\·\·\

一名低级军官带着我从机库穿过红色应急灯光照亮的走廊，最后一路来到太阳宪法号的舰桥。墙面上的大型屏幕一片空白，只有少数几个控制台上闪动着飞船的状态报告和被动传感器传回的数据。鉴于传感信号近似于无，飞船也处于待机状态，舰桥上的船员能做的也只有等待了。

塔利斯少将和西田上校看着被动传感器传回的数据，试图弄明白星球上空到底发生了什么。当我进入舰桥后，塔利斯盯着我问道："列娜·福斯哪去了？"

"她没死，但是现在晕过去了。"

他点了点头，因为列娜现在无法参与指挥而感到懊恼。"那究竟发生了什么？"

"地狱的大门已经打开了。"我看这句话还不够解释情况，于是补充道："尼迪斯想暗杀议会执行理事会，但是我把他炸上天了；然后入侵者发动了银河系战争，第一步就是干掉这个星球上的所有人；最后我还和你的新超级士兵见了一面，第一印象不错，就是让他以后飞行的时候把眼睛睁开。"

塔利斯皱了皱眉头，但是接受了我提供的情报。

西田上校问我："敌人的战舰有多少？"

"太多了。"

塔利斯问道："他们为什么让那么多人逃跑了？"

从我的角度来看，那简直就是一场屠杀。“他们？你在说谁啊？”

西田上校从控制台上拿起一个数据板：“根据通信记录显示，最起码美罗帕人、泽塔人、克立安人，狄亚提人、敏卡兰人和瑞格尔人的飞船都安全脱离了。还有很多我们无法翻译。”

塔利斯说：“我怀疑他们是否真的像传言中说的那样厉害。”

入侵者舰队打了所有人一个措手不及，但是我们和钛塞提人却不是毫无准备。入侵者可以摧毁其他还在地面的飞船，但是西田上校的名单告诉我敌人还有另外的打算。

“少将，他们不是逃跑的。”我说道：“众海孤子放走了这些人。他们来这里不单纯是发动战争，还给全银河系带来一条信息，你只要签了中立协议，你就是安全的。要是不签，那只有死路一条。他们是在告诉全银河系，他们说到做到。”

塔利斯若有所思地说：“他们是在挑选自己的敌人。”

“是的，而且钛塞提人还是在名单第一名，如此一来，我们也成了他们的敌人。”

塔利斯少将阴沉着脸说：“我们必须警告地球。”

“我们从这怎么通知地球？”我问道。

“钛塞提运输船就在两光年之外。”西田上校说道，“但是它在那等得越久，就越可能被入侵者的侦察机发现。”她对塔利斯说：“少将，我们现在必须出发，不然永远都走不了了。”

塔利斯咕哝了一声，在心里计算着暴露自己位置的风险。

“只要启动反应堆，他们就会发现我们。”我警告道。

“不会那么快发现我们。”西田说，“按照司亚尔的说法，我们的中子信号会被山体内部的新星元素打散。”每一艘人类飞船的反应堆内都能找到这种元素，它产生的能量足以和超新星爆发相媲美。

“这玩意在这到处都是。”塔利斯说道，“看看你周围，这里简直就是超新星的集中营。”

这就是为什么银河系中心无法居住的原因。这里不仅辐射超标，而且挤满了超新星。

“我们肯定跑不过他们。”我补充道，“我们唯一的胜算就是进入最小安全距离，然后在他们打到我们之前启动超光速泡泡。”

塔利斯阴着脸点了点头，然后对西田说：“上校，准备反舰队撤离。”

“是，长官。”她走到自己的抗加速座椅旁，然后按下扶手上的一个开关：“工程部，反应堆至最大功率。”

总工程师夏莫少校在船内通话系统里回答：“反应堆功率百分之百，是，长官。”其他舰桥工作人员纷纷在空白的大屏幕前找到自己的位置。只有西田左边的座椅空着，因为塔利斯更喜欢在舰桥里走动。

所有的个人操作台和大屏幕在同一时间启动，西田下令：“助推器进入悬停模式。”

操舵手莱利执行了她的命令。当飞船进入悬浮模式，她对副舰长和导航员下令：“贝克先生，全员进入战斗位置。”

西迪安 · 贝克干脆地回答道：“全员战斗位置，明白。”然后战斗警报就开始响彻全舰。

“回收起落架。”西田说道，“过载护盾百分之二百。”

太阳宪法号不可能长时间超载护盾，但是烧坏护盾发生器说不定能为我们争取一点时间脱离行星的重力井。

前向屏幕闪了一下，从洞口可以看到一道强大的能量攻击打掉了一座山的山顶，声频传感器接收到了轨道轰炸的轰鸣声。

塔利斯说：“他们速度还真快啊。”舰桥上所有人都感到不寒而栗。

在山谷尽头，一道耀眼的白光从天上打下来，切割着山脉，同时引发了滑坡和地震。

阿拉纳 · 佩里少校从飞船的战术中心汇报：“敌人正在进行火力

压制。”战术中心是战舰的战斗中枢，在层层合金装甲板的保护下，它能够战斗到最后一刻。“他们甚至不需要锁定目标。”

“给炮塔充能，自动开火。”西田上校说，“准备无人机。”

过了一会，佩里回答道：“武器准备完毕。”

西田命令操舵手：“向洞口移动，莱利先生，最慢速前进。”

“明白，女士。”这位年轻的少尉响应了西田的命令，一根手指搭在出力控制器上。

战舰开始缓慢向几千米外的出口移动，碎石如雨点般砸在船体外壁上。

“导航员，”西田对着副舰长贝克说，“设定一条到达最小安全距离的最快航线，然后准备一条前往深层空间的超光速航线。我们不希望他们知道钛塞提运输舰的位置。”

“明白，女士。”贝克立即在自己的控制台上忙了起来。“航线已经锁定，距离 MSD 启动还有 7 分钟。”

西田和塔利斯心事重重地看着彼此，认为 7 分钟时间太长了。当我们靠近山洞口的时候，西田又对操舵手说：“开始爬升，莱利先生。全速爬升，不要撞到山。”她说完还挖苦地笑了一下。

“明白，女士。”莱利少尉感受到了自己肩上的重担。他摸了一下控制台，两根操纵杆就弹了出来，让他能够手动控制飞船机动和推进器。

西田上校问：“想让大家看看你的手动飞行技术吗？”

“不，女士，除非必要，不然我也不会用它。”莱利研究着前向屏幕上的图像。屏幕上显示着洞穴出口和远处的山谷，而其他屏幕则显示着周围的岩壁。

导航员贝克设定的航线显示在前向屏幕上，它看起来就好像一条直通天际的蜿蜒曲线。这回是一次高速爬升，但太阳宪法号作为一艘战舰，内部的惯性立场可以有效保护船员，确保不论做出什么动作，船员都能保持战斗。

操舵手莱利深吸一口气说道：“战斗功率，3,2,1，启动！”

莱利启动了自动导航，太阳宪法号六台巨大的引擎喷出耀眼的光芒，气流轰击着我们身后的石壁，整条船高速冲出了山洞。这条重型战舰拔地而起，和正在切割着山脉的轨道光束擦肩而过，然后顶着密集的对地火力继续飞行。一发炮击擦过了它的护盾，然后我们和山脉拉开距离继续爬升。

轨道炮击在山间掀起了漫天棕色尘埃，现在已经开始慢慢散去。在距离山脉更远的地方，万意之环周围燃烧的残骸正冒出一股股黑色的浓烟。在伤痕累累的万意之环中央，中枢星之殿毫发无损，入侵者舰队故意放过了它。

塔利斯少将阴沉着脸说：“这还真是场灾难。”要不是钛塞提人预先警告我们，太阳宪法号和全体船员完全有可能成为这里的残骸之一。

我指了指天上极光映衬下的黑色轮廓：“它们就在那。”

塔利斯面无表情地研究着这些黑影。佩里在战术中心里说：“发现地方攻击。”

西田上校命令道：“发射诱饵。”12 架诱饵无人机被发射了出去，每一个都能发射和太阳宪法号一样的能量特征。从远处看，传感器会发现 13 艘地球战舰开始散开队形爬升。

一道道白色的能量冲击从我们身边擦过，但是太阳宪法号坚持不还击，依靠诱饵无人机群隐藏自己的方位。4 架无人机马上中弹爆炸，而左右侧的显示屏上已经可以看到星球的曲线，前向屏幕上也出现了黑色的天空，我们已经来到了大气层的边缘。

更多的能量冲击向我们袭来，一架诱饵无人机马上被击毁，佩里说：“无人机开始规避机动。”

操舵手莱利马上抓住操纵杆，让太阳宪法号开始左舷机动，完全脱离了导航员设定的航线，幸存的无人机也跟着做出了一样的动作。能量冲击从太阳宪法号两侧飞过，击毁了更多的无人机，而笨重的战舰距离预定航线也越来越远。

莱利少尉的双眼死死盯在前向屏幕上，专心致志地驾驶着六万吨的战舰在炮火中飞行。飞船的重量让每一个动作都非常迟缓，但是能躲开每一发远程炮击。几发炮击擦过了飞船的护盾，护盾马上发出耀眼的白光，然后炮击突然停止了。

莱利紧张地喊道：“请求新航线。”

导航员贝克让自动导航系统设定了一条可以直达最近跃迁点的航线，然后说道：“二号路线准备完毕。”

莱利少尉呼了口气，然后放开了两根操作杆，太阳宪法号检测到操舵手已经结束操作，于是开始按照新航线飞行。

“发现目标！”佩里少校在通话系统里喊道，“入侵者战舰，两万千米，相对位置 375,049。”前向战术提示系统出现了一个闪动的红色标记，一个巨大的长方形出现在我们前方。入侵者战舰外层是棱角封面的装甲，上部结构扁平方正，浑身上下都是各种武器。“估计质量是……三千万吨。”

舰桥上的人不禁倒吸一口冷气，然后贝克说出了我们每个人都想说的话：“这东西可是我们的 500 倍大小。”

众海孤子战舰的侧面放出一道闪光，我们舰内的灯光暗了下来，大屏幕也停止了工作。传感器阵列自动收回了装甲板内，免得受到损坏，前向屏幕上只有模拟的航线，自动导航系统还在带着我们飞向跃迁点。

15 秒之后，一个小型快速传感器弹出船体，检测外部环境是否能够允许启动主传感器。它检测到没有进一步攻击，主传感器阵列伸出船体，舱壁上的屏幕又开始工作了。

“直接命中。”佩里用冷静的声音说道，“护盾已经关闭，所有诱饵无人机被击毁。六十到六十四号骨架的装甲板百分之八十已被烧毁。三号传感器阵列没有响应。”

西田上校怒吼道：“马上重启护盾！”

佩里汇报说：“17 个发生器已经被毁。距离护盾重启还有 28 秒。”

“翻转船体 180 度，莱利先生。”

“半滚转，明白。”操舵手莱利抓住两根操纵杆，让太阳宪法号按照中轴线旋转，用没有受损的一边对准入侵者的战舰，但是依然沿着预定航线飞行。

“舰长，他们只开了一炮。”我确信众海孤子的飞船上有太多的武器可以把我们蒸发。“他们不想摧毁我们，因为他们想知道钛塞提运输舰在哪。”

塔利斯质问道：“他们为什么觉得我们会知道运输舰的位置？”

“因为我们是人类。他们知道我们和钛塞提人关系很近，只要扫描一下我们的船，就知道我们不可能靠自己的力量来这里。”

塔利斯听着我的分析，然后对西田说：“上校，让这群混蛋吃点苦头。”

“明白。所有武器开火，发射所有无人机。”

“火力全开。”佩里在通信器里说道。

太阳宪法号的 16 座重型炮塔对准入侵者的战舰，发射了两轮光束齐射，而小型脉冲炮塔则在不停开火。重型炮塔等充能完毕之后就会开火，而小型炮塔一直在保持射击，船头和船尾的发射器放出了 20 架无人机，向着入侵者的战舰飞了过去。

我们的光束和脉冲攻击在靠近入侵者船体的时候，就全部消失不见了，根本看不出任何护盾的闪光或是轻微的伤害。

佩里汇报道：“攻击无效，上校。”

负责传感器的科伯特少尉说：“我们检测不到他们的护盾。”

西田下令道：“保持开火。”

无人机绕开了主炮和副炮的火力，为自己的穿甲体开始充能。入侵者战舰的船体上一门武器以极高的频率闪了20下，我们的无人机就在空中爆炸了。

“所有无人机被击落。”佩里汇报道，“第二波无人机准备完毕。”

西田看着塔利斯少将，后者轻轻摇了摇头，示意不要浪费剩下的无人机了。

“退下所有无人机，解除战斗装填。”西田命令道。

前向屏幕上的敌方战舰越来越近，塔利斯少将转头问我：“撞那个王八蛋有用吗？”

作为一名地球情报局的工作人员，他认为我是一名技术专家，但是这个说法确实有些牵强。我想起麦塔二号曾经说过，入侵者的战舰使用的是超高密度色动力装甲，于是就摇了摇头。

“少将，就算我们能穿透他们的护盾，也不过是从他们的装甲上弹开。”

塔利斯少将皱了皱眉头，因为不能壮烈赴死而感到烦心，然后对西田说：“上校，如果可能，还是救下这条船吧。”

“是，少将。莱利先生，从他们的船上蹭过去，不必撞过去。我们改天狠狠撞他们。”

“明白了，长官。”莱利明显是松了一口气。

他压低太阳宪法号的船头，打算从庞大的战舰下方溜走，但是入侵者的战舰又一次开火了。我们所有的屏幕一片空白，传感器收回船体内部，灯光也因为被敌人直接命中而熄灭。我们没有感受到强烈的冲击，也没有爆炸的轰鸣，在短暂的黑暗之后，红色的应急灯也启动了。

西田认真聆听着飞船的震动，但是太阳宪法号却出奇地安静。“引擎停止工作了。”

莱利少尉试了试自己的操纵杆：“我失去对飞船的控制了。”

塔利斯困惑地说：“他们也没有击穿我们。”

照明和控制台屏幕慢慢恢复了工作，但是主屏幕依然一片空白。

科贝特少尉汇报：“少校，舱门传感器妨碍展开传感器阵列。”

西田命令他：“科贝特，给我弄点数据来。”

“手动展开底部快速传感器。”一个备用光学探头飞了出去，发现太阳宪法号上方被一层火花风暴所笼罩。

“科贝特先生，你能检测到那东西吗？”西田对着这片静电火花说道。

“静电来自我们的船体，长官。”但是我们肯定碰到了众海孤子的护盾。

透过这片火花，一艘巨大的战舰从我们身边经过，可以看到上面各种庞大的武器和巨型机库门。

西田对着船内通话系统大喊道：“夏莫先生，我的引擎怎么样了？”

“我实在不明白他们用什么打中了我们。”首席工程师回答说，“所有引擎里的螺旋波都消失了。我们正在等它们补充上来。”

入侵者的船体上发出一道闪光，太阳宪法号猛地抖了一下，我和塔利斯摔在了甲板上。等我俩站起来的时候，舰桥上警报大作。

我对少将说：“现在他们击穿我们了。”而他不过是生气地咕哝了一声。

“损管汇报工程舱后方舱壁出现破损”，佩里从战术中心汇报，“二十层甲板八十到八十二号龙骨段出现爆炸性失压。”

塔利斯低声说道：“他们直接击穿了我们。”

太阳宪法号直接从入侵者的战舰下方飞了过去，笼罩在船体上的火花消失，我们再一次看见了头顶的群星。巨大的入侵者战舰现在处于我们的后方，看起来仿佛就是一座大山，来自银芯的星光将它的棱角照得格外清楚。

“他们还在等什么？”贝克少校问道。

我对西田上校说：“他们以为我们已经瘫痪了。我建议我们装死，关掉引擎、护盾，就这么飘过去。”

她一脸惊讶地看着我，塔利斯只是模棱两可地耸了耸肩，然后她说道：“工程部，我们能启动超时空泡泡了吗？”

夏莫回答：“是的，长官，只要引擎功率保持在 70% 就可以了。”

西田紧张地看着贝克：“还有多久到达最小安全距离？”

贝克回答道：“按照现在的速度，4 分钟后就可以启动。”

她不置可否地看着我，然后说：“工程部，取消引擎重启。”

“好的，上校。”通话系统里传来夏莫的声音：“重启已取消。”

“战术中心，”西田继续命令道，“关掉所有武器，取消护盾充电。”

“明白，上校。”

“敌方战舰正在放出小艇。”科贝特少尉说道。

“给我看看。”

后向屏幕上出现一艘装甲厚重的小艇飞出了入侵者战舰巨大的长方形机库门。小艇呈梯形，尾宽头窄，两边带有一些倾斜。一旦脱离母船，小艇就直接飞到了我们上方。它的尺寸有我们一半大小，而且腹部还有三个大型舱门。

西田说：“这玩意可不小。”

科贝特回答：“是的，长官。它已经飞到了我们船身破损的地方。”

我说道：“他们要从那登舰了。”入侵者的突击艇开始降低高度。

西田上校摸了下扶手上的控制器，启动了全船广播：“这是船长，全员准备驱逐登舰者。战斗小队到上层甲板。”

她刚说完，一道蓝色的闪光飞过屏幕，击中了入侵者的突击艇。

突击艇在我们上方爆炸，船体上部被火球吞没。几片残骸从太阳宪法号的装甲板上弹开，然后飞入了太空深处，全船上下都能感觉到碰撞时的震动。一个长长的白色物体从我们前方飞过，还没等我们锁定就消失不见了。

西田上校命令：“引擎到最大功率！”太阳宪法号的引擎再次开始轰鸣。还能工作的传感器阵列将画面和数据传回舰桥。“莱利先生，带我们离开这。”

“好的，长官。”操舵手开心地响应了她的命令，然后抓着两根操纵杆，将引擎出力开至最大。

“取消反登舰作战。”她通告全船，“启动护盾。”

“在那呢。”我指着一道划过宇宙的银色物体，它的速度非常快，发出的光芒比任何星星都亮了。

它绕着入侵者的战舰倾斜火力，在护盾上打出一个个紫边的小洞。光束在入侵者战舰的装甲板上打出大洞，而入侵者则用几百门脉冲武器反击，但是银色飞船实在是太快了。它躲开了入侵者的火力，在躲避打击的同时，还在不停轰炸入侵者战舰。虽然入侵者战舰的船体上炸出了几个橙色的大火球，但是和整体体积相比还是太小，根本无法削弱它的火力。

“是瑞利西姆号。”我说道，“司亚尔在为我们争取时间。”

西田转头命令导航员：“贝克先生，百分之六十强度超光速泡泡。准备好就启动，不必等我的命令。”

“明白了，长官。”贝克又为操舵手莱利计算出了一条航线。

“发现多个目标。”科贝特少尉说道，“三……不，四艘入侵者战舰。”

所有人看着五艘入侵者战舰围攻瑞利西姆号，而它却在其中不停转圈。两发入侵者的炮击击中了它，破坏性护盾不过是亮了一下。入侵者无法让瑞利西姆号慢下来，但是数量优势让它无法击中火力攻击单独的一艘船。瑞利西姆号必须对所有目标同时开火，引开入侵者的战舰，为我们争取逃跑的机会。

入侵者开始在太空中机动，在瑞利西姆号前方形成一个交叉火力网，试图困住它。因为无法躲避，瑞利西姆号一头撞进了这个火力陷阱，护盾在攻击下不断闪光，抵消入侵者的火力。每当它摆脱陷阱，就掉头再次开始攻击，依靠自己的护盾和速度保命。

塔利斯咬牙切齿地说道："我不喜欢逃跑。"

"我们也帮不了他们。"我知道如果我们继续待下去，也只能碍事罢了。

他哼了一声，看着后方的战斗，想起我们的武器对于一艘入侵者战舰是多么的无力："要是这群混蛋到了地球，我们就只能听天由命了。"

太阳宪法号的传感器收回船内，屏幕再次一片空白，我们跃迁进入了星际空间，留下瑞利西姆号孤军奋战。

当太阳宪法号到达距离泰克莎 0.5 光年的地方，我们等了很久，让运输船追上我们。11 个小时后，我们来到白矮星星系，这里只有寥寥几颗行星。修长的运输船正在星系的冰区等待我们，周围还有一艘警卫船，只要入侵者现身，就准备随时掩护运输船撤退。

"他们还知道等我们，真贴心。"列娜站在舰桥后部，找了个船员注意不到的角落注视着大屏幕。她刚刚从希尔人的瘫痪性毒素中恢复过来，还在了解到底发生了什么。太阳宪法号损失了 37 名船员，船身被打了个大洞，但是冗余系统和网格装甲拯救了它。

“还没有看到瑞利西姆号。”我很失望地发现运输船在这里并不是为了等我们。

西田对贝克下令：“准备一次短跳，直接到运输船旁边去。”过了一会，我们就来到了运输船的后方。

“他们接管了系统。”莱利少尉说着就双手离开了控制面板。

前向屏幕上出现了一名钛塞提军官：“关闭引擎和武器系统。”他说完就消失。

“还真是简短又贴心。”西田评论道。

塔利斯说：“他们还真忙啊。”

我也同样急于进入运输船：“这还真不能怪他们。”

西田下令：“照他们说的做。”太阳宪法号从一扇圆形的舱门被拉进庞大的舰队机库，然后被推到了一边。

“战舰外部有东西。”科贝特少尉汇报道，“我不知道这是什么玩意。”他的眉头拧到了一起：“看起来……是团云？”

西田命令道：“放到主屏幕上。”我们看到一团泛着金属光泽的雾气向着我们飘了过来。

贝克提议：“上校，我建议启动护盾。”

我说：“他们不会伤害我们。”

西田看着塔利斯，而后者不过是耸了耸肩说：“关闭护盾，保持现状。”

云团一分为二来到船体两侧，然后飞向被击穿的部位。云团慢慢飘向被击毁的甲板，熔毁扭曲的金属在耀眼的云团下消失在我们眼前。

“它们在吃甲板。”莱利少尉惊讶地说道。

塔利斯少将说：“看看他们有什么计划。”现在这些雾气已经完全笼罩了破损的船体外壁装甲。

最后一片焦黑扭曲的装甲板也不见了，然后云团和甲板接触的地方发出了耀眼的光芒。装甲板此刻仿佛有了生命，边缘处开始生长，取代受损的甲板、舱壁、外部和装甲板。

我提醒道：“他们确实说过这是条保障船。”钛塞提人的纳米科技正在修补太阳宪法号的结构损伤。

佩里在通话系统里说道：“舰桥，这里是战术中心。损管汇报说被毁的舱段传来了状态提示。”

西田笑了笑说：“看来钛塞提人确实修好了飞船。”

塔利斯干巴巴地说：“我还以为他们不能帮我们呢。”

“他们确实会帮我们，”列娜用微弱的声音说道，“前提是别人看不到的时候。”

我嘀咕道：“比如说反马塔隆专用弹。”船身上的洞渐渐缩小，一切就好像魔法一样。

列娜凑到我耳边微笑着耳语道：“别忘了还有分裂分子舰队的情报。”

我大吃一惊，眼睛都睁大了一号：“你不是说我们破解了他们的海军密码吗？”

“密码是我们破解的，但是从破译小组送情报去舰队太花时间了，只有钛塞提人才能及时把情报送出去。”

“所以，你让我当着全银河系的领导人撒了谎？”

“这个吧……为了避免外星超能力会扫描你，我不能告诉你真相。”

“所以兰斯福德说的没错，钛塞提人确实在帮助我们。”

列娜耸了耸肩说：“超级文明现在为了自己的利益已经不择手段了，钛塞提人需要所有盟友的帮助，我们也在其中。”

我问道：“那要是别人也扫描了你呢？”列娜摆出一副责难的表情看着我，她确信自己能够对付这种灵能入侵。“好吧，这问题是蠢了点。”

警卫船高速飞进了机库，然后瞬间减速停在我们前方，瑞利西姆号也跟在后面，停在了警卫船后面。

西田上校如释重负地说：“他们成功了。”舰桥上的几名军官也开始鼓掌庆祝，机库的大门也缓缓关上了。

塔利斯少将打量着闪闪发光的瑞利西姆号，看到上面毫无任何损伤之后长出一口气。“以后他们会需要更多的这种船。”他的口气中带着不祥的意味，脑袋里已经在琢磨以后的事情。

列娜轻轻地说道：“这种船我们都用得着。”现在我们的存亡已经和钛塞提人连在了一起：“我在想现在干什么。”

“我们回家。”我说道，“钛塞提人去打仗。”

07
哈迪斯城

地下城市

恒星 HAT-P-5

天琴座外部地区

0.91 个标准地球重力

距离太阳系 1 105 光年

120 万常住人口

距离中枢星之战已经过去了一周，我们现在身处哈迪斯城，这里是一座地下大都市。整个城市开凿在一颗气体巨星的荒凉卫星上，而这颗气体巨星距离它的恒星太近了。钛塞提人提议带我们返回地球，但是塔利斯少将拒绝了他们的好意。因为等太阳宪法号修整完毕，从地球到哈迪斯城还要飞 9 个月。鉴于 060 区刚好就在地球和众海孤子帝国中间，分裂分子活动越发频繁，少将请求钛塞提人把我们送到哈迪斯城，这里有附近 500 光年内作答的维修中心。列娜和少将让钛塞提人送信返回地球，警告地球议会当前局势并请求增员，但是增员舰队还要花一年才能到。

一等我们降落，塔利斯就让一艘大型拖船离开港口，把太阳宪法号拖了进去。虽然钛塞提人的维修让飞船能够继续飞行，但依然缺乏必要设备。幸运的是，损失的大多数设备都可以在哈迪斯城的海军库存中找到备份。现在维修机器人和工程师围着太阳宪法号开始加班加点地工作，只为了能让它快点恢复运行。

塔利斯派出了两艘小艇，一艘去南辰星系，命令中队返回哈迪斯城，另外一艘去乌拉罗四号星，警告 060 区域内仅存的主力舰、警醒号和拿骚号。他们将在乌拉罗四号星按兵不动，保护尚处于建设中的基地，但是他们最起码可以知道如何在紧急情况下联系塔利斯。

现在就剩我、亚斯和埃曾无所事事，而且也无法离开哈迪斯城。亚斯在当地酒吧打发时间，和各种形迹可疑的姑娘鬼混。埃曾一个人留在酒店房间里。有关入侵者的谣言越传越广，外面人群的恐慌也随之水涨船高，人类从没有完全信任过坦芬人，但现在地球上坦芬人的远方亲戚又发动了战争，古老的恐惧又开始有了市场。

对于我来说，唯一担心的就是还关在太阳宪法号上的玛丽。她在等待海军法庭的审判，可以肯定的是，她会被送到一个遥远的监狱星球，然后一辈子待在那。

我花了三天才搞到访问许可去见她，而列娜和少将则忙于各种秘密会议，先是和钛塞提人，然后是地球大使和当地市政府。因为见不到列娜和塔利斯，我只好找到玛丽的辩护律师，给我弄一张访问许可。等我进入她的牢房时，玛丽冲上来抱住我，整个人松了一口气。

“他们下周让我出庭。”玛丽说道，“拉德里格斯少尉是我的辩护律师，他说法庭要拿我做典型。”

“这个我听说了。”她的辩护律师刚刚毕业，他肯定不会和自己的顶头上司组织的法庭唱反调，更别说这个顶头上司还是乔丹 · 塔利斯少将。“你在法庭上没有朋友，现在分裂分子陷害了钛塞提人之后更是如此。”

“时机太差了。”她的律师肯定已经跟她说了发生的一切。

我温柔地说道：“事情还是有转机的。”

“乌戈和其他人怎么样了？”

“他们会在你之后接受审判。法庭之前提议和他们做交易，但是他们都拒绝指认你，乌戈甚至打算把事情都揽在自己身上，说你是被他骗进来的。”

玛丽笑了笑说：“这当然是他的风格。”

“法庭不相信他的话，他们已经监视你太久了。”

玛丽把头靠在我的胸口上：“我这次是真的搞砸了，对吧？现在咱俩都没船了，而且我再也见不到你了。”

“我不会让他们把你关在这儿的。”

她抬起头看着我，眼中充满了绝望：“你打算干什么，劫狱吗？我知道埃曾会干掉警卫，但那不是你的风格。”她摸了摸我的脸，“我希望拉纳六号允许配偶访问。”

“那样最好，不然我也得想个办法把自己弄进去。”

她把我的脸拉下去，我俩吻在了一起，过了一会儿身后的房门打开，警卫站在了门口。

“时间到了。”警卫说道。

我悄悄对玛丽说：“我不会放弃的。”

“你从不放弃。”玛丽说完就放开了我。

警卫带我离开牢房之后，我打算再去看看能不能和塔利斯少将见一面，但是他还是拒绝见我。经过了这么多事情，塔利斯这个人依然严酷得好似哈迪斯城的火山岩。

我唯一的希望就是去当地的地球情报局指挥部。他们试图告诉我不能在那久留，甚至暗示要用武力赶我走，但是在我亮出自己的 P-50 之后他们就放弃了这个念头。最后，列娜终于见了我一面，但是她肯定知道我想要什么了。

列娜在这里有一间独立的办公室，里面有光亮的大桌子、几个独立的数据板和自己的保密通信系统。我看见她的时候，她正站在桌子后面，面对着一面占据了一整面墙的全息屏幕。屏幕上是港口洞穴的实时画面，这些山洞都是几个世纪之前采矿机器人从卫星岩床里挖出来的。在洞穴的另一边是笼罩在探照灯下的太阳宪法号，它的周围都是维修机器人，一部分船体还搭了脚手架。在我们和太阳宪法号中间，还有很多用增压栈桥与航站大厅相连的飞船，货运机器人忙着把飞船货舱里的集装箱搬下船。

哈迪斯城总是这么忙碌，可以算得上是这部分核心星系中最发达的城市。所以地球情报局才会在每一个洞穴里都安装传感器，监视每一艘飞船，卧底特工会在船员中游荡，甚至会和可疑的飞船签订劳动合同，再从中寻找有用的情报。

“我警告过你了，西瑞斯。”我进门的时候，列娜甚至没有回头看我。“这事已经超出了我的控制。塔利斯少将是个不错的人，是当前局势下的合适人选，但是他非常的强硬。”

“你可以用你的灵能小把戏，”我说道，“让他能配合一点。”

列娜皱着眉头转过头看着我：“这可不好玩，西瑞斯。”

“我也没开玩笑。”

“塔利斯只需要忙自己的事情就好。”列娜注视着全息屏幕上洞穴另一头的太阳宪法号，“这船是我们最强大的战舰之一，有最凶猛的火力，但是不能伤到入侵者分毫。”

“我根本不会去想这个问题。入侵者比我们领先了几百万年。万幸的是，钛塞提人也不差。”

她叹了口气陷入沉思：“我们总该可以做点什么。”

“你不是有超级士兵吗？”

她惊讶地看着我，但是什么都没说。

“我已经和其中一个见过面了。一个叫鲁贝克的调整者。”我走到她身边，一起打量着全息屏幕，“最起码地球议会不再按规矩办事了，这算是个新开始吧。”

列娜继续看着下面的货船、货运机器人和其他车辆：“钛塞提人不相信靠自己的力量就能赢得胜利。”

“司亚尔这么给你说的？”

“不，是他个人看法。”

“你偷看他的意识了？”我问道，“而且还没告诉他？”

“那还用说，我当然看过他在想什么。我看过所有人的意识。我来就是干这个的。”

我死死地盯着她，她居然可以阅读钛塞提人的意识，看来列娜确实是四大超级灵能者之一。这些家伙可能早已不能算人类了。“希尔人呢？你能看懂他们在想啥吗？”

她摇了摇头：“不行，他们的思维太异类了。”

“那埃曾呢？”我问道，“那我呢？你多久看一次我的大脑？一周一次？周日的时候两次？”

“我才没心思在你身上玩这套，西瑞斯。”她冷冰冰地看着我，“你根本不知道那是什么感觉，我又为此付出了怎样的代价，我的脑子里都知道了些什么东西。”她差点就丧失了以往的冷静，说明一直以来内心存在着焦虑和压力。她随后慢慢吐了口气，恢复了平静。这还是我第一次看到她真实的一面。

“钛塞提人会处理他们。”我说道，“咱们只需尽可能帮他们就好。”

“我希望你是对的。”她看着桌子上的数据板，上面全是密密麻麻的字。“他们给我发了一份报告。入侵者对中枢星的攻击吓坏了很多还没有加入希尔中立条约的种族，干掉了不少反对中立的领导人。他们的继任者现在知道，只要签订了中立条约就不会受到攻击。当下很多文明都在联系希尔人的代表团，询问如何加入中立协议。这其中不仅有小型文明，连一些大型文明也在其中。这就是为什么入侵者要留着执行理事会的原因。”

“德科拉人怎么样了？

“他们不会签署希尔人的中立协议，但是也不会加入战斗。”列娜叹了口气，“现在不过是刚刚开始，西瑞斯，而入侵者已经赢了。”

人类一直以来就是大鱼中的小鱼。而现在，我们还是一条小鱼，只不过这群大鱼正忙着斗个你死我活。这个问题才是列娜最担心的。

“我们会考虑加入中立协议吗？”我甚至不想听到这个问题的答案。

“我们不可能加入中立协议。马塔隆人已经杜绝了这个可能。不论他们和希尔人、入侵者究竟达成了怎样的协议，我们已经被排除在外了。如果失败了，马塔隆人肯定会来消灭我们。”

“钛塞提人还有盟友吗？”

“还有几个盟友，但都不是大型文明。他们都充分了解中枢星之战到底意味着什么。”

“准入协议呢？它要求成员之间不得互相攻击。”

“准入协议确实是这么写的，但是维护它的文明已经被削弱了。又或者说，他们不再相信准入协议了，有可能他们已经失去了战斗的意志。时代已经变了，西瑞斯，一切都不一样了。没人知道接下来会发生什么。”

签署了中立协议的文明就好像弃船的老鼠，只不过等大船沉没之后，众海孤子就会为了自己的利益撕毁协议。这些老鼠所做的不过是为自己争取到了一个喘息的机会而已。只有那些和入侵者实力相当的文明，才能对局势起到决定性作用，但只有钛塞提人才决定奋起反击。

“那么现在有什么计划？”我问道。

“我不确定我们到底有没有计划，目前唯一确定的就是帮助钛塞提人。”她转过头对我说：“所以我需要你继续为我们工作。”

“具体干什么？”

“睁大眼睛，提高警惕。要做的事情还多着呢。”

“有个问题，我没船了。”

“我们有的是船。”列娜问道：“银边号上保险了吗？”

我哈哈大笑起来：“保险是给核心星系的大公司准备的，我这样的自由商人哪买得起保险。”

“我猜也是。”她从抽屉里拿出一个地球银行的账户密匙递给我。

“这是什么？”

“如果有人问，你就说是保险赔偿金。”

“地球情报局开始赞助我了？”

“我不能让我最好的特工待在这个偏僻的星球上无所事事，眼睁睁看着银河系打成一片焦土。你觉得呢？”

“我猜也是。里面有多少钱？”

“多到你花不完。这里的船可不少。”列娜指了指全息屏幕上的哈迪斯太空港。“挑一艘好点的，好让我和塔利斯少将好好给你改造一番。”

“来一台钛塞提能量虹吸系统驱动的跨银河引擎如何？”

“那东西我也想要一个呢。”列娜伤心地说道，“但是钛塞提人不会给我们那种技术。”

“但是他们现在很绝望呀。”

“还没绝望到那种地步。但是他们会从其他小方面给我们提供帮助。”

“此话怎讲？”

“比如说不必担心超相对电子炸飞我们的船。”

“好过没有。”我失望地说道。

“他们会帮助我们研发一种隔离力场。很明显，我们的技术可能也快要取得类似的成果。你的新船将是第一批装备它的。塔利斯希望一年之内在舰队内部普及这种技术。”

“但是这不代表我们就能和入侵者平起平坐了。”

“还早呢。”她同意我的看法，“根据钛塞提人的情报，入侵者在整个旋臂边界地区都发动了袭击，从天鹅座环带一直到御夫座裂隙。”

“钛塞提人有什么计划？”

“他们不肯告诉我们。不过也不能怪他们，毕竟马塔隆人和希尔人已经突破了我们的保密系统。幸运的是，我们也不需要知道。我们只需要他们能赢就好。”

“他们想要我们干什么？”

“钛塞提人希望我们能赢得内战。这是大规模战争中的一小部分罢了。”

“这可得花点时间了。”

“是的。”列娜对当前局势非常清楚，“第一轮我们已经输了，西瑞斯，但是钛塞提人喜欢你。你向他们通报了中立协议的情报，阻止希尔人刺杀执行理事会，证明希尔人和马塔隆人在协助入侵者。更重要的是，你让德科拉帝国投了弃权票。你还让艾扎恩人难堪。钛塞提人欠你的，而且他们很明白这一点。”

我盯着手中的账户密匙发呆，然后摇了摇头，把它放在桌子上：“告诉钛塞提人，去找别人吧。”

列娜一脸惊讶地看着这一切：“你现在就走了？”

“我很忙的。”

“你能忙着干啥？”

“去拉纳六号送点蛋白干粮和保暖服。”

列娜一下明白了怎么回事：“哦，我明白了，你是因为她才退出。”

我把手伸进口袋，拿出阿明·扎蒂姆在伊甸星给我的小盒子，让她看看里面的戒指，然后我说道：“你还真猜对了。”

列娜看着戒指问道：“你打算什么时候求婚？”

“绝对不求婚。她是个闯封锁线的走私贩子，一个分裂主义同情分子，说不定还是个叛徒。但是我爱她，要是她在拉纳六号上过一辈子，那我也去。”

列娜看着我问道：“那你留这个戒指干吗？”

“以防我哪天也成为一个闯封锁线的走私贩子。”我看着她的眼睛，让她好好看看我在想什么，我保证我说的都是真话。

列娜认真地看了我一会，然后叹了口气：“你这是勒索我吗？”

“那是当然。”

“如果不去拉纳六号，那拘留中心如何？”

“没门。”我摇了摇头，“全面无罪处理，删除她和船员的犯罪记录。算上乌戈，把他们都放了。”

“没了？”

“她还要条船。”

列娜瞪大眼睛看着我：“你还想让我给她买船？”

“玛丽又没钱买船。”

“我告诉过你了，西瑞斯，塔利斯将军是个……”

“我知道，他是这里海军的总指挥，而你是地球情报局的地区总指挥。你俩是平级的嘛。而且鉴于你的本事，你说不定军衔比他还高。更不用提的是，他需要你，你需要我，而我需要玛丽。”我关上戒指盒，把它塞回口袋。“而你俩都需要钛塞提人。”我笑了笑说道：“而且你刚才也说了，钛塞提人喜欢我。”

列娜叹了口气，摇头认输：“好吧，西瑞斯，我去和少将谈谈。

我肯定得花一番力气才能让他放弃这些指控，这得花个一周或者……”

“不行，我希望她今晚就出狱，我还有个晚餐计划呢。”

“晚餐？”

“还有夜生活计划，”我暗示道，“精彩的夜生活哦。”

“行吧，还是不要让银河系战争干扰你的感情生活好了。”列娜的脸上也浮现出一股嘲讽的笑容。

“谢了，列娜。”我拿起桌上的账户密匙，“我就知道咱俩能把这事情说清楚。”我对她挤了挤眼睛，然后朝门口走去：“现在我得去找一艘新船了。一艘速度快、外观漂亮，而且性感的新船，旁边再来点红色的条纹，有个超大的卧室就更好了。”

列娜笑了笑说：“你打算管这艘新船叫什么？‘星际爱舟’吗？”

我停在门口，心想，不论情况有多糟，总还是有些好事，有些机会值得珍惜。人类已经在银河系文明的底层待了几千年，未来很长一段时间内也将如此。我们会没事的，因为银河系律法和钛塞提人保护着我们，为我们提供了可乘之机。现在银河系文明开始分崩离析，以后的情况可能更糟糕，但是我们总会有一丝希望找到解决方案。人类向来如此。

“我的船只能有一个名字，”我爽朗地说道，“我要叫它‘银边二号’。”

图书在版编目（CIP）数据

分崩离析的星系 /（澳）史蒂芬·伦内贝格著；秦含璞译. — 北京：北京理工大学出版社，2020.8
（映射空间）
书名原文: The riven stars
ISBN 978-7-5682-8461-5
Ⅰ.①分… Ⅱ.①史… ②秦… Ⅲ.①幻想小说－澳大利亚－现代 Ⅳ.①I611.45
中国版本图书馆CIP数据核字（2020）第 083267 号

北京市版权局著作权合同登记号　图字：01-2019-6009

出版发行 /北京理工大学出版社有限责任公司
社　　址 /北京市海淀区中关村南大街5号
邮　　编 /100081
电　　话 /（010）68914775（总编室）
（010）82562903（教材售后服务热线）
（010）68948351（其他图书服务热线）
网　　址 /http://www.bitpress.com.cn
经　　销 /全国各地新华书店
印　　刷 /三河市华骏印务包装有限公司
开　　本 /880毫米×1230毫米 1/32
印　　张 /12.25
字　　数 /281千字
印　　数 /1～6000
版　　次 /2020年 8 月第 1 版　2020年 8 月第 1 次印刷
定　　价 /52.80元

责任编辑 /徐艳君
文案编辑 /徐艳君
责任校对 /周瑞红
责任印制 /施胜娟
排版设计/飞鸟工作室